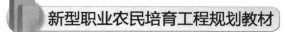

新型职业农民培育工程规划教材

# 果蔬贮藏与加工技术

◎ 刘会珍　刘桂芹　主编

中国农业科学技术出版社

## 图书在版编目（CIP）数据

果蔬贮藏与加工技术／刘会珍，刘桂芹主编．—北京：
中国农业科学技术出版社，2015.7（2021.12重印）
（新型职业农民培育工程规划教材）
ISBN 978 - 7 - 5116 - 2127 - 6

Ⅰ.①果… Ⅱ.①刘…②刘… Ⅲ.①果蔬保藏②果蔬
加工 Ⅳ.①TS255.3

中国版本图书馆 CIP 数据核字（2015）第 120317 号

| | |
|---|---|
| **责任编辑** | 徐　毅　张国锋 |
| **责任校对** | 李向荣 |

| | |
|---|---|
| **出 版 者** | 中国农业科学技术出版社 |
| | 北京市中关村南大街 12 号　邮编：100081 |
| **电　　话** | （010）82106631（编辑室）　　（010）82109702（发行部） |
| | （010）82109709（读者服务部） |
| **传　　真** | （010）82106631 |
| **网　　址** | http://www.castp.cn |
| **经 销 者** | 各地新华书店 |
| **印 刷 者** | 北京建宏印刷有限公司 |
| **开　　本** | 850mm ×1168mm　1/32 |
| **印　　张** | 10.375 |
| **字　　数** | 276 千字 |
| **版　　次** | 2015 年 7 月第 1 版　2021 年 12 月第 5 次印刷 |
| **定　　价** | 28.00 元 |

新型职业农民培育工程规划教材

# 《果蔬贮藏与加工技术》

## 编 委 会

# 序

    随着城镇化的迅速发展，农户兼业化、村庄空心化、人口老龄化趋势日益明显，"关键农时缺人手、现代农业缺人才、农业生产缺人力"问题非常突出。因此，只有加快培育一大批爱农、懂农、务农的新型职业农民，才能从根本上保证农业后继有人，从而为推动农业稳步发展、实现农民持续增收打下坚实的基础。大力培育新型职业农民具有重要的现实意义，不仅能确保国家粮食安全和重要农产品有效供给，确保中国人的饭碗要牢牢端在自己手里，同时有利于通过发展专业大户、家庭农场、农民合作社组织，努力构建新型农业经营体系，确保农业发展"后继有人"，推进现代农业可持续发展。培养一批具有较强市场意识，有文化、懂技术、会经营、能创业的新型职业农民，现代农业发展将呈现另一番天地。

    中央站在推进"四化同步"，深化农村改革，进一步解放和发展农村生产力的全局高度，提出大力培育新型职业农民，是加快和推动我国农村发展，农业增效，农民增收重大战略决策。2014年农业部、财政部启动新型职业农民培育工程，主动适应经济发展新常态，按照稳粮增收转方式、提质增效调结构的总要求，坚持立足产业、政府主导、多方参与、注重实效的原则，强化项目实施管理，创新培育模式、提升培育质量，加快建立"三位一体、三类协同、三级贯通"的新型职业农民培育制度体系。这充分调动了广大农民求知求学的积极性，一批新型职业农民脱颖而出，成为当地农业发展，农民致富的领头人、主力军，这标志着我国新型职业农民培育工作得以有序发展。

　　我们组织编写的这套《新型职业农民培育工程规划教材》丛书，其作者均是活跃在农业生产一线的技术骨干、农业科研院所的专家和农业大专院校的教师，真心期待这套丛书中的科学管理方法和先进实用技术得到最大范围的推广和应用，为新型职业农民的素质提升起到积极的促进作用。

2015 年 5 月

# 内容简介

    本书从果蔬贮藏基础知识、果蔬采后商品化处理、果蔬贮藏方式与管理、常见果蔬贮藏技术、果蔬加工基础知识、果蔬加工生产技术几个方面进行了阐述，内容充实，图文并茂，适用于新型职业农民、生产一线的技术人员 、大中专院校学生、教师的参考。

# 目　　录

# 第一章　果蔬贮藏基础知识

## 第一节　果蔬化学特性和品质鉴定

果蔬是由许多化学物质构成的，形成了其特有的色、香、味、质地等品质特性。同时，水果蔬菜中所含的各种维生素和某些碱性矿物质，是维持人体正常生理机能，保持人体健康不可缺少的物质，又形成了果蔬的营养功能品质。各种化学物质在果蔬贮藏过程中，都会发生量和质的变化，这些变化与果蔬的品质、贮藏寿命密切相关（表1-1）。

**表1-1　果蔬中的化学物质及其在形成果蔬品质中的作用**

| 新鲜果蔬品质评价指标 | 化学成分 | 果蔬化学成分与果蔬品质的关系形成品质 |
|---|---|---|
| 色 | 叶绿素 | 绿色 |
|  | 类胡萝卜素 | 橙色、黄色 |
|  | 花青素 | 红色、紫色、蓝色 |
| 香 | 类黄酮素 | 白色、黄色 |
|  | 芳香物质 | 各种芳香气味 |
| 味 | 糖 | 甜味 |
|  | 酸 | 酸味 |
|  | 单宁 | 涩味 |
|  | 杏苷 | 苦味 |
|  | 氨基酸、核苷酸、肽 | 鲜味 |
|  | 辣味物质 | 辣味 |

（续表）

| 新鲜果蔬品质评价指标 | 化学成分 | 果蔬化学成分与果蔬品质的关系形成品质 |
|---|---|---|
| | 糖类 | 一般 |
| | 脂类 | 次要品质 |
| 营养 | 蛋白质 | 次要品质 |
| | 矿物质 | 重要品质 |
| | 维生素 | 重要品质 |
| | 果胶物质 | 致密度、成熟度、硬度 |
| 质地 | 纤维素 | 粗糙、细嫩 |
| | 水 | 脆度 |
| | 亚硝酸盐、硝酸盐 | 有害 |
| 残留 | 重金属（Pb、Hg 等） | 有害 |
| | 农药残留 | 有害 |

## 一、果蔬的化学成分

（一）风味物质

1. 甜味物质

可溶性糖是果蔬中的主要甜味物质，主要是葡萄糖、果糖和蔗糖，其次是阿拉伯糖、甘露糖以及山梨醇、甘露醇等。果糖和葡萄糖是还原糖，蔗糖是双糖，水解产物称作转化糖。

果蔬的含糖量反映了果蔬的品质，根据果实成熟期所含主要糖类成分，可将果蔬分成 3 种类型：蔗糖型，如桃、香蕉、柑橘、甜瓜、胡萝卜等；葡萄糖型，如樱桃、梅子、甘蓝、番茄；果糖型，如苹果、梨、西瓜。各种糖的甜度不一，以蔗糖的甜度为 100，则果糖为 173.3，葡萄糖为 74.3。

果蔬甜味的浓淡与含糖总量有关，也与含糖种类有关，同时还受其他物质如有机酸、单宁的影响，在评定果蔬风味时，常用糖酸比值（糖/酸）来表示。

2. 酸味物质

果蔬中的有机酸含量（0.05%~0.10%）是构成新鲜果蔬及其加工品风味的主要成分，果蔬中含有多种有机酸，主要有柠檬酸、苹果酸、酒石酸和草酸，在这些有机酸中，酒石酸的酸性最强，并有涩味，其次是苹果酸、柠檬酸。柑橘类、番茄类含柠檬酸较多；苹果、梨、桃、杏、樱桃等含苹果酸较多；葡萄含酒石酸较多；草酸普遍存在蔬菜中，果品中含量很少。

果蔬酸味的强弱不仅同果蔬含酸量、缓冲效应及其他物质存在有关，更主要的是同其组织中的 pH 值，即氢离子的解离度有关，pH 值越低，氢离子的浓度越大酸味越浓。此外，氢离子解离度随温度升高而加大，同时高温促使果蔬中蛋白质变性，失去缓冲作用，使酸味增强，因此，酸味会随温度升高而增强。

3. 涩味物质

果实中的涩味成分主要是单宁物质，即多酚类化合物，以儿茶酚和无色花青素为主，在果实中普遍存在，在蔬菜中含量很少。单宁具有涩味，引起涩味的机制是味觉细胞的蛋白质遇到单宁后凝固而产生的一种收敛感。单宁有水溶性和不溶性两种形式。水溶性单宁是有涩味的，在未成熟的果蔬中含水溶性单宁较多，会降低甜味，并引起涩味，如番茄、柿子等。经自然成熟或人工催熟以后，水溶性单宁发生凝固成为不溶性单宁，即可脱涩而适于食用。单宁与糖和酸以适当的比例配合，能表现良好的风味。

4. 鲜味物质

果蔬的鲜味主要来自一些具有鲜味的氨基酸、酰胺和肽等含氮物质，其中，L-谷氨酸、L-天冬氨酸、L-谷氨酰胺和 L-天冬酰胺最为重要，广泛存在于果蔬中，在梨、桃、葡萄、柿

子、番茄中含量较为丰富。果蔬中含氮物质虽少，但其对果蔬及其制品的风味有着重要的影响。其中影响最深的是氨基酸。有些氨基酸是具有鲜味的物质，谷氨酸钠是味精的主要成分（表1-2）。

表1-2　几种果蔬的必需氨基酸组成　　　　　　（mg/100kg）

| 种类 | 必需氨基酸 | | | | | | | |
|------|------|------|------|------|------|------|------|------|
| | 异亮氨酸 | 苏氨酸 | 色氨酸 | 蛋氨酸 | 赖氨酸 | 亮氨酸 | 缬氨酸 | 苯丙氨酸 |
| 桃（大久保） | 0.5 | 4.0 | — | — | 0.1 | 0.9 | 0.5 | |
| 柿（富有） | 3 | 6.6 | — | 0.1 | 0.2 | 6.0 | 6.2 | 6.4 |
| 矮脚香蕉 | 1.3 | 5.1 | — | | 0.9 | 28.9 | 24.0 | 1.0 |
| 葡萄（无核） | 1.0 | 9.7 | — | 0.6 | 0.4 | 2.6 | 3.9 | 1.4 |
| 梅（白加贺） | 1.1 | 2.2 | — | | 0.2 | 0.9 | 2.1 | 0.4 |
| 温州蜜柑 | — | — | — | | 1.4 | | | 2.1 |
| 胡萝卜 | 23 | 20 | 9 | 9 | 21 | 35 | 40 | 24 |
| 马铃薯 | 70 | 71 | 32 | 30 | 93 | 113 | 113 | 81 |
| 菠菜 | 102 | 143 | 55 | 48 | 136 | 203 | 180 | 124 |
| 花椰菜 | 95 | 102 | 26 | 34 | 127 | 158 | 149 | 96 |
| 蘑菇 | 80 | 100 | 40 | 20 | 170 | 140 | 90 | 80 |

注：一表示含量为0。下同

5. 香味物质

果蔬的香味来源于果蔬中各种不同的芳香物质，是决定果蔬品质的重要因素之一。芳香物质是成分繁多而含量极微的油状挥发性混合物，其中包括醇、酯、酸、酮、烷、烯、萜等有机物质。各种果蔬的芳香物质成分组成不同，就表现出各自特有的芳香（表1-3）。

表 1 – 3　果蔬中芳香物质及主要成分

| 种类 | 香料名称 | 含油种类（种） | 主要成分 |
|---|---|---|---|
| 苹果 | 苹果油 | 250 | 醇、醛、酯 |
| 香蕉 | 香蕉油 | 170 | 酸、戊酸、酯、醇类 |
| 菠萝 | 菠萝油 | 120 | 酸、甲酯、乙酯 |
| 桃 | 桃油 | 70 | 广癸内酯 |
| 葡萄 | 葡萄油 | 280 | 牦牛乙醇为主萜类衍生物 |
| 草莓 | 草莓油 | 300 | 醛、醋酸酯、丁酸酯 |
| 大蒜 | 大蒜油 | — | 顺式 – 3 – 己烯 – 1 – 醇 |
| 番茄 | 番茄油 | — | 二硫化二丙烯酯 |

一种果蔬中，不同部分芳香物质含量不同。核果类果实种子中含量较多其他果实芳香物质主要存在果皮中，果肉中极少。在蔬菜中，分别存在于根（萝卜）茎（大蒜）、叶（香菜）、种子（芥菜）中。多数芳香物质具有抗菌杀菌作用，能刺激食欲，在果蔬贮藏过程中，芳香物质具有催熟作用，应及时通风换气，把果蔬中释放的香气脱除，延缓果蔬衰老。

（二）色素物质

果蔬的色泽是人们感官评价其质量的一个重要指标，在一定程度上反映了果实新鲜程度、成熟度和品质的变化，因此，果蔬的色泽及其变化是评价果蔬品质和判断成熟度的重要外观指标。果蔬呈现各种色泽，是由于多种色素混合组成的，随着生长发育阶段环境条件的不同，果蔬的颜色也会发生变化。

1. 叶绿素

果蔬植物的绿色，是由于叶绿素的存在。叶绿素不溶于水，易溶于乙醇、乙醚等有机溶剂中，叶绿素不耐光、不耐热。叶绿素主要存在于绿色蔬菜中，在未成熟的果实中也含有较多的叶绿素，随着果实成熟，叶绿素在酶的作用下水解生成叶绿醇等溶于水的物质，绿色逐渐消退，而显现出其他色素的黄色或橙色。

## 2. 类胡萝卜素

类胡萝卜素是一大类脂溶性的黄橙色素，表现为黄、橙黄、橙红色，主要由胡萝卜素、番茄红素及叶黄素组成。类胡萝卜素对热、酸、碱等都具有稳定性，但光和氧却能引起类胡萝卜素的分解，使果蔬褪色。

在果蔬中，杏、黄桃、番茄、胡萝卜表现的橙黄色都是类胡萝卜素。胡萝卜素在胡萝卜根中含量丰富，在动物体内转化为维生素 A，称为维生素 A 原。

## 3. 花青素

花青素称花色素，通常以花青苷的形式存在于果、花或其他器官的组织细胞液中，是形成果蔬红、蓝、紫等颜色的色素。苹果、葡萄、樱桃、草莓、杨梅、李子、桃以及某些品种的萝卜在成熟时呈现的红紫色，都是由花青素所致。花青素普遍存在于果蔬中，是维生素 P 的组成成分。

花青素是一种感光色素，它的形成必须要有阳光，在遮阴处生长的果蔬，色彩的呈现就不够充分。但在贮藏中，照光则不利，能加快其变为褐色。

## (三) 质地物质

果蔬是典型的鲜活易腐品，人们希望果蔬新鲜饱满、脆嫩可口，果蔬的质地主要体现为脆、绵、硬、软、细嫩、粗糙、致密、疏松等。果蔬在生长发育的不同阶段，质地会有很大变化，因此，质地又是判断果蔬成熟度、确定采收期的重要参考依据。

## 1. 水分

水分是影响果蔬新鲜度、脆度和口感的重要成分，与果蔬的风味品质也密切相关。一般新鲜果品含水量为 70% ~ 90%，新鲜蔬菜含水量为 75% ~ 95%。水分的存在是植物完成全部生命活动过程的必要条件；同时，水分通过维持果蔬的膨胀力或钢性，赋予其饱满、新鲜而富有光泽的外观；水分也是维持采后果蔬生命活动的限制因素；同时，水分为微生物与酶的活动创造了有利条件，也就是说，新鲜的水果蔬菜易腐烂变质。所以，进行果蔬贮藏时，必须考虑到水分的存在和影响，并加以必要的控制。

### 2. 果胶物质

果胶物质主要存在于果实、块茎、块根等植物器官中，果蔬的种类不同，果胶的含量和性质也不相同。水果中的果胶一般是高甲氧基果胶，蔬菜中的果胶为低甲氧基果胶。

果胶物质以原果胶、果胶和果胶酸 3 种形式存在于果蔬组织中。原果胶多存在于未成熟果蔬的细胞壁的中胶层中，不溶于水，常和纤维素结合，使细胞彼此黏结，果实呈脆硬的质地。随着果蔬的成熟，在果胶酶作用下，原果胶分解为果胶，果胶溶于水，黏结作用下降，使细胞间的结合力松弛，果实质地变软。成熟的果蔬向过熟期变化时，在果胶酶的作用下，果胶转变为果胶酸，失去黏结性，使果蔬呈软烂状态。

### 3. 纤维素和半纤维素

纤维素、半纤维素是植物细胞壁的主要构成成分，是植物的骨架物质，起支持作用。果品中纤维素含量为 0.2% ~ 4.1%，半纤维素含量为 0.7% ~ 2.7%；蔬菜中纤维素的含量为 0.3% ~ 2.3%，半纤维素含量为 0.2% ~ 3.1%。纤维素在皮层特别发达，与木质素、栓质、角质、果胶物质等形成复合纤维素，对果蔬有保护作用，对果蔬的品质和贮藏有重要意义。纤维素老时产生木质与角质，因而坚硬粗糙，吃起来有多渣、粗老的感觉，影响果蔬质地品质。

### （四）营养物质

### 1. 维生素

维生素是人和动物为维持正常的生理机能而必须从食物获得

的一类微量有机物质。果蔬所含的维生素及其前体很多，是人体所需维生素的基本来源。其中以维生素 A 原（胡萝卜素）、维生素 C（抗坏血酸）最为重要。据报道人体所需维生素 C 的 98%、维生素 A 的 57% 左右来源于果蔬。

（1）维生素 A　新鲜果蔬含有大量的胡萝卜素，在动物的肠壁和肝脏中能转化为具有生物活性的维生素 A。1 个分子的胡萝卜素在人体内可产生两个分子维生素 A，而 1 个分子胡萝卜素和 1 分子广胡萝卜素只能形成 1 个分子维生素 A。因此，胡萝卜素又被称为维生素 A 原。维生素 A 不溶于水，碱性条件下稳定，在无氧条件下，于 120℃ 下经 12h 加热无损失。贮存时应注意避光，减少与空气接触。

（2）维生素 C（抗坏血酸）　维生素 C 易溶于水，很不稳定。在酸性条件下比在碱性条件下稳定，贮藏中，注意避光，保持低温，低氧环境中，减缓维生素 C 的氧化损失。

2. 矿物质

果蔬中含有钙、磷、铁、硫、镁、钾、碘等矿物质，其中，矿物质的 80% 是钾、钠、钙。果蔬中的矿物质进入人体后，与呼吸释放的 $HCO_3^-$ 结合，可中和血液中的 $H^+$，使血浆的 pH 值增大，因此又称果蔬为"碱性食品"。人体从果蔬中摄取的矿物质是保持人体正常生理机能必不可少的物质，是其他食品难以相比的。矿物质元素对果品的品质有重要的影响，必需元素的缺乏会导致果蔬品质变劣，甚至影响其采后贮藏效果。金属元素通过与有机成分的结合能显著影响果蔬的颜色，而微量元素是控制采后产品代谢活性的酶辅基的组分，因而显著影响果蔬品质的变化。如在苹果中，钙和钾具有提高果实硬脆度、降低果实贮期的软化程度和失重率，以及维持良好肉质和风味的作用。在不同果蔬品种中，果实的钙钾含量高时，硬脆度高，果肉密度大，果肉致密，细胞间隙率低，贮期软化过程变慢，肉质好，耐贮藏；果实中锰铜含量低时，韧性较强；锌含量对果实的风味、肉质和耐贮性的影响较小，但优质品种含锌量相对较低。

**3. 淀粉**

淀粉又称多糖，是一种葡萄糖聚合物。虽然果蔬不是人体所需淀粉的主要来源，但某些未熟的果实如苹果、香蕉以及地下根茎菜类含有大量的淀粉。果蔬中的香蕉（26%）、马铃薯（14%~25%）、藕（12.8%）、荸荠、芋头等淀粉含量较高。其次是豌豆（6%）、苹果（1%~1.5%），其他果蔬含量较少。淀粉是糖源。未成熟的果实含淀粉较多，在后熟时，淀粉转化为糖，含量逐渐降低，使甜味增加，如香蕉在成熟过程中淀粉由26%降至1%，而糖由1%增至19.5%。凡是以淀粉形态作为贮存物质的种类，大多能保持休眠状态而有利于贮藏。

## 二、果蔬中的化学成分在贮运中的变化

采收后的果蔬在贮藏运输过程中，其化学成分仍会发生一系列变化，由此引起果蔬耐贮性、食用品质和营养价值等的改变。为了合理地组织运销、贮藏，充分发挥果蔬的经济价值，了解果蔬化学成分在贮运中的变化规律，以控制采后果蔬化学成分的变化是十分必要的。

（一）风味物质变化

构成风味化学成分在贮运过程中不断发生着变化，导致果蔬在贮藏过程中风味发生变化。

**1. 糖**

果蔬在贮藏过程中，其糖分会因生理活动的消耗而逐渐减少。贮藏越久，果蔬口味越淡。有些含酸量较高的果实，经贮藏后，口味变甜。其原因之一是含酸量降低比含糖量降低更快，引起糖酸比值增大，实际含糖量并未提高。选择适宜的贮藏条件，降低糖分消耗速率，对保持采后果蔬质量具有重要意义。

### 2. 有机酸

在果蔬贮运中，有机酸由于呼吸作用的消耗而逐渐减少，特别是在氧气不足的情况下，消耗得就更多。如以气调法贮藏果蔬，有机酸消耗大，引起果蔬品质逐渐变化，如苹果、番茄等贮藏后由酸变甜。酸分的变化会影响到果蔬的酶活动、色素物质变化和抗坏血酸的保存。

### 3. 单宁

单宁物质在贮运过程中的变化主要是易发生氧化褐变，生成暗红色的根皮鞣红，影响果蔬的外观色泽，降低果蔬的商品品质。果蔬在采收、贮运中受到机械伤，或贮藏后期，果蔬衰老时，都会出现不同程度的褐变。因此，在采收前后应尽量避免机械伤，控制衰老，防止褐变，保持品质，延长贮藏寿命。

### 4. 芳香物质

多数芳香物质是成分繁多而含量极微的油状挥发性混合物，在果蔬贮运过程中，随着时间的延长，所含芳香物质由于挥发和酶的分解而降低，进而香气降低。而散发的芳香物质积累过多，具有催熟作用，甚至引起某些生理病害，如苹果的"烫伤病"与芳香物质积累过多有关。故果蔬应在低温下贮藏，减少芳香物质的损失，及时通风换气，脱除果蔬贮藏中释放的香气，延缓果蔬衰老。

### （二）色素物质变化

色素物质在贮运过程中随着环境条件的改变而发生一些变化，从而影响果蔬外观品质。蔬菜在贮藏中叶绿素逐渐分解，而促进类胡萝卜素、类黄铜色素和花青素的显现，引起蔬菜外观变黄。叶绿素不耐光、不耐热，光照与高温均能促进贮藏中蔬菜体内叶绿素的分解。光和氧能引起类胡萝卜素的分解，使果蔬褪色。在果蔬贮运中，应采取避光和隔氧措施。花青素不耐光、热、氧化剂与还原剂的作用，在贮藏中，光照能加快其变为褐色。

（三）质地物质变化

构成果蔬质地的化学成分的变化，则引起贮藏中果蔬质地的变化。

1. 水分

水分作为果蔬中含量最多的化学成分，在果蔬贮运过程中的变化主要表现为游离水容易蒸发散失。由于水分的损失，新鲜果蔬中的酶活动会趋向于水解方向，从而为果蔬的呼吸作用及腐败微生物的繁殖提供了基质，以致造成果蔬耐贮性降低；失水还会引起果蔬失鲜，变疲软、萎蔫，食用品质下降。因此，在果蔬贮运过程中，为了保持果蔬的鲜嫩品质，必须关注水分的变化，一方面要保持贮藏环境较大的湿度，防止果蔬水分蒸发，另一方面还必须采取一系列控制微生物繁殖的措施。

大部分果蔬如苹果、梨、香蕉、菠菜、萝卜等采后进行涂蜡、涂被剂、塑料薄膜包装等措施，保持果蔬水分。在果蔬贮藏过程中进行地面洒水、喷雾、挂草帘等提高贮藏环境的相对湿度，保持果蔬的含水量，维持果蔬的新鲜状态，延长贮藏寿命。

少部分果蔬，如柑橘、葡萄、大马铃薯等，可适当降低含水量，降低果皮细胞的膨压，减少腐烂，延长寿命。

2. 果胶物质

在果蔬贮运过程中，果胶物质形态变化是导致果蔬硬度变化的主要原因。果胶物质分解的结果，使果蔬变得软疡状态，耐贮性也随之下降；贮藏中可溶性果胶含量的变化，是鉴定果蔬能否继续贮藏的标志。所以，为保证果蔬的食用品质和适应贮运与久藏的要求，采收的果蔬应避免过于成熟，并保持良好的硬度。霉菌和细菌都能分泌可分解果胶物质的酶，加速果蔬组织的解体，造成腐烂，贮运中必须加以注意。

## 3. 纤维素和半纤维素

组织的细胞壁中有含水纤维素，食用时口感细嫩；贮藏过程中组织逐渐老化后，纤维素则发生木质化和角质化，使蔬菜品质下降，不易咀嚼。

### （四）营养物质变化

贮运中的果蔬由于自身的呼吸消耗、营养物质稳定性等的影响，营养物质变化的总趋势是向着减少与劣变的方向发展。如果蔬中的淀粉含量在贮藏期间会由于淀粉酶的活性加强，淀粉逐渐变为麦芽糖和葡萄糖，致使某些果蔬（香蕉、烟台梨等）的甜味增强，改善食用质量。

但果蔬的耐贮性也随着淀粉水解的加快而减弱，而马铃薯出现甜味，还说明其食用质量下降。因此，在果蔬贮运过程中，必须创设低温、高湿条件，抑制淀粉酶的活性，控制淀粉的水解。

## 三、果蔬的品质鉴定

随着人民生活水平的不断提高，人们在消费果蔬产品时，越来越看重其品质特性。从市场调查结果来看，凡品质优、质量高的果蔬不仅畅销，而且价格也高；相反，价格低廉的劣质果蔬则难以销售。果蔬产品不论是内销或是外销，都面临着挑战，其竞争的焦点就是果蔬品质。所以，只有重视提高生产、贮运、流通各环节果蔬品质，才能获得良好的经济效益。

### （一）果蔬品质的概念

果蔬品质是指果蔬满足某种使用价值全部有利特征的总和，主要是指食用时果蔬外观、风味和营养价值的优越程度。根据不同用途，果蔬品质可分为鲜食品质、内部品质、外部品质、营养品质、销售品质、运输品质、加工品质和桌面品质等。果蔬品质是个复合的概念，包括许多不同而相关的方面。对不同种类或品种的果蔬均有具体的品质要求或标准。因此，品质要求有其共同性，也有其差异性。

（二）果蔬品质的属性

果蔬品质特征可归为两大类，即感官属性和生化属性。

1. 感官属性

感官属性是指人们通过视觉、嗅觉、触觉和味觉等感觉器官所感觉和认识到的属性，它又可分为表观属性、质地属性和风味属性等。

消费者对果蔬品质的感觉，首先是外观品质。外观品质是引起消费者购买欲望的直接因素，但不是唯一因素。在判断果蔬质量时，除了目测评价外，经过人的口腔品尝进行判断也是一种重要的检验方法，但因不同人的爱好不同而有较大差异，所以必须建立评味组，将评味组每个人的主观评价综合起来，以得到相对客观的结果，这样才能获得有意义的风味品质评价信息。有时为了更正确地了解消费者对某一果蔬风味的偏好性，还需要通过消费者代表进行大范围的试验。

（1）表观属性　表观属性是指人们能通过视觉所认识的属性，包括果蔬的大小、形状、色泽、光泽和缺陷（指病害、虫害和机械伤害）等外观品质，因而是决定果蔬产品质量的主要因素，也是决定果蔬产品市场价格的最重要因素。

①色泽。是果蔬很重要的表观属性。果蔬只有在达到一定成熟度时，才能具有固有的内在品质，即优良的风味、质地和营养等，同时表现典型的色泽，也就是说理想的风味和质地常与典型颜色的显现分不开，所以，果蔬的外表色彩可作为果蔬综合品质是否达到理想程度的外观指标，是果蔬分级的重要标准之一。色泽又是给予人们的第一个感觉，能直接刺激消费者的购买欲望，所以，色泽常常是消费者决定购买某种果蔬的基础。

②大小。消费者通常对大部分果蔬的大小及其整齐度有明确的选择。产品按大小进行分级时，通常是将同样大小的果蔬包装

在一起。

③形状。果蔬具有其特征的形状是很重要的表观属性，异常形状的果蔬很难被人们接受。消费者认为，缺少特征形状的果蔬价值要低一些。

④状态。状态是涉及果蔬产品新鲜与否的质量特征。有损于果蔬表观的状态有菜叶的枯萎或水果的皱缩；碰伤、擦伤和切口等表皮缺陷；表面的各种污染等。状态不好的果蔬往往使消费者失去购买欲望，也就很难获得较高的销售价格。

（2）质地属性　质地属性包括果蔬内在和外表的某些特征，如手感特征以及人们在消费过程中所体验到的质地上的特征。一般指那些能在口中凭触觉感到的特性。质地的复杂特性是以许多方式表现出来的，其中最有意义的用来描述质地特征的术语有硬度、脆度、沙性、绵性、汁性和纤维性等。理想质地的总印象，或为鉴别产品被接受程度的内在标准。

（3）风味属性　风味包括口味和气味，主要是由果蔬组织中的化学物质刺激味觉和嗅觉而产生的。口味是由于某些可溶性和挥发性的成分通过口腔内部柔软的表面及舌头上的腺膜抵达味蕾而产生的。果蔬最重要的口味感觉有4种，即甜、酸、苦、涩。它们分别是由糖、有机酸、苦味物质和鞣酸物质产生的。气味对总体风味的形成影响较大，是由于挥发性物质到达鼻腔内的受体并被吸收之，人就感觉到气味了，它可给人以愉悦或难受的感觉。有些水果和蔬菜在成熟时大量产生这种化合物。

2. 生化属性

生化属性指以营养功能为主的果蔬内在属性，是果蔬体内的生化物质的营养功能综合形成的果蔬内在品质特性。果蔬作为人类食物的一部分，除可满足人们消费时所带来的感官享受之外，更主要的是给人们带来营养并增进健康。果蔬的最大营养价值是富含各类维生素及矿物质，此外，某些果蔬还具药用价值。因此，从其使用价值的角度考虑，营养品质是果蔬产品更重要的一个方面。影响果蔬品质的生化物质很多，主要有水分、碳水化合物、有机酸、蛋白质、脂类、色素、维生素、矿物质、酶、风味和芳香物质等。

## 第二节　采前因素对果蔬贮藏性状的影响

影响果蔬耐贮性的采前因素很多，如生物因素、生态因素和农业技术因素等都会影响产品的品质。选择生长发育良好、健康、品质优良的产品为贮藏原料，是搞好果蔬贮藏重要工作之一，因此，切不可忽视采前因素对采后寿命的影响。

### 一、生物因素

（一）种类和品种

1. 种类

果蔬种类不同，耐贮性差异很大。特别是蔬菜种类繁多，其可食部分可以来自植物的根、茎、叶、花、果实和种子，由于它们的组织结构和新陈代谢方式不同，因此，耐贮性也有很大的差异。

叶菜类耐贮性最差。因为叶片是植物的同化器官，组织幼嫩，保护结构差，采后失水、呼吸和水解作用旺盛，极易萎蔫、黄化和败坏，最难贮藏；叶球为营养贮藏器官，一般在营养生长停止后收获，新陈代谢已有所降低，所以比较耐贮藏。

花菜类是植物的繁殖器官，新陈代谢比较旺盛，在生长成熟及衰老过程中还会形成乙烯，所以花菜类是很难贮藏的。如新鲜的黄花菜，花蕾采后 1 天就会开放，并很快腐烂，因此必需干制。然而花椰菜是成熟的变态花序，蒜薹是花茎梗，它们都较耐寒，可以在低温下作较长期的贮藏。

果菜类包括瓜、果、豆类，它们大多原产于热带和亚热带地区，不耐寒，贮藏温度低于 8℃ 发生冷害。其食用部分为幼嫩果实，新陈代谢旺盛，表层保护组织发育尚不完善，容易失水和遭受微生物侵染。采后由于生长和养分的转移，果实容易变形和发生组织纤维化，如黄瓜变成大头瓜、豆荚变老，因此很难贮藏。但有些瓜类蔬菜是在充分成熟时采收的，如南瓜、冬瓜，其代谢强度已经下降，表层保护组织已充分发育，表皮上形成了厚厚的角质层、蜡粉或茸毛等，所以比较耐贮藏。

块茎、鳞茎、球茎、根茎类都属于植物的营养贮藏器官，有些还具有明显的休眠期或通过改变环境条件，令其控制在强迫休眠状态，使新陈代谢降低到最低水平，所以比较耐贮藏。

水果中以温带生长的苹果和梨最耐贮；桃、李、杏等由于都在夏季成熟，此时温度高，呼吸作用强，因此耐贮性较差；热带和亚热带生长的香蕉、菠萝、荔枝、芒果等采后寿命短，不能作长期贮藏。

只有了解不同种类果蔬的特性，才能对不同的产品做出合理的贮藏安排，从而获得最佳的贮藏效果。

2. 品种

果蔬的品种不同，其耐性也有差异。一般来说，不同品种的果蔬以晚熟品种最耐贮，中熟品种次之，早熟品种不耐贮藏。晚熟品种耐贮藏的原因是：晚熟品种生长期长，成熟期间气温逐渐降低，组织致密、坚挺，外部保护组织发育完好，防止微生物侵染和抵抗机械伤能力强；晚熟品种营养物质积累丰富，抗衰老能力强；晚熟品种一般有较强的氧化系统，对低温适应性好，在贮藏时能保持正常的生理代谢作用，特别是当果蔬处于逆境时，呼吸很快加强，有利于产生积极的保卫反应。

大白菜中，直筒形比圆球形的耐贮藏，青帮系统的比白帮系统的耐贮藏，晚熟的比早熟的耐贮藏，如小青口、青麻叶、抱头青、核桃纹等的生长期都较长，结球坚实，抗病耐寒。芹菜中以天津的白庙芹菜、陕西的实杆绿芹、北京的棒儿芹等耐贮藏；而空杆类型的芹菜贮藏后容易变糠，纤维增多，品质变劣。菠菜中以尖叶菠菜耐寒适宜冻藏，圆叶菠菜虽叶厚高产，但耐寒性差，不耐贮藏。马铃薯中以休眠期长的品种，如克新一号等最为耐贮。

苹果中的早熟品种耐贮性差，如黄魁、丹顶、祝光不宜作长期贮藏；金冠、红星、红元帅、秦冠等中晚熟品种在自然降温的贮藏场所中不能作长期贮藏，然而用冷藏或气调贮藏方法可以贮藏至翌年 5 月；青香蕉、印度、红富士和小国光等晚熟品种是最耐藏品种，如小国光在普通窖中可以贮藏至翌年 5~6 月。

梨果实中以红宵梨和安梨最耐贮藏，但其肉质较粗，含酸量高；鸭梨、雪花梨、茌梨等品质好，耐贮藏；而西洋梨系统的巴梨和秋子梨系统的京白梨、广梨，一般不作长期贮藏，但如果贮藏条件适当，也可以贮藏到次年春季。

柑橘中的宽皮橘品种，耐贮性较差。广东的蕉柑是耐藏品种。甜橙的耐贮性较好，在适合的贮藏条件下，可以贮藏 5~6 个月。

桃一般不能作长期贮藏，橘早生、五月鲜和深州蜜桃等，采后只能存放几天，冈山白、大久保品种耐贮性稍强，一些晚熟品种如冬桃、绿化九号比较耐贮藏。一般说来，非溶质性的桃比溶质性的桃耐贮藏。

（二）砧木

砧木类型不同，果树根系对养分和水分的吸收能力不同，从而对果树的生长发育进程、对环境的适应性以及对果实产量、品质、化学成分和耐贮性直接造成影响。

山西果树研究所的试验表明：红星苹果嫁接在保德海棠上，果实色泽鲜红，最耐贮藏；嫁接在武乡海棠、沁源山定子和林檎砧木上的果实，耐贮性也较好。还有研究表明，苹果发生苦痘病与砧木的性质有关，如在烟台海滩地上嫁接于不同砧木上的国光苹果，发病轻的苹果砧木是烟台沙果、福山小海棠，发病最重的是山定子、黄三叶海棠，晚林檎和蒙山甜茶居中。还有人发现，矮生砧木上生长的苹果较中等树势的砧木上生长的苹果发生的苦痘病要轻。

四川省农业科学院园艺试验站育种研究室在不同砧木的比较试验中指出，嫁接在枳壳、红橘和香樹等站木上的甜橙，耐贮性是最好和较好的；嫁接在酸橘、香橙和沟头橙砧木上的甜橙果实，耐贮性也较强，到贮藏后期其品质也比较好。

美国加州的华盛顿脐橙和伏令夏橙，其大小和品质也明显地受到了不同砧木的影响。嫁接在酸橙砧木上的脐橙比嫁接在甜橙上的果实要大得多；对果实中柠檬酸、可溶性固形物、蔗糖和总糖含量的调查结果表明：用酸橙作砧木的果实要比用甜橙作砧木的果实含量要高。

了解砧木对果实的品质和耐贮性的影响，有利于今后果园的规划，特别是在选择苗木时，应实行穗砧配套，只有这样，才能从根本上提高果实的品质，以有利于采后的贮藏。

（三）树龄和树势

树龄和树势不同的果树，不仅果实的产量和品质不同，而且耐藏性也有差异。一般来说，幼龄树和老龄树不如中龄树（结果处于盛果期的树）结的果实耐贮。这是因为幼龄树营养生长旺盛，结果少，果实大小不一，组织疏松，含钙少，氮和蔗糖含量高，贮藏期间呼吸旺盛，失水较多，品质变化快，易感染微生物病害和发生生理病害；而老龄树营养生长缓慢，衰老退化严重，根部吸收营养物质能力减弱，地上部分光合同化能力降低，所结果实偏小，干物质含量少，着色差，其耐贮性和抗病性均减弱。Comin 等观察到：11 年生的瑞光（Rome beauty）苹果树所结的果实比35年生的着色好，在贮藏过程中发生虎皮病要少50%～80%。据报道，从幼树上采收的国光苹果，贮藏中有60%～70%的果实发生苦痘病，不适合进行长期贮藏。苹果苦痘病的发病规律有如下特点：幼树的果实苦痘病比老树重，树势旺的果实比树势弱的重，结果少的发病较重，大果比小果发病重。

据广东省汕头对蕉柑树的调查，2～3年生的树所结的果实，果汁中可溶性固形物含量低、酸味浓、风味差，在贮藏中容易受冷害，易发生水肿病；而5～6年生的蕉柑树，果实品质风味较好，耐贮性也较强。

（四）果实大小

同一种类和品种的果蔬，果实的大小与其耐贮性密切相关。一般来说，以中等大小和中等偏大的果实最耐贮。大个的果实由于具有幼树果实性状类似的原因，所以耐贮性较差。研究发现，苹果采后生理病害的发生与果实直径大小呈正相关。如大个苹果在贮藏期间发生虎皮病、苦痘病和低温伤害病比中等个果实严重，硬度下降也快。这种现象也同样表现在梨果实上，大个的鸭梨和雪花梨采后容易出现果肉褐变与黑心。大个的蕉柑往往皮厚、汁少，在贮藏中容易发生水肿和枯水病。大个的萝卜和胡萝卜易糠心；大个的黄瓜采后易脱水变糠，瓜条易变形呈棒槌状等。

（五）结果部位

同一植株上不同部位着生的果实，其大小、颜色和化学成分不同，耐贮性也有很大的差异。一般来说，向阳面或树冠外围的苹果果实着色好，干物质、总酸、还原糖和总糖含量高，风味佳，肉质硬，贮藏中不易萎蔫皱缩。但有试验表明，向阳面的果实中钾和干物质含量较高，而氮和钙的含量较低，发生苦痘病和红玉斑点病的几率较内膛果实为高。Harding等对柑橘的观察结果显示，阳光下外围枝条上结的果实，抗坏血酸比内膛果实要高。Sites 发现，同一株树上顶部外围的伏令夏橙果实，可溶性固形物含量最高，内腔果实的可溶性固形物含量最低。他还发现，果实的含酸量与结果部位没有明显的相关性，但与接受阳光的方向有关，在东北面的果实可滴定酸含量偏低。广东蕉柑树上的顶柑，含酸量较少，味道较甜，果实皮厚，果汁少，在贮藏中容易出现枯水，而含酸量高的柑橘一般耐贮性较强。

蔬菜（一般指果菜类）的着生部位与品质及耐贮性的关系和果实相比略有不同，一般以生长在植株中部的果实品质最好，耐贮性最强。如生长在植株下部和上部的番茄、茄子、辣椒等果实的品质和耐贮性不如中部的果实强；生长在瓜蔓基部和顶部的瓜类果实不如生长在中部的个大，风味好，耐贮藏。由此可见，果实的生长部位对其品质和耐贮性的影响很大，在实际工作中，如果条件允许，贮藏用果最好按果实生长部位分别采摘，分别贮藏。

## 二、生态因素

### （一）温度

与其他生态因素相比，温度对果蔬品质和耐贮性的影响更为重要。因为每种果蔬在生长发育期间都有其适宜的温度范围和适温要求，在适宜温度范围内，温度越高，果蔬的生长发育期越短。

果蔬在生长发育过程中，温度过高或过低都会对其生长发育、产量、品质和耐贮性产生影响。温度过高，作物生长快，产品组织幼嫩，营养物质含量低，表皮保护组织发育不好，有时还会产生高温伤害。温度过低，特别是在开花期连续出现数日低温，就会使苹果、梨、桃、番茄等授粉受精不良，落花落果严重，使产量降低，形成的苹果果实易患苦痘病和蜜果病，而番茄果实则易出现畸形果，降低品质和耐贮性。

有关夏季温度对苹果品质的影响很早就有报道。美国学者
Shaw 指出，夏季温度是决定果实化学成分和耐贮性的主要因素。
他通过对 165 个苹果品种的研究后认为，不同品种的苹果都有其
适宜的夏季平均温度，但大多数品种对 3—9 月的平均适温为
12～15.5℃。低于这个适温，就会引起果实化学成分的差异，从
而降低果实的品质，缩短贮藏寿命。但也有人观察到，有的苹果
品种需要在比较高的夏季温度下才能生长发育得最好，如红玉苹
果在平均温度为 19℃ 的地区生长得比较好。当然，夏季温度过
高的地区，果实成熟早，色泽和品质差，也不耐贮藏。

　　桃是耐夏季高温的果树，夏季温度高，果实含酸量高，较耐
贮藏。但夏季温度超过 32℃ 时，会影响果实的色泽和大小，如
果夏季低温高湿，桃的颜色和成熟度差，也不耐贮运。番茄红素
形成的适宜温度为 20～25℃，如果长时间持续在 30℃ 以上的气
候条件下生长，则果实着色不良，品质下降，贮藏效果不佳。

　　柑橘的生长温度对其品质和耐贮性有较大的影响，冬季温度
太高，果实颜色淡黄而不鲜艳，冬季有连续而适宜的低温，有利
于柑橘的生长、增产和提高果实品质。但是温度低于 -2℃，果
实就会受冻而不耐贮运。

　　大量的生产实践和研究证明，采前温度和采收季节也会对果
蔬的品质和耐贮性产生深刻影响。如苹果采前 6～8 周昼夜温差
大，果实着色好，含糖量高，组织致密，品质好，也耐贮藏。费
道罗夫认为，采前温度与苹果发生虎皮病的敏感性有关。为此他
提出了一个预测指标，在 9～10 月，如果温度低于 10℃ 的总时数
为 150～160h，某些苹果品种果实很少发生虎皮病；而总时数如
果为 190～240h，就可以排除发生虎皮病的可能性。如果夜间最
低温度超过 10℃，低温时数的有效作用将等于零。这也可能是
为什么过早采收的苹果，在贮藏中总是加重虎皮病发生的原因之
一。梨在采前 4～5 周生长在相对凉爽的气候条件下，可以减少

贮藏期间的果肉褐变与黑心。同一种类或品种的蔬菜，秋季收获的比夏季收获的耐贮藏，如番茄、甜椒等。不同年份生长的同一蔬菜品种，耐贮性也不同，因为不同年份气温条件不同，会影响产品的组织结构和化学成分的变化。例如马铃薯块茎中淀粉的合成和水解与生长期中的气温有关，而淀粉含量高的耐贮性强。北方栽培的大葱可露地冻藏，缓慢解冻后可以恢复新鲜状态，而南方生长的大葱，却不能在北方做露地冻藏。甘蓝耐贮性在很大程度上取决于生长期间的温度和降雨量，低温下（10℃）生长的甘蓝，戊聚糖和灰分较多，蛋白质较少，叶片的汁液冰点较低，耐贮藏。

（二）光照

光照是果蔬生长发育获得良好品质的重要条件之一，绝大多数的果蔬都属于喜光植物，特别是它们的果实、叶球、块根、块茎和鳞茎的形成，都必须有一定的光照强度和充足的光照时间。光照直接影响果蔬的干物质积累、风味、颜色、质地及形态结构，从而影响果蔬的品质和耐贮性。

光照不足会使果蔬含糖量降低，产量下降，抗性减弱，贮藏中容易衰老。如苹果在生长季节的连续阴天会影响果实中糖和酸的形成，果实容易发生生理病害，缩短贮藏寿命。树冠内膛的苹果因光照不足易发生虎皮病，贮藏中衰老快，果肉易粉质化。有些研究发现，暴露在阳光下的柑橘果实与背阴处的果实比较，一般具有发育良好、皮薄、果汁可溶性固形物含量高等特点，酸和果汁量则较低，品质也差。蔬菜生长期间如光照不足，往往叶片生长得大而薄，贮藏中容易失水萎蔫和衰老。西瓜、甜瓜光照不足，含糖量会下降。大白菜和洋葱在不同的光照强度下，含糖量和鳞茎大小明显不同，如果生长期间阴天多，光照时间少，光照强度弱，蔬菜的产量下降，干物质含量低，贮藏期短。大萝卜在生长期间如果有 50% 的遮光，则生长发育不良，糖分积累少，贮藏中易糠心。但是，光照过强也有危害，如番茄、茄子和青椒在炎热的夏天受强烈日照后，会产生日灼病，不能进行贮藏。秦冠、鸡冠、红玉等品种的苹果受强日照后易患蜜果病等。特别是在干旱季节或年份，光照过强对果蔬造成的危害将更为严重。此外，光照长短也影响贮藏器官的形成，如洋葱、大蒜等要求有较长的光照，才能形成鳞茎。

　　光照与花青色素的形成密切相关，红色品种的苹果在阳光照射下，果实颜色鲜红，特别是在昼夜温差大、光照充足的条件下，着色更佳；而树膛内的果实，接触阳光少，果实成熟时不呈现红色或色调不浓。研究发现，光照对果实着色发生影响是有条件的。Magness 认为，苹果颜色的发展首先受果实化学成分的影响，只有在果实有足够的含糖量时，天气因素才会对颜色的形成发生作用。因此果实的成熟度也是着色的重要条件，在达到一定成熟度之前，即使外界环境条件适宜，花青素也不能迅速形成，果实着色仍然缓慢。

　　光质（红光、紫外光、蓝光和白光）对果蔬生长发育和品质都有一定的影响。许多水溶性色素的形成都要求有强红光，特别是紫外光（360～450nm）与果实红色的发育有密切的关系。紫外光的光波极短，光通量值大，易被空气中的尘埃和小水滴吸收。据研究，苹果果实成熟前6周，阳光的直射量与红色发育呈高度的正相关，特别是在雨后，空气中尘埃少，在阳光直射下的果实着色最快。随着栽培技术的发展，目前很多水果产区，为了提高果实的品质，增加红色品种果实的着色度，在果树行间铺设反光塑料薄膜以改善果实的光照条件，或采用果实套袋的方法改善光质都取得了良好的效果。此外紫外光还有利于果蔬抗坏血酸的合成，提高产品品质。如树冠外侧暴露在阳光下的苹果不仅颜色红，抗坏血酸含量也较高；温室中栽培的黄瓜和番茄果实因缺少紫外光，抗坏血酸的含量往往没有露地栽培的高；光质制约着甘蓝花青素苷的合成速度，紫外光最为有利。

（三）降水

降水会增加土壤湿度、空气湿度和减少光照时间，与果蔬的产量、品质和耐贮性密切相关，干旱或者多雨常常制约着果蔬的生长。在潮湿多雨的地区或年份，土壤的 pH 值一般小于 7，为酸性土壤，土壤中的可溶性盐类如钙盐几乎被冲洗掉，果蔬就会缺钙，加上阴天减少了光照，使果蔬品质和耐贮性降低，贮藏中易发生生理病害和侵染性病害。如生长在潮湿地区或多雨年份的苹果，果实内可溶性固形物和抗坏血酸含量较低，贮藏中易发生虎皮病、苦痘病、轮纹病和炭疽病等病害。此外果实也容易裂果，裂果常发生在下雨之后，此时蒸腾作用很低，苹果除了从根部吸收水分外，也可以从果皮吸收较多水分，促使果肉细胞膨压增大，造成果皮开裂。柑橘生长期雨水过多，果实成熟后着色不好，表皮细胞中精油含量减少，果汁中糖和酸含量降低，此外，高湿有利于真菌的生长，容易引起果实腐烂。马铃薯采前遇雨，采后腐烂增加。生育期冷凉多雨的黄瓜，品质和耐贮性降低，因为空气湿度高时，蒸腾作用受阻，从土壤中吸收的矿物质减少，使得有机物的生物合成、运输及其在果实中的累积受到阻碍。

在干旱少雨的地区或年份，空气的相对湿度较低，土壤水分缺乏，影响果蔬对营养物质的吸收，使果蔬的正常生长发育受阻，表现为个体小、产量低、着色不良、成熟期提前，容易产生生理病害。如生长在干旱年份的苹果，容易发生苦痘病；大白菜容易发生干烧心病，萝卜容易出现糠心等。降水不均衡或久旱骤雨，会造成果实大量裂果，如苹果、大枣、番茄等。甜橙在贮藏过程中的枯水与生长期的降水量有关，干旱后遇多雨天气，果实在短期内生长旺盛，果皮组织疏松，枯水现象加重。

（四）地理条件

果蔬栽培地区的纬度和海拔高度不同，生长期间的温度、光照、降水量和空气的相对湿度不同，从而影响果蔬的生长发育、品质和耐贮性。纬度和海拔高度不同，果蔬的种类和品种不同；即使同一种类的果蔬，生长在不同纬度和海拔高度，其品质和耐贮性也不同。如苹果属于温带水果，在我国长江以北广泛栽培，多数中、晚熟品种较耐贮藏，但因生长的纬度不同，果实的耐贮性也有差别。生长在河南、山东一带的苹果，不如生长在辽宁、山西、甘肃、陕北的苹果耐贮性强。同一品种的苹果，在高纬度地区生长的比在低纬度地区生长的耐贮性要好，辽宁、甘肃、陕北生长的元帅苹果较山东、河北生长的元帅苹果耐贮藏。我国西北地区生长的苹果，可溶性固形物高于河北、辽宁的苹果，西北虽然纬度低，但海拔较高，凉爽的气候适合于苹果的生长发育。海拔高度对果实品质和耐贮性的影响十分明显，海拔高的地区，日照强，昼夜温差大，有利于糖分的累积和花青素的形成，抗坏血酸的含量也高，所以苹果的色泽、风味和耐贮性都好。

生长在山地或高原地区的蔬菜，体内碳水化合物、色素、抗坏血酸、蛋白质等营养物质的含量都比平原地区生长的要高，表面保护组织也比较发达，品质好，耐贮藏。如生长在高海拔地区的番茄比生长在低海拔地区的品质明显要好，耐贮性也强。由此可见，充分发挥地理优势，发展果蔬生产，是改善果蔬品质、提高贮藏效果的一项有力措施。

（五）土壤

土壤是果蔬生长发育的基础，土壤的理化性状、营养状况、地下水位高低等直接影响到果蔬的化学组成、组织结构，进而影响到果蔬的品质和耐贮性。不同种类的果蔬对土壤的要求不同，但大多数果蔬适合于生长在土质疏松、酸碱适中、养分充足、湿度适宜的土壤中。

土质会影响果蔬栽培的种类、产品的化学组成和结构。我国北方气候寒冷、少雨、土壤风化较弱，土壤中砂粒、粉粒含量较多，黏粒较少。砂土在北方分布广泛，这种土壤颗粒较粗，保肥保水力差，通气通水性好，蔬菜生长后期，易脱肥水，不抗旱，适于栽培早熟薯类、根菜、春季绿叶菜类。在砂土中生长的蔬菜，早期生长快，外观美丽，但根部老化快，植株易早衰，抗病、耐寒、耐热性都较弱，产品品质差，味淡，不耐贮。我国黄土高原、华北平原、长江下游平原、珠江三角洲平原均为砂壤土，质地均匀，粉粒含量高，物理性能好，抗逆能力强，通气透水，保水保肥和抗旱力强，适合于栽种任何蔬菜，其产品品质和耐贮性都好。在平原洼地、山间盆地、湖积平原地区为黏土，以黏粒占优势，质地黏重，结构致密，保水保肥力大，通气透水力差，适于种植晚熟品种蔬菜，植株生根慢，生长迟缓，形小不美观，但根部不易老化，成熟迟，耐病、耐寒、耐热性强，产品品质好，味浓，耐贮藏。

　　研究表明，黏重土壤上种植的香蕉，风味品质比砂质土壤上种植的好，而且耐贮藏。生长在黏重土壤上的柑橘，风味品质要比生长在轻松砂壤土上的好。轻松土壤上种植的脐橙比黏重土壤上种植的果实坚硬，但在贮藏中失重较快。苹果适合在质地疏松、通气良好、富含有机质的中性到酸性土壤上生长。在砂土上生长的苹果容易发生苦痘病，可能是因为水分的供给不正常，影响了钾、镁和钙离子的吸收与平衡。在轻砂土壤上生长的西瓜，果皮坚韧，耐贮运能力强。在排水与通气良好的土壤上栽培的萝卜，贮藏中失水较慢；而莴苣在砂质土壤上栽培的失水快，在黏质土壤上栽培的失水则较慢。

## 三、农业技术因素

### （一）施肥

　　施肥对果蔬的品质及耐贮性有很大的影响。在果蔬的生长发育过程中，除了适量施用氮肥外，还应该注意增施有机肥和复合肥，特别应适当增施磷、钾、钙肥和硼、锰、锌肥等，这一点对于长期贮藏的果蔬显得尤为重要。只有合理施肥，才能提高果蔬的品质，增加其耐贮性和抗病性。如果过量施用氮肥，果蔬容易发生采后生理失调，产品的耐贮性和抗病性会明显降低，因为产品的氮素含量高，会促进产品呼吸，增加代谢强度，使其容易衰老和败坏，而钙含量高时可以抵消高氮的不良影响。如氮肥过多，会降低番茄果实的品质，减少干物质和抗坏血酸的含量。施用氮肥过多的果园，果实的颜色差，质地松软，贮藏中容易发生生理病害，如苹果的虎皮病、苦痘病等。适量施用钾肥，不仅能使果实增产，还能使果实产生鲜红的色泽和芳香的气味。缺钾会延缓番茄的完熟过程，因为钾浓度低时会使番茄红素的合成受到抑制。苹果缺钾时，果实着色差，贮藏中果皮易皱缩，品质下降；而施用过量钾肥，又易产生生理病害。土壤中缺磷，果实的颜色不鲜艳，果肉带绿色，含糖量降低，贮藏中容易发生果肉褐变和烂心。苹果缺硼，果实不耐贮藏，易发生果肉褐变或发生虎皮病及水心病。缺钙对果蔬质量影响很大，苹果缺钙时，易发生苦痘病、低温溃败病等病害；芒果缺钙时，花端腐烂；大白菜缺钙，易发生干烧心病等。果蔬在生长过程中，适量施用钙肥，不仅可提高品质，还能有效防止上述生理病害的发生。

（二）灌溉

水分是保持果蔬正常生命活动所必需的，土壤水分的供给对果蔬的生长、发育、品质及耐贮性有重要的影响，含水量太高的产品不耐贮藏。大白菜、洋葱采前1周不要浇水，否则耐贮性下降。洋葱在生长中期如果过分灌水会加重贮藏中的颈腐、黑腐、基腐和细菌性腐烂。番茄在多雨年份或久旱骤雨，会使果肉细胞迅速膨大，从而引起果实开裂。在干旱缺雨的年份或轻质土壤上栽培的萝卜，贮藏中容易糠心，而在黏质土上栽培的，以及在水分充足年份或地区生长的萝卜，糠心较少，出现糠心的时间也较晚。大白菜蹲苗期，土壤干旱缺水，会引起土壤溶液浓度增高，阻碍钙的吸收，易发生干烧心病。

桃在采收前几周缺水，果实就难以增大，果肉坚硬，产量下降、品质不佳；但如果灌水太多，又会延长果实的生长期，果实着色差、不耐贮藏。葡萄采前不停止灌水，虽然产量增加了，但因含糖量降低会不利于贮藏。水分供应不足会削弱苹果的耐贮性，苹果的一些生理病害如软木斑、苦痘病和红玉斑点病，都与土壤中水分状况有一定的联系。水分过多，果实过大，果汁的干物质含量低，而不耐长期贮藏，容易发生生理病害。柑橘果实的蒂缘褐斑（干疤），在水分供应充足的条件下生长的果实发病较多，而在较干旱的条件下生长的果实褐斑病较少。可见，只有掌握适时合理的灌溉，才能既保证果蔬的产量和质量，又有利于提高其贮藏性能。

（三）修剪、疏花和疏果

适当的果树修剪可以调节果树营养生长和生殖生长的平衡，减轻或克服果树生产中的大小年现象，增加树冠透光面积和结果部位，使果实在生长期间获得足够的营养，从而影响果实的化学成分，因此，修剪也会间接地影响果实的耐贮性。研究表明，树冠内主要结实部位集中在自然光强的 30%~90% 范围内。就果实品质而言，在 40% 以下的光强条件下生长的果实，品质较差；40%~60% 的光强可产生中等品质的果实；在 60% 以上的光强条件下生长的果实，品质最好。如果修剪过重，来年果树营养生长旺盛，叶果比增大，树冠透光性能差，果实着色不好，苹果内含钙少而蔗糖含量高，在贮藏中易发生苦痘病和虎皮病。重剪还会增加红玉苹果的烂心和果蜜病的发生。柑橘树若修剪过重，粗皮大果比例增加，贮藏中易枯水。但是，修剪过轻，果树生殖生长旺盛，叶果比减小，果实生长发育不良，果实小，品质差，也不利于贮藏。因此，只有根据树龄、树势、结果量、肥水条件等因素进行合理的修剪，才能确保果树生产达到高产、稳产，生产出的果实才能达到优质、耐贮的目的。

在番茄、西瓜等蔬菜生产中，也要定期进行去蔓、打杈，及时摘除多余的侧芽，其目的也是协调营养生长和生殖生长的平衡，以期获得优质耐贮的蔬菜产品。

适当的疏花、疏果也是为了保证果蔬正常的叶、果比例，使果实具有一定的大小和优良的品质。生产上，疏花工作应尽量提前进行，这样可以减少植株体内营养物质的消耗。疏果工作一般应在果实细胞分裂高峰期到来之前进行，这样可以增加果实中的细胞数；疏果较晚，只能使果实细胞膨大有所增加，疏果过晚，对果实大小影响不大。因为疏花、疏果影响到果实细胞的数量和大小，也就影响到果实的大小和化学组成，在一定程度上影响了果蔬的耐贮性。研究表明，对苹果进行适当的疏花、疏果，可以使果实含糖量增高，不仅有利于花青素的形成，同时也会减少虎皮病的发生，使耐贮性增强。

（四）田间病虫防治

病虫害不仅可以造成果蔬产量降低，而且对果蔬品质和耐贮性也有不良影响，因此，田间病虫防治是保证果蔬优质高产的重要措施之一。贮藏前，那些有明显症状的产品容易被挑选出来，但症状不明显或者发生内部病变的产品却往往被人们忽视，它们在贮藏中发病、扩散，从而造成损失。

目前，杀菌剂和杀虫剂种类很多，常见的有苯并咪唑类、有机磷类、有机硫类、有机氯类等，都是生产上使用较多的高效低毒农药，对防治多种果蔬病虫有良好的效果。

（五）生长调节剂处理

生长调节剂对果蔬的品质影响很大。采前喷洒生长调节剂，是增强果蔬产品耐贮性和防止病害的有效措施之一。果蔬生产上使用的生长调节剂种类很多，根据其使用效果，可概括为以下4

种类型。

1. 促进生长和成熟

如生长素类的吲哚乙酸、萘乙酸和 2,4 - D（2,4 - 二氯苯氧乙酸）等。这类物质可促进果蔬的生长，防止落花、落果，同时也促进果蔬的成熟。如用 10 ~ 40mg/kg 的萘乙酸在采前喷洒苹果，能有效地控制采前落果，但也增强了果实的呼吸，加速了成熟，所以对于长期贮藏的产品来说会有些不利。用 10 ~ 25mg/kg 的 2,4 - D 在采前喷洒番茄，不仅可防止早期落花落果，还可促进果实膨大，使果实提前成熟。菜花采前喷洒 100 ~ 500mg/kg 的 2,4 - D，可以减少贮藏中保护叶的脱落。

2. 促进生长，抑制成熟衰老

细胞分裂素、赤霉素等属于促进生长抑制成熟衰老的调节剂。细胞分裂素可促进细胞的分裂，诱导细胞的膨大，赤霉素可以促进细胞的伸长，二者都具有促进果蔬生长和抑制成熟衰老的作用。结球莴苣采前喷洒 10mg/kg 的苄基腺嘌呤（BA），采后在常温下贮藏，可明显延缓叶子变黄。喷过赤霉素的柑橘、苹果，果实着色晚，成熟减慢。无核葡萄坐果期喷 40mg/kg 的赤霉素，可显著增大果粒。喷过赤霉素的柑橘，果皮的退绿和衰老变得缓慢，某些生理病害也得到减轻。对于柑橘果实，2,4 - D 也有延缓成熟的作用，用 50 ~ 100mg/kg 的 2,4 - D 在采前喷洒柑橘，使果蒂保持鲜绿而不脱落，蒂腐也得到了防治。若与赤霉素同时使用，可推迟果实的成熟，延长贮藏寿命。赤霉素可以推迟香蕉呼吸高峰的出现，延缓成熟和延长贮藏寿命。菠萝在开花一半到完全开花之前用 70 ~ 150mg/kg 的赤霉素喷布，果实充实饱满，可食部分增加，柠檬酸含量下降，成熟期推迟 8 ~ 15 天，有明显的增产效果。用 20 ~ 40mg/kg 的赤霉素浸蒜薹基部，可以防止薹苞的膨大，延缓衰老。

3. 抑制生长，促进成熟

乙烯利等属于抑制生长促进成熟的调节剂。乙烯利是一种人工合成的乙烯发生剂，具有促进果实成熟的作用，一般生产的乙烯利为40%的水溶液。苹果在采前1~4周喷洒200~250mg/kg的乙烯利，可以使果实的呼吸高峰提前出现，促进成熟和着色。梨在采前喷洒50~250mg/kg的乙烯利，也可以使果实提早成熟，降低总酸含量，提高可溶性固形物含量，使早熟品种提前上市，能改善其外观品质，但是用乙烯利处理过的果实不能作长期贮藏。$B_9$对于苹果具有延缓成熟的作用，但是对于桃、李、樱桃等则可以促进果实内源乙烯的生成，加速果实的成熟，使果实提前2~10天上市，并可增进黄桃果肉的颜色。

4. 抑制生长，延缓成熟

矮壮素（CCC）、青鲜素（MH）、多效唑等属于抑制生长延缓成熟的调节剂。巴梨采前3周用0.5%~1%的矮壮素喷洒，可以增加果实的硬度，防止果实变软，有利于贮藏。西瓜喷洒矮壮素后所结果实的可溶性固形物含量高，瓜变甜，贮藏寿命延长。采前用多效唑喷洒梨和苹果，果实着色好，硬度大，减轻了贮藏过程中某些生理病害（如虎皮病和苦痘病等）的发生。苹果生长期间，适时喷洒0.1%~0.2%青鲜素，可控制树冠生长，促进花芽分化，使果实着色好，硬度大，苦痘病的发生率降低。洋葱、大蒜在采前两周喷洒0.25%的青鲜素，可明显延长采后的休眠期，浓度过低，效果不明显。

## 第三节　采后生理对果蔬贮藏品质的影响

水果、蔬菜在田间生长发育到一定阶段，达到人们鲜食、贮藏、加工或观赏的要求后，就需要进行采摘和收获。采收后，产品器官失去了来自土壤或母体的水分和养分供应，成为一个利用自身已有贮藏物质进行生命活动的独立个体。园艺产品采收后的生命活动既是采前田间生长发育过程的继续，与采前的新陈代谢有着必然的联系；又由于采后的生存环境条件发生了根本改变，而发生一系列不同于采前生命活动的变化，进行了重新组织和调整，以便在贮藏条件下保存生命活力和延长寿命。

果蔬和花卉采后的败坏有两方面的原因，一是微生物引起的腐烂变质，二是由于周围环境中的理化因素（温度、湿度、气体等）和产品自身的生命活动引起的物理、化学和生理生化造成的品质下降。能够消除或控制以上两个基本因素，就能起到保护产品、防止其败坏变质的作用。贮藏和加工就是从不同方面采取的相应措施。各种加工方法的一个共同的特点是使果蔬食品或花卉产品都失去了生命，不会由于自身代谢造成品质变化，然后通过各种手段控制一种或几种环境条件来控制微生物的侵染或生长繁殖，达到防止败坏变质的目的。

贮藏与加工的根本区别是贮藏方法使园艺产品保持鲜活，利用自身的生命活动控制败坏。贮藏技术是通过控制环境条件，对产品采后的生命活动进行调节，尽可能延长产品的寿命，一方面使其保持生命活力以抵抗微生物侵染和繁殖，达到防止腐烂败坏的目的；另一方面使产品自身品质的劣变也得以推迟，达到保鲜的目的。

## 一、呼吸作用与保鲜

呼吸作用是基本的生命现象，也是植物具有生命活动的标志。水果、蔬菜和花卉等园艺产品采后同化作用基本停止，呼吸作用成为新陈代谢的主导，它直接联系着其他各种生理生化过程，也影响和制约着产品的寿命、品质变化和抗病能力。因此，控制和利用呼吸作用这种生理过程来延长贮藏期是至关重要的。

（一）呼吸作用

1. 有氧呼吸和无氧呼吸

呼吸作用是在许多复杂的酶系统参与下，经由许多中间反应环节进行的生物氧化还原过程。能把复杂的有机物逐步分解成简单的物质，同时释放能量。呼吸途径有多种，主要有糖酵解、三羧酸循环和磷酸戊糖支路等，在植物生理中都有详细论述。

有氧呼吸通常是呼吸的主要方式，是在有氧气参加的情况下，将本身复杂的有机物（如糖类、有机酸及其他物质）逐步分解为简单物质（水和 $CO_2$），并释放能量的过程。葡萄糖直接作为底物时，可释放能量 2817.7kJ（方程①），其中的 46% 以生物形式（38 个 ATP）贮藏起来，为其他的代谢活动提供能量，剩余能量以热能形式释放到体外。

无氧呼吸是指在无氧气参与的情况下将复杂有机物分解的过程。这时，糖酵解产生的丙酮酸不再进入三羧酸循环，而是脱羧成乙醛，然后还原成乙醇（方程②）。

$$C_6H_{12}O_6 + 6O_2 + 38ADP + 38\ H_3PO_4$$
$$\rightarrow 6CO_2 + 38ATP + 6H_2O + 2817.7kJ \quad\quad ①$$
$$C_6H_{12}O_6 \rightarrow 2C_2H_5OH + 2CO_2 + 87.9kJ \quad\quad ②$$

园艺产品采后的呼吸作用与采前基本相同，在某些情况下又有一些差异。采前产品在田间生长时，氧气供应充足，一般进行有氧呼吸；而在采后的贮藏条件下，即有时当产品放在容器和封闭的包装中、埋藏在沟中的产品积水时、通风不良或在其他氧气供应不足时，都容易产生无氧呼吸。无氧呼吸对于产品贮藏是不利的，一方面无氧呼吸提供的能量少，以葡萄糖为底物，无氧呼吸产生的能量约为有氧呼吸的 1/32，在需要一定能量的生理过程中，无氧呼吸消耗的呼吸底物更多，使产品更快失去生命力。另一方面，无氧呼吸生成有害物乙醛、乙醇和其他有毒物质会在细胞内积累，造成细胞死亡或腐烂。因此，在贮藏期应防止产生无氧呼吸。但当产品体积较大时，内层组织气体交换差，部分无氧呼吸也是对环境的适应，即使在外界氧气充分的情况下，果实中进行一定程度的无氧呼吸也是正常的。

2. 与呼吸有关的几个概念

（1）呼吸强度（呼吸速率）　呼吸强度是表示呼吸作用进行快慢的指标。指一定温度下，一定量的产品进行呼吸时所吸入的氧气或释放二氧化碳的量，单位可以用 $O_2$ 或 $CO_2$ 的 mg（mL）／（h·kg）（鲜重）来表示。由于无氧呼吸不吸入 $O_2$，一般用 $CO_2$ 生成的量来表示更确切。呼吸强度高，说明呼吸旺盛，消耗的呼吸底物（糖类、蛋白质、脂肪、有机酸）多而快，贮藏寿命不会太长。

（2）呼吸商（呼吸系数，RQ）　呼吸商是指产品呼吸过程释放 $CO_2$ 和吸入 $O_2$ 的体积比。$RQ = V_{CO_2}/V_{O_2}$，RQ 的大小与呼吸底物和呼吸状态（有氧呼吸、无氧呼吸）有关。

以葡萄糖为底物的有氧呼吸，如方程式①所示，$RQ = 6molCO_2/6\ molO_2 = 1$。

以含氧高的有机酸为底物的有氧呼吸，RQ > 1

如：苹果酸　　$C_4H_6O_5 + 5O_2 \rightarrow 8CO_2 + 6H_2O$

$RQ = 8molCO_2/5molO_2 = 1.33 > 1$

以含碳多的脂肪酸为底物的有氧呼吸，RQ < 1

如：硬脂酸甘油酯 $C_{18}H_{36}O_2 + 26O_2 \rightarrow 18CO_2 + 18H_2O$

$RQ = 18molCO_2/26molO_2 = 0.69 < 1$

RQ 值也与呼吸状态即呼吸类型有关。当无氧呼吸发生时，吸入的氧气少，RQ > 1，RQ 值越大，无氧呼吸所占的比例也越大；当有氧呼吸和无氧呼吸各占一半时，方程①和方程②相加，可以看出，RQ = 8/6 = 1.33；RQ > 1.33 时，说明无氧呼吸占主导。

RQ 值还与贮藏温度有关。如茯苓夏橙或华盛顿脐橙在 0～

25℃范围内，RQ值接近1或等于1；在38℃时，茯苓夏橙RQ接近1.5，华盛顿脐橙RQ接近2.0。这表明，高温下可能存在有机酸的氧化或有无氧呼吸，也可能二者兼而有之。在冷害温度下，果实发生代谢异常，RQ值杂乱无规律，如黄瓜在13℃时，RQ=1，在0℃时，RQ有时小于1，有时大于1。

（3）呼吸热　呼吸热是呼吸过程中产生的、除了维持生命活动以外而散发到环境中的那部分热量。以葡萄糖为底物进行正常有氧呼吸时，每释放1mg$CO_2$相应释放近似10.68J的热量。由于测定呼吸热的方法极其复杂，园艺产品贮藏运输时，常采用测定呼吸速率的方法间接计算它们的呼吸热。

当大量产品采后堆积在一起或长途运输缺少通风散热装置时，由于呼吸热无法散出，产品自身温度升高，进而又刺激了呼吸，放出更多的呼吸热，加速产品腐败变质。因此，贮藏中通常要尽快排出呼吸热，降低产品温度；但在北方寒冷季节，环境温度低于产品要求的温度时，产品利用自身释放的呼吸热进行保温，防止冷害和冻害的发生。

（4）呼吸温度系数　在生理温度范围内，温度升高10℃时呼吸速率与原来温度下呼吸速率的比值即温度系数，用$Q_{10}$来表示。它能反映呼吸速率随温度而变化的程度，该值越高，说明产品呼吸受温度影响越大，贮藏中越要严格控制温度。研究表明，园艺产品的$Q_{10}$在低温下较大。因此，维持适宜而稳定的低温，是搞好贮藏的前提。

（5）呼吸高峰　在果实的发育过程中，呼吸强度随发育阶段而不同。根据果实呼吸曲线的变化模式（图1-1），可将果实分成两类。其中一类果实，在其幼嫩阶段呼吸旺盛，随果实细胞的膨大，呼吸强度逐渐下降，开始成熟时，呼吸上升，达到高峰（称呼吸高峰）后，呼吸下降，果实衰老死亡；伴随呼吸高峰的出现，体内的代谢发生很大的变化，这一现象被称为呼吸跃变，这一类果实被称为跃变型或呼吸高峰型果实。另一类果实在发育过程中没有呼吸高峰，呼吸强度在采后一直下降，被称为非呼吸跃变型果实。由表1－4可见，呼吸类型与植物分类或果实组织结构无明显关系。

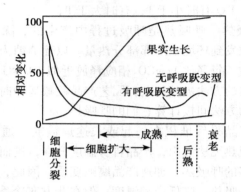

图1－1　跃变型、非跃变型果实的呼吸曲线

表1－4　果实采后的呼吸类型

| 跃变型果实 | 非跃变型果实 |
| --- | --- |
| 苹果，杏，鳄梨，香蕉，面包果，柿，李，榴莲，无花果，猕猴桃，番木瓜，甜瓜，红毛丹，桃，梨，芒果，西番莲，番石榴，南美番荔枝，番茄，蓝莓，曲桃，番荔枝 | 黑莓，杨桃，樱桃，茄子，葡萄，柠檬，枇杷，荔枝，秋葵，豌豆，辣椒，菠萝，红莓，柑橘类，黄瓜，莱姆，石榴，西瓜，刺梨，橄榄，草莓，葫芦，枣，龙眼 |

（二）呼吸与耐藏性和抗病性的关系

由于果实、蔬菜、花卉等园艺产品在采后仍是生命活体，具有抵抗不良环境和致病微生物的特性，才使其损耗减少、品质得以保持，贮藏期延长。产品的这些特性被称为耐藏性和抗病性。耐藏性是指在一定贮藏期内，产品能保持其原有的品质而不发生明显不良变化的特性；抗病性是指产品抵抗致病微生物侵害的特

性。生命消失，新陈代谢停止，耐藏性和抗病性也就不复存在。新采收的黄瓜、大白菜等产品在通常环境下可以存放一段时间，而炒熟的菜则一天就变坏，不能食用，说明产品的耐藏性和抗病性依赖于生命。

呼吸作用是采后新陈代谢的主导，正常的呼吸作用能为一切生理活动提供必需的能量，还能通过许多呼吸的中间产物使糖代谢与脂肪、蛋白质及其他许多物质的代谢联系在一起，使各个反应环节及能量转移之间协调平衡，维持产品其他生命活动能有序进行，保持耐藏性和抗病性。通过呼吸作用还可防止有害中间产物在组织的积累，将其氧化或水解为最终产物，进行自身平衡保护，防止代谢失调造成的生理障碍，这在逆境条件下表现得更为明显。呼吸与耐藏性和抗病性的关系还表现在，当植物受到微生物侵袭、机械伤害或遇到不适环境时，能通过激活氧化系统，加强呼吸而起到自卫作用。主要有以下几个方面：采后病原菌在产品有伤口时很容易侵入，呼吸作用为产品恢复和修补伤口提供合成新细胞所需要的能量和底物，加速愈伤，不利于感染病原菌。在抵抗寄生病原菌侵入和扩展的过程中，植物组织细胞壁的加厚、过敏反应中植保素类物质的生成都需要加强呼吸，以提供新物质合成的能量和底物，使物质代谢根据需要协调进行。腐生微生物侵害组织时，要分泌毒素，破坏寄主细胞的细胞壁，并透入组织内部，作用于原生质，使细胞死亡后加以利用，其分泌的毒素主要是水解酶；植物的呼吸作用有利于分解、破坏、削弱微生物分泌的毒素，从而抑制或终止侵染过程。

呼吸作用虽然有上述的这些重要作用，但同时也是造成品质下降的主要原因。呼吸旺盛造成营养物质消耗加快，是贮藏中发生失重和变味的重要原因，表现在使组织老化，风味下降，失水萎蔫，导致品质劣变，甚至失去食用价值。新陈代谢的加快将缩短产品寿命，造成耐藏性和抗病性下降，同时释放的大量呼吸热使产品温度较高，容易造成腐烂，对产品的保鲜不利。

因此，延长果蔬贮藏期首先应该保持产品有正常的生命活动，不发生生理障碍，使其能够正常发挥耐藏性、抗病性的作用；在此基础上，维持缓慢的代谢，延长产品寿命，从而延缓耐藏性和抗病性的衰变，才能延长贮藏期。

（三）影响呼吸强度的因素

1. 内在的因素

（1）种类与品种　园艺产品种类繁多，被利用部分各不相同，包括根、茎、叶、花和变态器官，这些器官在组织结构和生理方面有很大差异，采后的呼吸作用有很大不同。各种器官中，生殖器官新陈代谢异常活跃，呼吸强度一般大于营养器官，所以通常以花的呼吸作用最强，叶次之，这是由于营养器官的新陈代谢比贮藏器官旺盛，且叶片有薄而扁平的结构并分布大量气孔，气体交换迅速。散叶型蔬菜的呼吸要高于结球形的，因为叶球变态成为积累养分的器官。贮藏器官，直根，块根，块茎，鳞茎的呼吸强度相对最小，除了受器官特征的影响外，还与其在系统发育中形成的适应了土壤或盐水环境中缺氧的特性有关，有些产品采后进入休眠期，呼吸更弱。果实类蔬菜介于叶菜和地下贮藏器官之间，其中浆果呼吸强度最大，其次是桃、李、杏等核果，然后是苹果、梨等仁果类和葡萄（表1-5）。

表1-5　5℃条件下一些园艺产品的呼吸强度

| 类型 | 呼吸强度 [mgCO$_2$/ (kg·h)] | 园艺产品 |
|---|---|---|
| 非常低 | < 5 | 坚果，干果 |
| 低 | 5~10 | 苹果，柑橘，猕猴桃，柿子，菠萝，甜菜，芹菜，白兰瓜，西瓜，番木瓜，酸果蔓，洋葱，马铃薯，甘薯 |

（续表）

| 类型 | 呼吸强度<br>[ $mgCO_2/$ ( $kg \cdot h$ )] | 园艺产品 |
|------|------|------|
| 中等 | 10～20 | 杏，香蕉，蓝莓，白菜，罗马甜瓜，樱桃，块根芹菜，黄瓜，无花果，醋栗，芒果，油桃，桃，梨，李，西葫芦，芦笋头，番茄，橄榄，胡萝卜，萝卜 |
| 高 | 20～40 | 鳄梨，黑莓，菜花，莴笋叶，利马豆，韭菜，红莓 |
| 非常高 | 40～60 | 朝鲜蓟，豆芽，花茎甘蓝，抱子甘蓝，切花，菜豆，青葱，食荚菜豆，甘蓝 |
| 极高 | ＞60 | 芦笋，蘑菇，菠菜，甜玉米，豌豆，欧芹 |

　　同一类产品，品种之间呼吸也有差异。一般来说，由于晚熟品种生长期较长，积累的营养物质较多，呼吸强度高于早熟品种；夏季成熟品种的呼吸比秋冬成熟品种大；南方生长的比北方的要大。

　　（2）成熟度　在产品的个体发育和器官发育过程中，幼嫩组织处于细胞分裂和生长代谢旺盛阶段，且保护组织尚未发育完善，便于气体交换而使组织内部供氧充足，呼吸强度较高；随着生长发育，呼吸逐渐下降；成熟产品表皮保护组织如蜡质、角质加厚，新陈代谢缓慢，呼吸就较弱。在果实发育成熟过程中，幼果期呼吸旺盛，随果实长大而减弱；跃变果实在成熟时呼吸升高，达到呼吸高峰后又下降，非跃变果实成熟衰老时则呼吸作用一直缓慢减弱，直到死亡。块茎、鳞茎类蔬菜田间生长期间呼吸强度一直下降，采后进入休眠期呼吸降到最低，休眠期后重新上升。

　　2. 外部因素

　　（1）温度　呼吸作用是一系列酶促生物化学反应过程，在一定温度范围内，随温度的升高而增强。例如从图 1－2 清楚地看到，洋梨呼吸强度随温度的提高而加强，温度越高呼吸强度越大，呼吸高峰出现的时期越早，持续的时间越短。呼吸高峰后，果实便进入衰老阶段了。一般以 35～40℃为高限温度，在此温度以上，呼吸作用反而缓慢；在此温度以下至冰点温度以上的范围内，呼吸强度随温度的降低而降低。因此，在贮藏过程中，应在果蔬不发生低温冷害的前提下，要尽量保持低温。

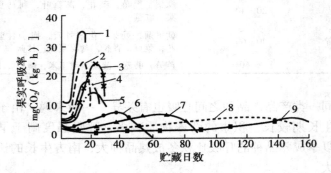

贮藏温度：1—21℃；2—15.5℃；3—12℃；4—12℃；5—10℃；6—4.5℃；7—2.8℃；8—1.1℃；9—0.25℃

**图1-2　洋梨呼吸强度随温度的变化**

在贮藏过程中，温度的波动会引起果蔬呼吸强度的变化。一定范围内，当环境温度提高 10℃时，果蔬呼吸强度增加的倍数称呼吸的温度系数（$Q_{10}$）。一般水果的呼吸温度系数为 2～2.5。但不同的果蔬或同一果蔬在不同温度范围内呼吸的温度系数不同。果蔬在低温下呼吸温度系数大于高温下。这就是说，果蔬在低温下贮藏温度的波动对呼吸强度的影响比在高温下大，即在低温下每升高 1℃或降低 1℃都会引起呼吸强度的剧烈变化因此在低温贮藏、运输时，应该比高温下更应该注意保持低而稳定的温度。

为了抑制产品采后的呼吸作用，常需要采取低温，但也并非贮藏温度越低越好。一些原产于热带、亚热带的产品对冷敏感，在一定低温下会发生代谢失调，失去耐藏性和抗病性，反而不利于贮藏。所以，应根据产品对低温的忍耐性，在不破坏正常生命活动的条件下，尽可能维持较低的贮藏温度，使呼吸降到最低的限度。

（2）气体成分 贮藏环境中影响果蔬、花卉等产品的气体主要是 $O_2$、$CO_2$ 和乙烯。一般空气中氧气是过量的，在 $O_2 > 16\%$ 而低于大气中的含量时，对呼吸无抑制作用；在 $O_2 < 10\%$ 对，呼吸强度受到显著的抑制；$O_2 < 5\% \sim 7\%$ 受到较大幅度的抑制；但在 $O_2 < 2\%$ 时，常会出现无氧呼吸。因此，贮藏中 $O_2$ 浓度常维持在 $2\% \sim 5\%$，一些热带、亚热带产品需要在 $5\% \sim 9\%$ 的范围内。提高环境 $CO_2$ 浓度对呼吸也有抑制作用，对于多数果蔬来说，适宜的浓度为 $1\% \sim 5\%$。过高会造成生理伤害，但产品不同，差异也很大。如鸭梨在 $CO_2 > 1\%$ 时就受到伤害，而蒜薹能耐受 $8\%$ 以上，草莓耐受 $15\% \sim 20\%$ 而不发生明显伤害。

$O_2$ 和 $CO_2$ 有拮抗作用，$CO_2$ 毒害可因提高 $O_2$ 浓度而有所减轻，而在低 $O_2$ 中，$CO_2$ 毒害会更为严重。另一方面，当较高浓度的 $O_2$ 伴随着较高浓度的 $CO_2$ 时，对呼吸作用仍能起明显的抑制作用。低 $O_2$ 和高 $CO_2$ 不但可以降低呼吸强度，还能推迟果实的呼吸高峰，甚至使其不发生呼吸跃变（图 1 - 3）。

乙烯气体可刺激园艺产品采后的呼吸作用，加速衰老，将在后面详细讨论。

（3）湿度 湿度对呼吸的影响还缺乏系统研究，在大白菜、菠菜、温州蜜柑中已经发现轻微的失水有利于抑制呼吸。一般来说，在 RH 高于 $80\%$ 的条件下，产品呼吸基本不受影响；过低的湿度则影响很大。如香蕉在 RH 低于 $80\%$ 时，不产生呼吸跃变，不能正常后熟。

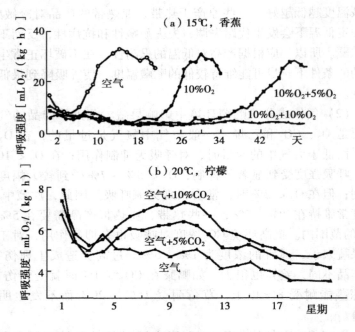

图 1-3　不同贮藏温度下气体成分对果实呼吸的影响

（4）机械伤和微生物侵染　在采收、分级、包装、运输和贮藏过程中，产品常会受到挤压、震动、碰撞、摩擦等损伤，都会引起呼吸加快以促进伤口愈合，损伤程度越高，呼吸越旺。如茯苓夏橙从 61cm 和 122cm 高处跌落到地面，呼吸增加 10.9% ~ 13.3%。受伤后造成开放性的伤口，可利用的氧增加，同时生成创伤乙烯，也加速呼吸。产品感染微生物后，因抗病的需要，呼吸也很快升高，不利于贮藏。因此，在采后的各环节中都要避免机械伤，在贮藏前要进行严格选果。

（5）其他　对于果蔬采取涂膜、包装、避光等措施，均可不同程度地抑制产品的呼吸作用。

## 二、采后失水与保鲜

水分是生命活动必不可少的，是影响园艺产品新鲜度的重要物质。果蔬、花卉在田间生长时不断从地面以上部分，特别是叶子向大气中蒸腾水分，带动根部不断吸收水分和养分，便于体内营养物质的运输和防止体温异常升高。对于生长中的植物，蒸腾是不可缺少的、具有重要意义的生理过程。采收后产品断绝了水分的供应，这时水分从产品表面的丧失并不能形成蒸腾流，也失去了原来的积极作用，将使产品失水，造成失鲜，对贮藏不利。采后贮运中园艺产品失水的过程和作用与采前的蒸腾生理截然不同，又不单纯是像蒸发一样的物理过程，它与产品本身的组织细胞结构密切相关，因而称之为水分蒸散。

### （一）水分蒸散对果实贮藏的影响

#### 1. 失重和失鲜

果蔬、花卉的含水量很高，大多在 65% ~ 96%，某些瓜果类如黄瓜可高达 98%，这使得这些鲜活园艺产品的表面有光泽并有弹性，组织呈现坚挺脆嫩的状态，外观新鲜。水分散失主要造成失重（即"自然损耗"，包括水分和干物质的损失）和失鲜。水分蒸散是失重的重要原因，例如，苹果在 2.7℃ 冷藏时，每周由水分蒸散造成的质量损失约为果品重的 0.5%，而呼吸作用仅使苹果失重 0.05%。柑橘贮藏期失重的 75% 是失水引起，25% 是呼吸消耗干物质所致。失鲜是产品质量的损失，许多果实失水高于 5% 就引起失鲜，表面光泽消失，形态萎蔫，失去外观饱满、新鲜和脆嫩的质地，甚至失去商品价值。不同产品失鲜的具体表现有所不同，如叶菜和鲜花失水很容易萎蔫、变色、失去光泽；萝卜失水易造成糠心，外表则不易察觉；苹果失鲜不十分严重时，外观也不明显，表现为果肉变沙；而黄瓜、柿子椒等幼嫩果实失水造成外观鲜度下降很明显。

2. 对代谢和贮藏的影响

多数产品失水都对贮藏产生不利影响，失水严重还会造成代谢失调。萎蔫时，原生质脱水，会促使水解酶活性增加，加速水解。例如风干的甘薯变甜，就是水解酶活性加强，引起淀粉水解为糖的结果；甜菜根脱水程度越严重，组织中蔗糖酶的合成活性越低，水解活性越高。水解加强一方面使呼吸基质增多，促进了呼吸作用，加速营养物质的消耗，会削弱组织的耐藏性和抗病性；另一方面营养物质的增加为微生物活动提供方便，会加速腐烂，如萎蔫的甜菜腐烂率大大增加，萎蔫程度越高，腐烂率越大。失水严重还会破坏原生质胶体结构，干扰正常代谢，产生一些有毒物质；同时，细胞液浓缩，某些物质和离子（如 $NH_4^+$、$H^+$）浓度增高，也能使细胞中毒；过度缺水还使 ABA 含量急剧上升，有时增加几十倍，加速脱落和衰老。如大白菜晾晒过度，脱水严重时，$NH_4^+$、$H^+$ 等离子浓度增高到有害的程度，引起细胞中毒，ABA 积累，加重脱帮。花卉失水后易脱落，失去观赏价值。

由于失水萎蔫破坏了正常的代谢，通常导致耐藏性和抗病性下降，缩短贮藏期。但某些园艺产品采后适度失水可抑制代谢，并延长贮藏期。如有些果蔬产品（大白菜、菠菜以及一些果菜类），收获后轻微晾晒或风干后，组织轻度变软，利于码垛、减少机械伤，还有利于降低呼吸强度（在温度较高时这种抑制作用表现得更为明显）。洋葱、大蒜等采收后进行晾晒，使其外皮干燥，也可抑制呼吸。有时，采后轻度失水还能减轻柑橘果实的生理病害使"浮皮"减少，保持好的风味和品质。

（二）水分蒸散的影响因素

蒸散失水与园艺产品自身特性和贮藏环境的外部因素有关。

1. 内部因素

水分蒸散过程是先从细胞内部到细胞间隙，再到表皮组织，最后从表面蒸发到周围大气中的。因此，产品的组织结构是影响水分蒸散直接的内部因素，包括以下几个方面：表面积比：即单位重量或体积的果蔬所有的表面积（$cm^2/g$）。因为水分是从产品表面蒸发的，表面积比越大，蒸散就越强。表面保护结构：水分在产品表面的蒸散有两个途径，一是通过气孔、皮孔等自然孔道，二是通过表皮层。气孔的蒸散速度远大于表皮层。表皮层的蒸散因表面保护层结构和成分的不同差别很大。角质层不发达，保护组织差，极易失水；角质层加厚，结构完整，有蜡质、果粉则利于保持水分。细胞持水力：原生质亲水胶体和固形物含量高的细胞有高渗透压，可阻止水分向细胞壁和细胞间隙渗透，利于细胞保持水分。此外，细胞间隙大，水分移动的阻力小，也会加速失水。

除了组织结构外，新陈代谢也影响产品的蒸散速度，呼吸强度高、代谢旺盛的组织失水也较快。

不同种类和品种的产品、同一产品不同的成熟度，在组织结构和生理生化特性方面都不同，蒸散的速度差别很大。叶菜的表面积比其他器官大许多倍，主要是气孔蒸散（如成长的叶片90%以上的蒸发量是通过气孔蒸发的），其组织结构疏松，表皮保护组织差，细胞含水量高而可溶性固形物少，且呼吸速率高，代谢旺盛，所以叶菜类在贮运中最易脱水萎蔫。果实类的表面积比相对要小，且主要是表皮层和皮孔蒸发，一些果实表面有角质层和蜡质层，同时多数产品比叶菜代谢相对弱，失水就慢。同一种果实，个体小的表面积比大，失水较多。成熟度与蒸散有关是由于幼嫩器官是正在生长的组织，代谢旺盛，且表皮层未充分发育，透水性强，因而极易失水；随着成熟，保护组织完善，蒸散量即下降。

2. 贮藏环境因素

（1）空气湿度　空气湿度是影响产品表面水分蒸散的直接

因素。表示空气湿度的常见指标包括：绝对湿度、饱和湿度、饱和差和相对湿度。绝对湿度是单位体积空气中所含水蒸气的量（$g/m^3$）。饱和湿度是在一定温度下，单位体积空气中能最多容纳的水蒸气量。若空气中水蒸气超过此量，就会凝结成水珠；温度越高，容纳的水蒸气越多，饱和湿度越大。饱和差是空气达到饱和尚需要的水蒸气量，即绝对湿度和饱和湿度的差值，直接影响产品水分的蒸发。贮藏中通常用空气的相对湿度（RH）来表示环境的湿度，RH 是绝对湿度与饱和湿度之比，反映此空气中水分达到饱和的程度。一定的温度下，一般空气中水蒸气的量小于其所能容纳的量，存在饱和差，也就是其蒸汽压小于饱和蒸汽压；鲜活的园艺产品组织中充满水，其蒸汽压一般是接近饱和的，高于周围空气的蒸汽压，水分就蒸散，其快慢程度就与饱和差成正比。因此，一定温度下，绝对湿度和相对湿度大时，达到饱和的程度高、饱和差小，蒸散就慢。

（2）温度　不同产品蒸散的快慢随温度的变化是有很大差异的（表 1-6）。同时温度的变化造成了空气湿度发生改变而影响到表面蒸散的速度。环境温度升高时饱和湿度增高，若绝对湿度不变，饱和差上升而相对湿度下降，产品水分蒸散加快；温度降低时，由于饱和湿度低，同一绝对湿度下，水分蒸散下降甚至结露。如在 15℃下，若贮藏库空气含水蒸气 $7g/m^3$，可以查出此温度下的饱和湿度为 $13g/m^3$，饱和差就是 $6g/m^3$，RH 为 7/13＝54%，蒸发较快；当库温降到 5℃时，查出饱和湿度为 $7g/m^3$，饱和差为 0，RH＝100%，达到饱和，蒸散相对停止；温度继续下降则出现结露现象。因此，库温的波动会在温度上升时加快产品蒸散，而降低温度时减慢产品蒸散，温度波动大就很容易出现结露现象，不利于贮藏。

表1－6 不同种类果蔬随温度变化的蒸散特性

| 类型 | 蒸散特性 | 水 果 | 蔬 菜 |
|------|---------|-------|-------|
| A 型 | 随温度的降低蒸散量急剧降低 | 柿子、柑橘、西瓜、苹果、梨 | 马铃薯、甘薯、洋葱、南瓜、胡萝卜、甘蓝 |
| B 型 | 随温度的降低蒸散量也降低 | 葡萄、甜瓜、板栗、无花果、桃、枇杷 | 萝卜、花椰菜、番茄、豌豆 |
| C 型 | 与温度关系不大，蒸散强烈 | 草莓、樱桃 | 芹菜、石刁柏、茄子、黄瓜、菠菜、蘑菇 |

同一 RH 的情况下：

饱和差 = 饱和湿度 - 绝对湿度 = 饱和湿度 - 饱和湿度 × RH = 饱和湿度（1 - RH）。

温度高时，饱和湿度高，饱和差就大，水分蒸散快。因此，在保持了同样相对湿度的 2 个贮藏库中，产品的蒸散速度也是不同的，库温高的蒸散更快。

此外，温度升高，分子运动加快，产品的新陈代谢旺盛，蒸散也加快。产品见光可使气孔张开，提高局部温度，也促进蒸散。

（3）空气流动 在靠近园艺产品的空气中，由于蒸散而水汽含量较多，饱和差比环境中的小，蒸散减慢；空气流速较快的情况下，这些水分被带走，饱和差又升高，就不断蒸散。因此，应根据产品不同的贮藏阶段，适当通风。

（4）气压 气压也是影响蒸散的一个重要因素。在一般的贮藏条件下，气压是正常的一个大气压，对产品影响不大。采用真空冷却、真空干燥、减压预冷等减压技术时，水分沸点降低，很快蒸散。此时，要加湿而防止失水萎蔫。

（三）抑制蒸散的方法

通过改变产品组织结构来抑制产品蒸散失水是不可能的，但了解各种产品失水的难易程度，能为保鲜提供参考。对于容易蒸散的产品，更要用各种贮藏手段防止水分散失。生产中常从以下几个方面采取措施。

**1. 直接增加库内空气湿度**

贮藏中可以采用地面洒水、库内挂湿帘的简单措施，或用自动加湿器向库内喷雾和水蒸气的方法，以增加环境空气中的含水量，达到抑制蒸散的目的。

**2. 增加产品外部小环境的湿度**

最简单有效的方法是用塑料薄膜或其他防水材料包装产品，在小环境中产品可依靠自身蒸散出的水分来提高绝对湿度，起到减轻蒸散的作用。用塑料薄膜或塑料袋包装后的产品需要在低温贮藏时，包装前一定要先预冷，使产品的温度接近库温，然后在低温下包装。否则，一方面高温下包装时带有的空气在降温后，易达到过饱和；另一方面，产品温度高，呼吸旺盛，蒸散出大量的水分在塑料袋中，都将会造成结露，加速产品腐烂。用包果纸和瓦楞纸箱包装也比不包装堆放失水少得多，一般不会造成结露。

**3. 采用低温贮藏**

这也是防止失水的重要措施。一方面，低温抑制代谢，对减轻失水起到一定作用；另一方面，低温下饱和湿度小，产品自身蒸散的水分能明显增加环境相对湿度，失水缓慢。但低温贮藏时，应避免温度较大幅度的波动，因为温度上升，蒸散加快，环境绝对湿度增加，在此低温下，本来空气中相对湿度就高，蒸散的水分很容易使其达到饱和；当温度下降，达到过饱和时，就会造成产品表面结露，引起腐烂。

**4. 给果蔬打蜡或涂膜**

这种方法在一定程度上阻隔水分从表皮向大气中蒸散，在国外也是常用的采后处理方法，在国内受到处理设备的限制，还未普遍使用。

### 三、休眠的利用及生长的抑制

（一）休眠的利用

1. 休眠

休眠是植物长期进化过程中，为了适应周围的自然环境而产生的一个生理过程，即在生长、发育过程中的一定阶段，有的器官会暂时停止生长，以度过高温、干燥、严寒等不良环境条件，达到保持其生命力和繁殖力的目的。休眠器官包括种子、花芽、腋芽和一些块茎、鳞茎、球茎、根茎类蔬菜，这些器官形成后或结束田间生长时，体内积累了大量的营养物质，原生质内部发生深刻的变化，新陈代谢逐渐降低，生长停止并进入相对静止的状态。休眠期间，蔬菜等园艺产品的新陈代谢、物质消耗和水分蒸发降到最低限度。因此，休眠使产品更具有耐藏性，一旦脱离休眠，耐藏性迅速下降。贮藏中需要利用产品的休眠延长贮藏期。

休眠期的长短与品种、种类有关。如马铃薯 2~4 个月，洋葱 1.5~2 个月，大蒜 60~80 天，姜、板栗约 1 个月。蔬菜的根茎、块茎借助休眠度过高温、干旱环境，而板栗是借助休眠度过低温条件的。

2. 休眠的生理生化特性

果蔬产品，根据其生理生化的特点可将休眠期分为 3 个阶段。

（1）休眠前期（准备期）　是从生长到休眠的过渡阶段。此时产品器官已经形成，但刚收获新陈代谢还比较旺盛，伤口逐渐愈合，表皮角质层加厚，属于鳞茎类产品的外部鳞片变成膜质，水分蒸散下降，生理上做休眠的准备。此时，产品受到某些处理，可以阻止下阶段的休眠而萌发生长，或缩短第二阶段。如提早收获马铃薯进行湿砂层积处理，可使其不进入休眠而很快发芽。

（2）生理休眠期（真休眠、深休眠）　产品的新陈代谢显著下降，外层保护组织完全形成，此时即使给适宜的条件，也难以萌芽，是贮藏的安全期。这段时间的长短与产品的种类和品种、环境因素有关。如洋葱管叶倒伏后仍留在田间不收，有可能因为鳞茎吸水而缩短生理休眠期；在华北地区贮藏到9月下旬，日平均温度20℃以下时，其生理休眠结束；低温（0~5℃）处理也可解除洋葱休眠。

（3）休眠苏醒期（强迫休眠期）　度过生理休眠期后，产品开始萌芽，新陈代谢又恢复到生长期间的状态，呼吸作用加强，酶系也发生变化。此时，生长条件不适宜，就生长缓慢；给予适宜的条件则迅速生长。实际贮藏中采取强制的办法，给予不利于生长的条件如温湿度控制和气调等手段延长这一阶段的时间。因此，又称强迫休眠期。

在休眠期间的不同阶段，组织细胞和化学物质都发生了一系列的变化。生理休眠期间组织的原生质和细胞壁分离，脱离休眠后原生质重新紧贴于细胞壁上。用高渗透压蔗糖溶液使细胞产生的质壁分离，可以判断产品组织所处的休眠阶段。正处于生理休眠状态的细胞呈凸形，已经脱离休眠的呈凹形，正在进入或脱离休眠的为混合形。胞间连丝起着细胞之间信息传递和物质运输的作用，休眠期胞间连丝中断，细胞处于孤立状态，物质交换和信息交换大大减少；脱离休眠后胞间连丝又重新出现。生理休眠期原生质也发生变化，进入休眠前，原生质脱水，疏水胶体增加，这些物质，特别是一些类脂物质排列聚集在原生质和液泡界面，阻止胞内水和细胞液透过原生质，也很难使电解质通过，同时由于外界的水分和气体也不容易渗透到原生质内部，原生质几乎不能吸水膨胀；脱离休眠后，原生质中疏水性胶体减少，亲水性胶体增加，使细胞内外的物质交换变得方便，对水和氧的通透性加强。

植物体内各种激素对植物的休眠现象起重要的调节作用，现有的研究表明，休眠一方面是由于器官缺乏促进生长的物质，另一方面是器官积累了抑制生长的物质。如体内有高浓度 ABA（脱落酸）和低浓度外源赤霉素（GA）时，可诱导休眠；低浓度的 ABA 和高浓度 GA 可以解除休眠。GA、吲哚乙酸、细胞分裂素是促进生长的激素，能解除许多器官的休眠。深休眠的马铃薯块茎中，脱落酸的含量最高，休眠快结束时，脱落酸在块茎生长点和皮中的含量减少 4/5 ~ 5/6。马铃薯解除休眠状态时，吲哚乙酸、细胞分裂素和赤霉素的含量也增长；使用外源激动素和玉米素能解除块茎休眠。

　　3. 延长休眠期的贮藏措施

　　植物器官休眠期过后就会发芽，使得体内的贮藏物质分解并向生长点运输，导致产品质量减轻、品质下降。因此，贮藏中需要根据休眠不同阶段的特点，创造有利于休眠的环境条件，尽可能延长休眠期，推迟发芽和生长以减少这类产品的采后损失。

　　（1）温度、湿度的控制　块茎、鳞茎、球茎类的休眠是由于要度过高温、干燥的环境，创造此条件利于休眠，而潮湿、冷凉条件会使休眠期缩短。如 0 ~ 5℃使洋葱解除休眠，马铃薯采后 2 ~ 4℃能使休眠期缩短，5℃打破大蒜的休眠期。因此，采后给予自然的温度或略高于自然温度，并进行晾晒，使产品愈伤，尽快进入生理休眠。度过生理休眠期后，利用低温可强迫这些蔬菜休眠而不萌芽生长。板栗的休眠是由于要度过低温环境，采收后就要创造低温条件使其延长休眠期，延迟发芽。

　　（2）气体成分　调节气体成分对马铃薯的抑芽效果不是很有效，洋葱可以利用气调贮藏。但由于气体成分与休眠期关系的研究结果不一致，生产上很少采用。因此，在不同贮藏产品以及贮藏不同阶段中气体成分对休眠期的影响还需要进行研究。

　　（3）药物处理　青鲜素（MH）对块茎、鳞茎类以及大白菜、萝卜、甜菜块根有一定的抑芽作用，但对洋葱、大蒜效果最好。采前 2 周将 0.25% MH 喷施到洋葱和大蒜的叶子上，药液吸收并渗入组织中，转移到生长点，起到抑芽作用；0.1% MH 对板栗的发芽也有效。萘乙酸甲酯和乙酯防止马铃薯发芽有效，由于该产品具有挥发性，使用时，可将其与细土掺和进行埋藏或撒到薯块上，或将药品喷到碎纸上，填充在马铃薯中，也可以将药液直接喷到马铃薯上，起到抑芽的作用。

（4）射线处理　辐射处理对抑制马铃薯、洋葱、大蒜和鲜姜都有效，许多国家已经在生产上大量使用。一般用 60 ~ 150Gyγ 射线照射，可防止发芽，应用最多的是马铃薯。

（二）延缓生长

1. 生长现象及其对品质的影响

为了适合于食用、贮藏或观赏，园艺产品的采收期在植物不同的生长和发育阶段，收获后由于中断了根系或母体水分和无机物的供给，一般看不到生长；但生长旺盛的分生组织能利用其他部分组织中的营养物质，进行旺盛的细胞分裂和延长生长。

蔬菜采后的生长现象表现在许多方面，一般造成品质下降，并缩短贮藏期，不利于贮藏。如石刁柏（芦笋）是在生长初期采收的幼茎，由于顶端有生长旺盛的生长点，贮藏中会继续伸长并木质化。如嫩茎花椰菜（绿菜花）这类处于开花前花蕾阶段的产品，贮藏中将不可避免地要开花。蒜薹为幼嫩花茎，采后顶端薹苞膨大和气生鳞茎的形成需要利用薹基部的营养物质，造成食用薹部发干、纤维化，甚至形成空洞。胡萝卜、萝卜、牛蒡等根菜类，收获后在利于生长的环境条件下抽薹时，由于利用了薄壁组织中的营养物质和水分，致使组织变糠，最后无法食用。蘑菇等食用菌采后开伞和轴伸长也是继续生长的一种，将造成品质下降。

2. 延缓生长的方法

产品采后生长与自身的物质运输有关，非生长部分组织中贮藏的有机物通过呼吸水解为简单物质，然后与水分一起运输到生长点，为生长合成新物质提供底物；同时呼吸作用释放的能量也为生长提供能量来源。因此，低温、气调等能延缓代谢和物质运输的措施可以抑制产品采后生长带来的品质下降。此外，将生长点去除也能抑制物质运输而保持品质，如蒜薹去掉薹苞后薹梗发空的现象减轻。胡萝卜去掉芽眼，由于物质运输造成的糠心减少；但形成的刀伤容易造成腐烂，实际应用时应根据具体情况采取措施。

个别情况下，也利用生长时的物质运输延长贮藏期。如菜花采收时保留 2~3 个叶片，贮藏期间外叶中积累养分并向花球转移而使其继续长大、充实或补充花球的物质消耗，保持品质。假植贮藏也是利用植物的生长缓慢吸收养分和水分，维持生命活力，不同的是这些物质的来源土壤，而不是植物本身。

**四、成熟和衰老的调控**

园艺产品采后仍然在继续生长、发育，最后衰老，直到死亡。果实在开花受精后的发育过程中，完成了细胞、组织、器官分化发育的最后阶段，充分长成时，达到生理成熟，有的称为"绿熟"或"初熟"。果实停止生长后还要进行一系列生物化学变化，逐渐形成本产品固有的色、香、味和质地特征，然后达到最佳的食用阶段，称完熟。我们通常将果实生理成熟到完熟达到最佳食用品质的过程都叫成熟。有些果实，例如：巴梨、京白梨、猕猴桃等果实虽然已完成发育达到生理成熟，但果实很硬、风味不佳，并没有达到最佳食用阶段，完熟时果肉变软、色香味达到最佳实用品质，才能食用。达到食用标准的完熟过程既可以发生在植株上，也可以发生在采摘后，采后的完熟过程称为后熟。生理成熟的果实在采后可以自然后熟，达到可食用品质，而幼嫩果实则不能后熟。如绿熟期番茄采后可达到完熟以供食用；若采收过早，果实未达到生理成熟，则不能后熟着色而达到可食用状态。

衰老是植物的器官或整体生命的最后阶段，开始发生一系到不可逆的变化，最终导致细胞崩溃及整个器官死亡的过程。从图1-4中可以看出，生理成熟、完熟、衰老三者是不容易划分出严格界限的。果实中最佳食用阶段以后的品质劣变或组织崩溃阶段称为衰老。成熟是衰老的开始，两个过程是连续的，二者不易分割。

植物的根、茎、叶、花及变态器官从生理上不存在成熟，只有衰老问题。园艺学上，一般将产品器官细胞膨大定型、充分长成，由营养生长开始转向生殖生长或生理休眠时，或根据人们的食用习惯达到最佳食用品质时，称产品已经成熟。

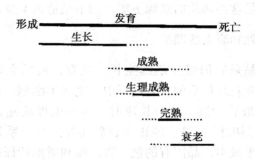

图1-4　果蔬生命的不同阶段

（一）成熟和衰老期间果蔬的变化

1. 外观品质

产品外观最明显的变化是色泽，常作为成熟的指标。果实未成熟时叶绿素含量高，外观呈现绿色；成熟期间叶绿素含量下降，果实底色显现，同时色素（如花青素和胡萝卜素）积累，呈现本产品固有的特色。成熟期间果实产生一些挥发性的芳香物质，使产品出现特有的香味。茎、叶菜衰老时与果实一样，叶绿素分解，色泽变黄并萎蔫；花则出现花瓣脱落和萎蔫现象。

2. 质地

果肉硬度下降是许多果实成熟时的明显特征。此时一些能水解果胶物质和纤维素的酶类活性增加，水解作用使中胶层溶解，纤维分解，细胞壁发生明显变化，结构松散失去粘结性，造成果肉软化。有关的酶主要是果胶甲酯酶（PE）、多聚半乳糖醛酸酶（PG）和纤维素酶。PE 能从酯化的半乳糖醛酸多聚物中除去甲基，PG 水解果胶酸中非酯化的 $1，4-\alpha-D-$ 半乳糖苷键，生成低聚的半乳糖醛酸。根据 PG 酶作用于底物的部位不同，可分为内切酶和外切酶。内切酶可随机分解果胶酸分子内部的糖苷键；外切酶只能从非还原性末端水解聚半乳糖醛酸。由于 PG 作用于非甲基化的果胶酸，故 PE、PG 共同作用下便将中胶层的果胶水解。纤维素酶即 $\beta-1，4-D-$ 葡聚糖酶，能水解纤维素、一些木葡聚糖和交错连接的葡聚糖中的 $\beta-1，4-D-$ 葡萄糖苷键。近来还发现其他一些有关的水解酶，但果实的软化机理仍不十分清楚。

甘蓝叶球、花椰菜花球发育良好、充分成熟就坚硬，品质好。茎、叶菜衰老时，主要表现为组织纤维化，甜玉米、豌豆、蚕豆等采后硬化，都导致品质下降。

3. 口感风味

采收时不含淀粉或含淀粉较少的果蔬，如番茄和甜瓜等，随贮藏时间的延长，含糖量逐渐减少。采收时淀粉含量较高（1%～2%）的果蔬（如苹果），采后淀粉水解，含糖量暂时增加，果实变甜；达到最佳食用阶段后，含糖量因呼吸消耗而下降。通常果实发育完成后，含酸量最高，随着成熟或贮藏期的延长逐渐下降，因为果蔬贮藏时更多利用有机酸为呼吸底物，有机酸的消耗比可溶性糖更快，贮藏后的果蔬糖酸比增加，风味变淡。未成熟的柿、梨、苹果等果实细胞内含有单宁物质，使果实有涩味，成熟过程中被氧化或凝结成不溶性物质，涩味消失。

　　4. 呼吸跃变

　　一般来说，受精后的果实在生长初期呼吸急剧上升，呼吸强度最大，是细胞分裂的旺盛期；然后随果实的生长而急剧下降，逐渐趋于缓慢；生理成熟时呼吸平稳，然后根据果实的类型而不同。有呼吸高峰的果实当达到完熟时呼吸急剧上升，出现跃变现象，果实就进入完全成熟阶段，品质达到最佳可食状态。香蕉、洋梨最为典型，收获时，充分长成，但果实硬、糖分少，食用品质不佳；在贮藏期间后熟达呼吸高峰时风味最好。跃变期是果实发育进程中的一个关键时期，对果实贮藏寿命有重要影响，既是成熟的后期，同时也是衰老的开始，此后产品就不能继续贮藏。生产中要采取各种手段来推迟跃变果实的呼吸高峰以延长贮藏期。

　　不同种类跃变的果实呼吸高峰出现的时间和峰值不完全相同（图1-5）。一般原产于热带和亚热带的果实如油梨和香蕉，跃变顶峰的呼吸强度分别为跃变前的3~5倍和10倍，且跃变时间维持很短，很快完熟而衰老。原产于温带的果实如苹果、梨等跃变顶峰的呼吸强度只比跃变前增加1倍左右，跃变时间维持也长，成熟比前一类型慢，因而更耐藏。有些果实如苹果留在树上也可以出现呼吸跃变，但比采摘果实出现得晚，峰值高。另外一些果实如油梨，只有采后才能成熟而出现呼吸跃变；若留在植株上可以维持不断的生长而不能成熟，当然也不出现呼吸跃变。

　　某些未成年的幼果（如苹果、桃、李）采摘或脱落后，也可发生短期的呼吸高峰。甚至某些非跃变型果实如甜橙的幼果采后也出现呼吸上升的现象，而长成的果实反而没有。此类果实的

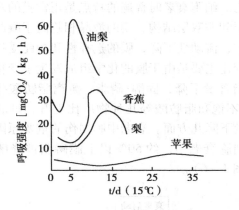

图1-5 几种跃变果实的呼吸曲线

呼吸上并不伴有成熟过程，因此称为跃变现象。

在某些蔬菜和花卉的衰老中，发现有类似果实呼吸跃变的现象。嫩茎花椰菜采后的呼吸漂移呈现高峰型变化；某些叶菜的幼嫩叶片呼吸快，长成后呼吸降低，衰老变黄阶段重新上升，然后又降低；麝香石竹采切后呼吸急剧下降，花瓣枯萎时，再度上升，有典型跃变现象；但玫瑰切花衰老期间呼吸则逐渐下降。

5. 乙烯合成

乙烯属植物激素，是一种化学结构十分简单的气体。几乎所有高等植物的器官、组织和细胞都具有产生乙烯的能力，一般生成量很少，不超过0. 1mg/kg。在某些发育阶段（如果实成熟期）急剧增加，对植物的生长发育起着重要的调节作用。乙烯对园艺产品保鲜的影响极大，主要是它能促进成熟和衰老，使产品寿命缩短，造成损失，我们将在后面详细论述。

6. 细胞膜

果蔬采后劣变的重要原因是组织衰老或遭受环境胁迫时，细胞的膜结构和特性将发生改变。膜的变化会引起代谢失调，最终导致产品死亡。细胞衰老时普遍的特点是正常膜的双层结构转向不稳定的双层和非双层结构，膜的液晶相趋向于凝胶相，膜透性和微黏度增加，流动性下降，膜的选择性和功能受损，最终导致死亡。这些变化主要是由于膜的化学组成发生了变化造成的，多表现在总磷脂含量下降，固醇/磷脂、游离脂肪酸/酯化脂肪酸、饱和脂肪酸/不饱和脂肪酸等几种物质比上升，过氧化脂质积累和蛋白质含量下降几方面。衰老中膜损伤的重要原因之一就是磷脂的降解。细胞衰老中，约 50% 以上膜磷脂被降解，积累各种中间产物（图 1 – 6）。

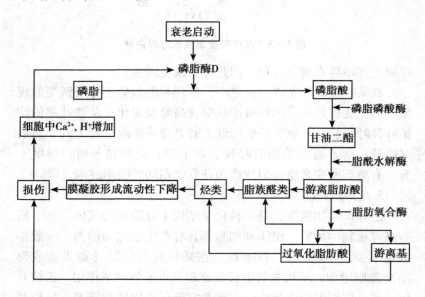

图 1 – 6　衰老中磷脂降解的自动催化循环

磷脂降解的第一步是在磷脂酶 D 作用下转化成磷脂酸，此产物不积累，在磷脂磷酸酶作用下水解生成甘油二酯，然后在脂酰水解酶作用下脱酰基释放游离脂肪酸。其中含有顺、顺 – 1,4 – 戊二烯结构的脂肪酸在脂肪氧合酶作用下，形成脂肪酸氢过氧化物，该物质不稳定，生成中经历各种变化，包括生成游离基。脂肪酸氢过氧化物在氢过氧化物水解酶和氢过氧化物脱氢酶作用下转变成短链酮酸、乙烷等，脂肪酸也可氧化降解，产生 $CO_2$ 和醛等。

（二）乙烯对成熟和衰老的影响

早在 1924 年，Denny 就发现乙烯能促进柠檬变黄及呼吸作用加强，1934 年，Gane 发现乙烯是苹果果实成熟时的一种天然产物，并提出乙烯是成熟激素的概念。1959 年人们将气相色谱用于乙烯的测定，由于可测出微量乙烯，证实其不是果实成熟时的产物，而是在果实发育中慢慢积累，当增加到一定浓度时，启动果实成熟，从而证实乙烯的确是促进果实成熟的一种生长激素。

1. 乙烯对成熟和衰老的促进作用

（1）乙烯与成熟　许多园艺产品采后都能产生乙烯（表 1 - 7）。

表 1 - 7　园艺产品的乙烯生产量

$$[\ \mu LC_2H_2/\ (kg.\ h)\ (20℃)\ ]$$

| 类型 | 乙烯生成量 | 产品名称 |
| --- | --- | --- |
| 非常低 | < 0.1 | 朝鲜蓟，芦笋，菜花，樱桃，柑橘类，枣，葡萄，草莓，石榴，甘蓝，结球甘蓝，菠菜，芹菜，葱，洋葱，大蒜，胡萝卜，萝卜，甘薯，多数切花，石刁柏，豌豆，菜豆，甜玉米 |
| 低 | 0.1 ~ 1.0 | 黑莓，蓝莓，红莓，酸果蔓，橄榄，柿子，菠萝，黄瓜，绿菜花，茄子，秋葵，甜椒，南瓜，西瓜，马铃薯，加沙巴甜瓜 |
| 中等 | 1.0 ~ 10.0 | 香蕉，无花果，番石榴，白兰瓜，荔枝，番茄，大蕉，甜瓜（蛮王、蜜露等品种） |
| 高 | 10.0 ~ 100.0 | 苹果，杏，鳄梨，公爵甜瓜，罗马甜瓜，猕猴桃，榴莲，油桃，桃，番木瓜，梨 |
| 非常高 | > 100 | 南美番荔枝，曼密苹果，西番莲，番荔枝 |

跃变型果实成熟期间自身能产生乙烯，只要有微量的乙烯（表1-8），就足以启动果实成熟，随后内源乙烯迅速增加，达释放高峰，此期间乙烯累积在组织中的浓度可高达 10~100mg/kg。虽然乙烯高峰和呼吸高峰出现的时间有所不同，但就多数跃变型果实来说，乙烯高峰常出现在呼吸高峰之前，或与之同步，只有在内源乙烯达到启动成熟的浓度之前采用相应的措施，抑制内源乙烯的大量产生和呼吸跃变，才能延缓果实的后熟，延长产品贮藏期。非跃变型果实成熟期间自身不产生乙烯或产量极低，因此后熟过程不明显。麝香石竹花衰老时乙烯合成也明显增加，类似于成熟的果实。紫露草属植物切花衰老时乙烯自动催化能力提高，然后随衰老的进程下降。

表1-8 几种果实成熟的乙烯阈值

| 果实 | 乙烯阈值（μg/g） | 果实 | 乙烯阈值（μg/g） |
|---|---|---|---|
| 香蕉 | 0.1~0.2 | 梨 | 0.46 |
| 油梨 | 0.1 | 甜瓜 | 0.1~1.0 |
| 柠檬 | 0.1 | 甜橙 | 0.1 |
| 芒果 | 0.04~0.4 | 番茄 | 0.5 |

外源乙烯处理能诱导和加速果实成熟，使跃变型果实呼吸上升和内源乙烯大量生成，乙烯浓度的大小对呼吸高峰的阈值无影响，浓度大时，呼吸高峰出现得更早。乙烯对跃变型果实呼吸的影响只有一次，且只有跃变前处理起作用。对非跃变型果实，外源乙烯在整个成熟期间都能促进呼吸上升，在很大的浓度范围内，乙烯浓度与呼吸强度成正比，乙烯除去后，呼吸下降恢复原有水平，不会促进乙烯增加（图1-7）

（2）其他生理作用 伴随对园艺产品呼吸的影响，乙烯促进了成熟过程的一系列变化。其中最为明显的包括使果肉很快变软，产品失绿黄化和器官脱落。如仅 0.02mg/kg 乙烯就能使猕猴

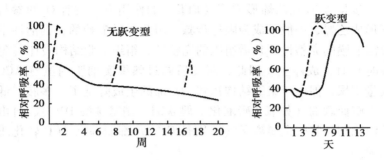

图 1-7　乙烯对跃变型和非跃变型果实呼吸的影响

桃冷藏期间的硬度大幅度降低，0.2mg/kg 乙烯就使黄瓜变黄，1mg/kg 乙烯使白菜和甘蓝脱帮，加速腐烂。植物器官的脱落，使装饰植物加快落叶、落花瓣、落果，如 0.15mg/kg 乙烯使石竹花瓣脱落，0.3 mg/kg 乙烯使康乃馨 3 天败落，缩短花卉的保鲜期。此外，乙烯还加速马铃薯发芽；使萝卜积累异香豆素，造成苦味；刺激石刁柏老化，合成木质素而变硬。乙烯也造成产品的伤害，使花芽不能很好地发育。

2. 乙烯的生物合成途径

乙烯生物合成途径是：蛋氨酸（Met）→S - 腺苷蛋氨酸（SAM）→1 - 氨基环丙烷基羧酸（ACC）→乙烯。

乙烯来源于蛋氨酸分子中的 $C_2$ 和 $C_3$，Met 与 ATP 通过腺苷基转移酶催化形成 SAM，这并非限速步骤，体内 SAM 一直维持着一定水平。SAM→ACC 是乙烯合成的关键步骤，催化这个反应的酶是 ACC 合成酶，专一以 SAM 为底物，需磷酸吡哆醛为辅基，强烈受到磷酸吡哆醛酶类抑制剂氨基乙氧基乙烯基甘氨酸（AVG）和氨基氧乙酸（AOA）的抑制。该酶在组织中的浓度非常低，为总蛋白量的 0.0001%，存在于细胞质中。果实成熟、受到伤害、吲哚乙酸和乙烯本身都能刺激 ACC 合成酶活性。最后一步是 ACC 在乙烯形成酶（EFE）的作用下，在有 $O_2$ 的参与下形成乙烯，一般不成为限速步骤。EFE 是膜依赖的，其活性不仅需要膜的完整性，且需组织的完整性，组织细胞结构破坏（匀浆时）时合成停止。因此，跃变后的过熟果实细胞内虽然 ACC 大量积累，但由于组织结构瓦解，乙烯的生成降低了。多胺、低氧、解偶联剂（如氧化磷酸化解偶联剂二硝基苯酚 DNP）、自由基清除剂和某些金属离子（特别是 $Co^{2+}$）都能抑制 ACC 转化成乙烯。

ACC 除了氧化生成乙烯外，另一个代谢途径是在丙二酰基转移酶的作用下与丙二酰基结合，生成无活性的末端产物丙二酰基 – ACC（MACC）。此反应是在细胞质中进行的，MACC 生成后，转移并贮藏在液泡中。果实遭受胁迫时，因 ACC 增高而形成的 MACC 在胁迫消失后仍然积累在细胞中，成为一个反映胁迫程度和进程的指标。果实成熟过程中也有类似的 MACC 积累，成为成熟的指标。

3. 影响乙烯合成和作用的因素

乙烯是果实成熟和植物衰老的关键调节因子。贮藏中控制产品内源乙烯的合成和及时清除环境中的乙烯气体都很重要。乙烯的合成能力及其作用受自身种类和品种特性、发育阶段、外界贮藏环境条件的影响（图 1 – 8），了解了这些因素，才能从多途径对其进行控制。

（1）果实的成熟度　跃变型果实中乙烯的生成有两个调节系统：系统 I 负责跃变前果实中低速率合成的基础乙烯，系统 II 负责成熟过程中跃变时乙烯自我催化大量生成，有些品种在短时间内系统 II 合成的乙烯可比系统 I 增加几个数量级。两个系统的合成都遵循蛋氨酸途径。不同成熟阶段的组织对乙烯作用的敏感性不同。跃变前的果实对乙烯作用不敏感，系统 I 生成的低水平乙烯不足以诱导成熟；随果实发育，在基础乙烯不断作用下，组

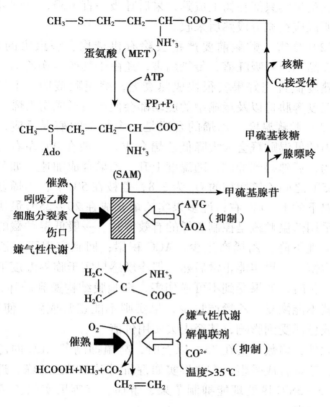

图1-8　乙烯生物合成的控制

织对乙烯的敏感性不断上升，当组织对乙烯敏感性增加到能对内源乙烯（低水平的系统Ⅰ）作用起反应时，便启动了成熟和乙烯的自我催化（系统Ⅱ），乙烯便大量生成，长期贮藏的产品一定要在此之前采收。采后的果实对外源乙烯的敏感程度也是如此，随成熟度的提高，对乙烯越来越敏感。非跃变果实乙烯生成速率相对较低，变化平稳，整个成熟过程只有系统Ⅰ活动，缺乏系统

Ⅱ；这类果实只能在树上成熟，采后呼吸一直下降，直到衰老死亡，所以应在充分成熟后采收。

（2）伤害　贮藏前要严格去除有机械伤、病虫害的果实，这类产品不但呼吸旺盛，传染病害，还由于其产生伤乙烯，会刺激成熟度低且完好果实很快成熟衰老，缩短贮藏期。干旱、淹水、温度等胁迫以及运输中的震动都会使产品形成伤乙烯。

（3）贮藏温度　乙烯的合成是一个复杂的酶促反应，一定范围内的低温贮藏会大大降低乙烯合成。一般在 0℃ 左右乙烯生成很弱，后熟得到抑制，随温度上升，乙烯合成加速。如苹果在 10~25℃ 之间乙烯增加的 $Q_{10}$ 为 2.8，荔枝在 5℃ 下，乙烯合成只有常温下的 1/10 左右；许多果实乙烯合成在 20~25℃ 最快。因此，采用低温贮藏是控制乙烯的有效方式。一般低温贮藏的产品 EFE 活性下降，乙烯产生少，ACC 积累；回到室温下，乙烯合成能力恢复，果实能正常后熟。但冷敏感果实于临界温度下贮藏时间较长时，如果受到不可逆伤害，细胞膜结构遭到破坏，EFE 活性就不能恢复，乙烯产量少，果实则不能正常成熟，使口感、风味或色泽受到影响，甚至失去实用价值。

此外，多数果实在 35℃ 以上时，高温抑制了 ACC 向乙烯的转化，乙烯合成受阻，有些果实如番茄则不出现乙烯峰。近来发现用 35~38℃ 热处理能抑制苹果、番茄、杏等果实的乙烯生成和后熟衰老。

（4）贮藏气体条件

① $O_2$　乙烯合成的最后一步是需氧的，低 $O_2$ 可抑制乙烯产生。一般低于 8%，果实乙烯的生成和对乙烯的敏感性下降，一些果蔬在 3% $O_2$ 中乙烯合成能降到空气中的 5% 左右。如果 $O_2$ 浓度太低或在低 $O_2$ 中放置太久，果实就不能合成乙烯，或丧失合成能力。如：香蕉在 $O_2$ 10%~13% 时乙烯生成量开始降低，空气中 $O_2$ < 7.5% 时，便不能合成；从 5% $O_2$ 中移至空气中后，乙

烯合成恢复正常，能后熟；若 1% $O_2$ 中放置 11 天，移至空气中乙烯合成能力不能恢复，丧失原有风味。跃变上升期的"国光"苹果经低 $O_2$ （$O_2$ 1% ~ 3%，$CO_2$ 0%）处理 10 或 15 天，ACC 明显积累；回到空气中 30 ~ 35 天，乙烯的产量不及对照的 1/100，ACC 含量始终高于对照；若处理时间短（4 天），回到空气中乙烯生成将逐渐恢复接近对照。

② $CO_2$　提高 $CO_2$ 能抑制 ACC 向乙烯的转化和 ACC 的合成，$CO_2$ 还被认为是乙烯作用的竞争性抑制剂，因此，适宜的高 $CO_2$ 从抑制乙烯合成及乙烯的作用两方面都可推迟果实后熟。但这种效应在很大程度上取决于果实种类和 $CO_2$ 浓度。3% ~ 6% 的 $CO_2$ 抑制苹果乙烯的效果最好，浓度在 6% ~ 12% 效果反而下降。在油梨、番茄、辣椒上也有此现象。高 $CO_2$ 做短期处理，也能大大抑制果实乙烯合成，如：苹果上用高 $CO_2$ （$O_2$ 15% ~ 21%，$CO_2$ 10% ~ 20%）处理 4 天，回到空气中乙烯的合成能恢复；处理 10 或 15 天，转到空气中回升变慢。

在贮藏中，需创造适宜的温度、气体条件，既要抑制乙烯的生成和作用，也要使果实产生乙烯的能力得以保存，才能使贮后的果实能正常后熟，保持特有的品质和风味。

③乙烯　产品一旦产生少量乙烯，会诱导 ACC 合成酶活性，造成乙烯迅速合成，因此，贮藏中要及时排出已经生成的乙烯。采用高锰酸钾等作乙烯吸收剂，方法简单、价格低廉。一般采用活性炭、珍珠岩、砖块和沸石等小碎块为载体以增加反应面积，将它们放入饱和的高锰酸钾溶液中浸泡 15 ~ 20 分钟，自然晾干。制成的高锰酸钾载体暴露于空气中会氧化失效，晾干后应及时装入塑料袋中密封，使用时放到透气袋中。乙烯吸收剂用时现配更好，一般生产上采用碎砖块更为经济，用量约为果蔬的 5%。适当通风，特别是贮藏后期要加大通风量，也可减弱乙烯的影响。使用气调库时，焦炭分子筛气调机进行空气循环可脱除乙烯，效

果更好。

对于自身产生乙烯少的非跃变果实或其他蔬菜、花卉等产品，绝对不能与跃变型果实一起存放，以避免受到这些果实产生的乙烯的影响。同一种产品，特别对于跃变型果实，贮藏时要选择成熟度一致，以防止成熟度高的产品释放的乙烯刺激成熟度低的产品，加速后熟和衰老。

（5）化学物质 一些药物处理可抑制内源乙烯的生成。ACC合成酶是一种以磷酸吡哆醛为辅基的酶，强烈受到磷酸吡哆醛酶类抑制剂氨基乙氧基乙烯基甘氨酸（AVG）和氨基氧乙酸（AOA）的抑制。$Ag^+$能阻止乙烯与酶结合，抑制乙烯的作用，在花卉保鲜上常用银盐处理。$Co^{2+}$和二硝基苯酚（DNP）能抑制ACC向乙烯的转化。还有某些解偶联剂、铜螯合剂、自由基清除剂、紫外线也破坏乙烯并消除其作用。最近发现多胺也具有抑制乙烯合成的作用。

有研究表明，一些环丙烯类化合物可以通过与乙烯受体的结合而表现出对乙烯效应的强烈抑制，这些化合物包括 1 - MCP、CP、3，3 - DMCP，其中以 1 - MCP 对乙烯的抑制效果最佳，是这类环丙烯类乙烯受体抑制剂的优秀代表，现在已经被商业合成。1 - MCP 易于合成，无明显难闻气味，所需浓度极低，在延缓果实采后衰老、提高果实贮藏品质方面展现了美好前景。

（三）其他植物激素对果实成熟的影响

果实生长发育和成熟并非某种激素单一作用的结果，还受到其他激素的调节（图 1 - 9）。1973 年 Coombe 提出跃变型果实有明显呼吸高峰，由乙烯调节成熟；非跃变型果实中很少生成乙烯，而由 ABA 调节成熟进程。

1. 脱落酸（ABA）

许多非跃变果实（如草莓、葡萄、伏令夏橙、枣等）在后熟中 ABA 含量剧增；且外源 ABA 促进其成熟，而乙烯则无效。

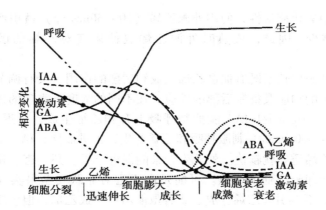

图1-9　跃变型果实生长、发育成熟过程中的生长、
呼吸和激素水平的理论动力曲线

但近来的研究又对跃变型果实中 ABA 的作用给予重视。苹果、杏等跃变果实中，ABA 积累发生在乙烯生物合成之前，ABA 首先刺激乙烯的生成，然后再间接对后熟起调节作用。果实的耐藏性与果肉中 ABA 含量有关。猕猴桃 ABA 积累后出现乙烯峰，外源 ABA 促进乙烯生成加速软化，用 $CaCl_2$ 浸果显著抑制了 ABA 合成的增加，延缓果实软化。还有研究表明，减压贮藏能抑制 ABA 积累。无论怎样，贮藏中减少 ABA 的生成能更进一步延长贮藏期。如果能了解抑制 ABA 产生有关的各种条件，将会使贮藏技术更为有效。

2. 生长素

生长素可抑制果实成熟。IAA（吲哚乙酸）必须先经氧化而浓度降低后，果实才能成熟。它可能影响着组织对乙烯的敏感性。幼果中 IAA 含量高，对外源乙烯无反应；自然条件下，随幼果发育、生长，IAA 含量下降，乙烯增加，最后达到敏感点，才能启动后熟。同时，乙烯抑制生长素合成及其极性运输，促进吲哚乙酸氧化酶活性，使用外源乙烯（10～36mg/kg）就引起内源IAA 减少。因此，成熟时外源乙烯也使果实对乙烯的敏感性更大。

外源生长素既有促进乙烯生成和后熟的作用，又有调节组织对乙烯的响应及抑制后熟的效应。在不同的浓度下表现的作用不同：1～10μmol/L IAA 能抑制呼吸上升和乙烯生成，延迟成熟；100～1 000μmol/L 刺激呼吸和乙烯产生，促进成熟，IAA 浓度越高，乙烯诱导就越快。外源生长素能促进苹果、梨、杏、桃等成熟，但却延缓葡萄成熟。可能是由于它对非跃变型果实（如葡萄）并不能引起乙烯生成，或者虽能增加生成乙烯，但生成量太少，不足以抵消生长素延缓衰老的作用；但对跃变型果实来说则能刺激乙烯生成，促进成熟。

3. 赤霉素

幼小的果实中赤霉素含量高，种子是其含成的主要场所，果实成熟期间水平下降。在很多生理过程中，赤霉素和生长素一样，与乙烯和 ABA（脱落酸）有拮抗作用，在果实衰老中也是如此。初花期、着色期喷施或采后浸入外源赤霉素明显抑制一些果实（鳄梨、香蕉、柿子、草莓）呼吸强度和乙烯的释放，GA（赤霉素）处理减少乙烯生成是由于其能促进 MACC 积累，抑制ACC 的合成。赤霉素还抑制柿果内 ABA 的积累。

外源赤霉素对有些果实的保绿、保硬有明显效果。GA 处理树上的橙和柿能延迟叶绿素消失和类胡萝卜素增加，还能使已变黄的脐橙重新转绿，使有色体重新转变为叶绿体；在番茄、香蕉、杏等跃变型果实中亦有效，但保存叶绿素的效果不如对橙的明显。

4. 细胞分裂素

细胞分裂素是一种衰老延缓剂，明显推迟离体叶片衰老，但外源细胞分裂素对果实延缓衰老的作用不如对叶片那么明显，且与产品有关。如：它可抑制跃变前或跃变中苹果和鳄梨乙烯的生成，使杏呼吸下降，但均不影响呼吸跃变出现的时间；抑制柿采后乙烯释放和呼吸强度，减慢软化（但作用均小于 GA）；但却加速香蕉果实软化，使其呼吸和乙烯都增加；对绿色油橄榄的呼吸、乙烯生成和软化均无影响。卞基腺嘌呤（BA）和激动素（KT）还可阻碍香石竹离体花瓣将外源 ACC 转变成乙烯。

细胞分裂素处理保绿效果明显。卞基腺嘌呤或激动素处理香蕉果皮、番茄、绿色的橙，均能延缓叶绿素消失和类胡萝卜素的变化。甚至在高浓度乙烯中，细胞分裂素也延缓果实变色，如用激动素渗入香蕉切片，然后放在足以启动成熟的乙烯浓度下，虽然明显出现呼吸跃变、淀粉水解、果肉软化等成熟现象，但果皮叶绿素消失显著被延迟，形成了绿色成熟果。

细胞分裂素对果实后熟的作用及推迟某些果实后熟的原因还不太清楚，可能主要是抑制了蛋白蛋的分解。

总之，许多研究结果表明果实成熟是几种激素平衡的结果。果实采后，GA、CTK、IAA 含量都高，组织抗性大，虽有 ABA 和乙烯，却不能诱发后熟，随着 GA、CTK、IAA 逐渐降低，ABA 和乙烯逐渐积累，组织抗性逐渐减小，ABA 或乙烯达到后熟的阈值，果实后熟启动。例如苹果、梨、香蕉等果实在树上的成熟进程比采下后缓慢，用 50mg/kg 乙烯利处理挂树鳄梨，48h 不发生作用，但同样浓度处理采后果实，很快促熟。

# 第二章　果蔬采后商品化处理

## 第一节　果蔬的采收

果蔬采后商品化处理是使其上档次和增加附加值的关键措施之一，果蔬的采收是商品化处理的第一步。采收成熟度和采收方法对保持果蔬品质是至关重要的，也是搞好商品化处理的前提，只有品质优良的产品经过贮藏、运输才有可能保持良好的品质。

### 一、采收成熟度的确定

采收是果蔬生产上的最后一个环节，也是贮藏加工开始的第一个环节。果蔬的采收期对果蔬的产量和采后品质有着很大的影响。采收过早，产品的大小和质量都达不到要求，风味、品质和色泽也不够好，贮藏中容易失水，有时还会增加某些生理病害的发生率；但采收过晚，果蔬在植株上已经成熟衰老，采后必然不耐贮藏和运输。

因此，确定果蔬的最佳采收成熟度是一件非常重要的事情，我们应该根据果蔬采后的用途，采后运输距离的远近、贮藏和销售时间的长短以及产品的生理特点来确定其最佳采收期。一般就地销售的产品可以适当晚些采收，而作为长期贮藏和远距离运输的产品则应该适当早些采收。凡是那些离开母体植株后可以完成后熟的果实，应该在绿熟阶段采收，如香蕉、芒果、番茄等。而那些采后不能进行后熟的果实则应该待果实风味、色泽充分形成后再采收，如葡萄。

适时采收果蔬，首先要科学判别果蔬成熟度，其方法有：

　　（1）果柄脱离的难易程度　有些种类的果实比如苹果和梨，在成熟时果柄与果枝间会产生离层，稍一震动果实就可脱落，如不及时采收会造成大量落果，此类果实离层是成熟的标志之一。

　　（2）果实表面色泽的显现和变化　许多果实在成熟时都显示它们特有的果皮颜色，因此果皮颜色可作为果实成熟的标志之一。未成熟果实的果皮中有大量的叶绿素，随着果实成熟度的提高叶绿素逐渐分解，底色（类胡萝卜素、花青素等）便呈现出来。如：苹果和番茄果实成熟时，果皮都会显示其特有的颜色，叶绿素逐渐分解，类胡萝卜素和花青素形成，果实由绿变红；甜橙果实在成熟时呈现胡萝卜素；血橙、苹果和桃则呈现花青素的颜色；柿子为橙黄色素和番茄红素，呈血红色。葡萄果皮中因含有的单宁、戊酸酐、单儿茶酸及某些花青素等而呈现红色。

　　一些果菜类也常用色泽变化来判断成熟度。如作远途运输或贮藏的番茄，应在绿熟（果顶呈现奶油色）阶段采收；就地销售番茄可在着色期（果顶呈现粉红色或红色）采收。甜椒一般在绿熟时采收；茄子在表皮明亮而有光泽时采收；西瓜在接近地面的果皮颜色由绿色变为酪黄时采收；甜瓜的色泽从深绿变为斑绿和稍黄时采收；黄瓜应该在瓜皮深绿时采收，甘蓝叶球的颜色变为淡绿色时采收为好，花椰菜的花球白色而不发黄为最佳采收期，豌豆从暗绿色变为亮绿色，菜豆由绿色转为发白表示成熟。

　　（3）主要化学物质的含量　果蔬中的可溶性固形物（糖、有机酸等）、淀粉也可以作为衡量成熟的标志，可溶性固形物中主要是糖分，其含量高标志着成熟度高。最简单粗略的测定含糖量的方法，使用折光仪测定产品的可溶性固形物，但不很准确，因为其他的可溶性物质，如酸等会影响可溶性固形物的百分率。总含糖量与总酸含量的比值称"糖酸比"，可溶性固形物与总酸的比值称为"固酸比"，它们不仅可以衡量果实的风味，也可以用来判断成熟度。例如：四川甜橙采收时固酸比为 10∶1，糖酸比为 8∶1，作为最低采收成熟度的标准；苹果和梨糖酸比为 30∶1 采收风味品质好；枣在糖分积累最高时采收为宜；柠檬在含酸量最高时采收。

果实的总酸一般用滴定法测定，大多数果蔬在成熟和完熟过程中，总酸含量是下降的，所以，用"糖酸比"或"固酸比"表示果蔬的成熟度比用单一的糖或酸的含量来表示更为科学。

有的果实也可以用淀粉含量的变化来判断成熟度。如苹果在成熟前，淀粉含量随着果实的增大逐渐增加，在成熟过程中淀粉逐渐转化为糖，含量逐步下降，果实变得甜而可口。由于淀粉遇碘变蓝色，蓝色越深表示淀粉含量越高，所以可以将苹果切开，将其断面浸入配制好的碘液中，观察果肉变蓝的面积和深浅。成熟度越高，淀粉含量越少，果肉变蓝的面积越小，颜色也越浅。不同品种的苹果成熟过程中淀粉含量的变化不同，可以制作不同品种的苹果成熟过程在淀粉变蓝的图谱，作为判断成熟度的标准。

糖和淀粉含量也常作为判断蔬菜成熟度的指标，如青豌豆、甜玉米、菜豆都是食用其幼嫩组织为主的蔬菜，在糖含量多，淀粉含量少时采收，风味品质好，糖转变为淀粉则组织老化，品质变劣。然而马铃薯、芋头的淀粉含量高时采收品质好、耐贮藏。

此外，跃变型果实在开始成熟时，乙烯含量急剧上升，根据这个原理，可以通过测定果实中乙烯的含量来确定采收期。目前，美国密歇根州立大学研究出了便携带式的乙烯测定仪，使果实成熟度的确定更加科学可靠。

（4）坚实度或硬度　是果肉抗压力的强弱，抗压力强，果实的硬度就大。一般未成熟的果蔬硬度较大，达到一定的成熟度后果肉变软，硬度下降，因此可以用果蔬的硬度判断其成熟度。苹果和梨应该在硬度大时采收才耐贮藏，桃、李、杏的成熟度与硬度的关系也十分密切。如国光采收时，一般硬度为 84. 52N/cm$^2$；青香蕉苹果 169. 03N/cm$^2$。一般情况下蔬菜不测其硬度，而用坚实度来表示其发育状况。如甘蓝和花椰菜坚实度大，表示发育良好，达到采收标准，但也有一些蔬菜坚实度高，表示品质下降，如莴笋、芥菜应在叶变得坚硬以前采收；黄瓜、茄子、豌豆菜豆应在幼嫩时采收。

（5）果实的形态　不同的蔬菜和水果都具有特殊的形态，当其长到一定的大小、重量及形状才可采收。例如香蕉未成熟时，果实的横切断面成多角形；充分成熟时，果实饱满，横切面圆形。

（6）生长期和成熟特征　不同的水果从开花到成熟都有一定的天数，如元帅系列的苹果的生长期一般为 145 天左右；有些果蔬成熟时会表现出一些特征，苹果、梨、葡萄等果实的种子从尖端开始由白色逐渐变褐表示已经成熟；豆类蔬菜在种子膨大硬化前采收；如西瓜的瓜秧卷须枯萎，冬瓜表皮上的绒毛消失，出现蜡质白粉也叫"上霜"时采收。

（7）地上部分植株的形态变化　姜、马铃薯、洋葱的地上部分株叶变黄、枯萎、倒伏时为最佳采收期。

总之，应根据果蔬的种类、成熟特征、采后的用途等统筹考虑，抓住果蔬成熟的主要方面，科学判断并确定最适的采收期，从而达到长期贮运、保鲜的目的。

## 二、采收方法及技术

作为鲜销和长期贮藏的果蔬最好采用人工采收，人工采收有许多的优点。在田间自然生长的果蔬的成熟度往往不一致，人工采收可以精确的掌握成熟度，有选择的采收和分次采收；人工采收还可以减少和避免机械损伤，减少微生物从伤口侵入，导致产品腐烂变质。此外，人工采收的成本较低，只要增加人工，就能增加采收速度。

具体的采收方法要根据果蔬的种类来决定，例如：柑橘和葡萄的果柄与枝条不易脱离，需要用采果剪采收。为了避免柑橘的果蒂被拉伤，柑橘多用复剪法采收，即两刀剪平果蒂，第一剪距果蒂1cm处剪下，第二剪齐萼平剪；而在美国和日本，柑橘类果实都要求带有果柄，通常用圆头剪在萼片处剪断果梗。葡萄等成穗的果实，可用果剪齐穗剪下。采收香蕉时，先用刀切断假茎，紧扶母株，让其倒下，再按住蕉穗切断果轴，避免机械伤害。苹果和梨成熟时，其果梗和短果枝间产生离层，只要用手掌将果实向上一托，果实就会自然脱落，但要注意保留果实的果柄，失掉了果柄，产品就得降等降级，不仅造成经济损失，果实也容易失水和感染微生物病害。桃、杏等果实成熟后，果实特别娇嫩，容易造成指痕，采收时应该剪齐指甲，或戴上手套，并小心用手掌托住果实，左右摇动使其脱落。柿子的采收要保留果柄和萼片，但果柄要短，以免刺伤其他果实。

蔬菜由于种类的多样性，采收方法视具体情况而定。如马铃薯、洋葱、胡萝卜等根菜类可选用机械辅助采收。

果蔬应该选择晴天的早上或晚上采收，避免在正午和雨天采收。因为清晨和傍晚气温低，果蔬所带的田间热也低，水分的蒸发较慢，产品的新陈代谢缓慢。如果在中午采收，阳光强烈，水分蒸发快，产品容易萎蔫，同时果蔬的体温较高，呼吸作用加快。预冷时所需排出的田间热也多。果蔬采收时遇雨，会加重产品的腐烂，雨水会从伤口流进带空腔的果实，如甜椒等，而且，孢子在水中萌发，导致产品腐烂长霉。

当然，采收还要有计划性，应该根据市场销售和出口贸易的需要决定采收期和采收数量。果蔬集中的产区，旺季要做好采收的组织和工人的技术培训工作，尽早安排运输工具和商品流通计划，做好准备工作，避免采收时的忙乱、产品积压、野蛮装卸和流通不畅。

# 第二节　采后商品化处理

## 一、品质鉴定

果蔬产品采收后到贮藏、运输前，根据果蔬种类、贮藏期长短、运输方式及消费用途目的，还要进行品质鉴定、预冷、愈伤、晾晒、挑选、分级、喷淋、涂蜡、包装等一系列处理，这些采后的处理对减少采后损失，提高果蔬产品的商品性和耐贮运性能都具有十分重要的作用。

### （一）果蔬的品质及形成

果蔬的品质也可称果蔬的质量，是衡量产品优劣的指标，是满足人们食用、消费果蔬产品全部特征的总和。果蔬的品质是在果蔬生长发育过程中形成的，因而其不仅取决于果蔬的种类、品种，而且与果蔬生长发育的环境条件（温度、光照、降水、土壤等）和所采用的农业栽培技术措施（土肥水管理、整形修剪、疏花疏果、病虫害防治、植物生长调节剂的使用）密切相关。

由于消费用途不同对果蔬产品的品质要求也有差异，根据不同消费用途，果蔬品质可分为鲜食品质、贮藏品质、运输品质、货架品质、加工品质等，对果蔬产品品质的要求可归结为感观质量、营养质量和安全质量。对于不同种类和品种的果蔬其具体的品质要求和质量标准也不同。

### 1. 感观质量

外在的感观质量是指人们通过视觉、触觉、嗅觉和味觉等感觉器官所感觉和认识到的果蔬的特性，它可分为外观特性、质地特性、气味特性和滋味特性等。消费者对果蔬外在质量的认识，首先是通过视觉感知果蔬的外观特性，进而才是通过触觉、嗅觉和味觉认知质地、气味和滋味等特性。

（1）外观特性　果蔬的外观特性由大小、重量、形状、颜色、光泽、新鲜程度、缺陷（畸形、机械损伤、病虫害）等特性因子构成。

（2）大小　不同种类、品种的果蔬其体积、重量差异很大，但同一种类和品种果蔬大小、重量应该是整齐一致的。消费者对果蔬体积的大小、重量的要求虽有不同，但是在购买选择过程中是明确的。同时，果蔬的体积、重量、大小也是分级、包装的重要依据。

（3）颜色　果蔬只有达到一定的成熟度时，才能表现出本品种特有的颜色，不同种类和品种的果蔬在成熟时所表现的颜色有差异，同一种类和品种不同发育阶段所表现的颜色也有差异，同一植株体上不同位置生长的果实，因受光强度不同表现出的颜色也有一定差异。果蔬的颜色也是分级、包装的重要依据，同时也是刺激消费者购买欲望的直接因素。

（4）形状、状态　蔬菜个体的形状多种多样，各不相同。果品的形状以圆、椭圆和球状居多。对于同一品种的果品其形状应大同小异，否则可视为畸形。状态因子是果蔬外观质量特性不可忽视的重要指标，是新鲜程度的具体表现，如果果蔬失水后造成的萎蔫、皱皮等都可造成品质的降低，影响消费的购买欲望，从而影响经济效益。

（5）缺陷　是指在果蔬生长发育环境不良、栽培技术不规范和生长调节剂使用不当造成果实畸形、开裂；病虫防治不及时造成的病斑、虫咬痕；采收不规范、包装不合理、运输不当而造成的各种碰、擦、揉等机械损伤。这些缺陷都会极大地影响果蔬的外观品质特性。根据缺陷的严重程度一般可分为五级：一级：无缺陷症状；二级：轻度缺陷症状；三级：中度缺陷症状；四级：严重缺陷症状；五级：极严重缺陷症状。

（6）质地特性　果蔬的质地特性是由软硬、脆绵、致密疏松、粗糙细嫩、汁液多少等特性因子构成。这些特性因子的表达，是在销售和消费过程中，通过人们的触觉器官或机械来检验，如通过手捏、咀嚼、切割等方式来感知的。良好的质地特性是人们对果蔬品质综合评价和确定果蔬成熟度与贮运性能的指标之一，同时，也是判定果蔬食用、使用用途的依据。

（7）气味特性　果蔬的气味特性是由成分复杂的挥发性芳香物质（酯、醛、酮、醇、萜、挥发性酸类等物质）及其他外源性异味等特性因子构成，是果蔬外在和内在品质特性的综合表现。每一种果蔬都有其特有的气味，尤其是果品，气味特性是通过人们的嗅觉来感知的，芳香性气味浓烈一般是随着成熟与衰老的进程而增强，人们无法控制芳香性物质的散发，只能采取贮藏手段来减缓芳香性物质散发。大多数芳香性物质对果实的成熟有促进作用。

（8）滋味特性　果蔬的滋味特性是由甜、酸、苦、辣、涩、鲜等各种特征滋味及其浓淡程度因子构成的，也是果蔬外在和内在品质特性的综合表现。果蔬中风味物质大多是由糖、有机酸、苦味物质（生物碱或糖苷等）、鞣质（单宁等酚类物质）和氨基酸类物质组成。风味特性是通过人们的味觉器官来感知的。这些滋味形成物质在各种果蔬中的含量是不同的，对于果品糖酸比例的协调是滋味特性的重要成因。消费者不仅要求有良好的外观质量，而且要求风味好、营养价值高的果蔬产品。

2. 营养质量

果蔬的内在营养质量是以营养功能为主的内在特性，是果蔬体内各种化学成分综合形成营养功能的内在品质特性。营养质量由水、碳水化合物、有机酸、维生素、矿物质、氨基酸和蛋白质、糖苷、脂质物质等特性因子构成。

果蔬作为人类重要食物，除给人们在消费时带来感觉器官的享受之外，更重要的是给人们带来维持机体健康的营养。果蔬的最大营养价值是富含多种维生素、矿物质及碳水化合物，此外某些果蔬还具有食疗作用。因此，从果蔬的食用价值方面考虑，营养质量是果蔬产品更重要的品质。

3. 安全质量

果蔬产品的安全质量是由农药残留（杀虫剂、杀菌剂、植物生长调节剂等）、化工及重金属污染、有害微生物及微生物产生的毒素、天然的有毒有害物质（如氰苷、龙葵碱等）等特性因子构成。因此，在果蔬生产、贮运及加工过程中，必须加强果蔬安全质量的监测和控制，以避免不安全的果蔬流入市场，给消费者的身体健康带来危害。

（二）果蔬的品质鉴定

果蔬品质的鉴定是由国家法定质检部门根据已确定的标准进行的。由于我国已加入世界贸易组织，有关部门机构正在制定与国际标准接轨的新标准，以提高我国果蔬产品的质量，在保证内需的同时，更好地促进外贸出口，为广大的果蔬生产、经营者创造更好的经济效益。果蔬品质鉴定的目的不仅在于为果蔬的分级提供依据；而且通过品质鉴定可更好地了解果蔬的内在营养品质状况，以便为果蔬的使用途径和综合利用提供依据；还可为广大消费者放心食用提供依据；同时，果蔬的品质鉴定也是推行果蔬产品标准化生产的重要手段。

1. 果蔬品质鉴定的方法

果蔬品质鉴定的方法主要有感官鉴定法和理化鉴定法。

（1）感官鉴定法　感官鉴定就是凭借人体自身的眼、耳、鼻、口舌、手等感觉器官，对果蔬感观质量状况作出客观的评价。也就是通过用眼看、鼻嗅、耳听、口尝和手摸等方式，对果蔬的色、香、味、外观形态进行综合性的鉴别和评价。这一方法不仅简便易行，而且直观实用、真实可靠，与使用各种理化仪器进行分析相比有很多优点，是从事果蔬生产、经营销售、加工、管理者所应掌握的一门技能。由于鉴定者客观条件（感觉器官的灵敏性、工作经验、环境状况）不同和主观态度（个体的嗜好）各异，其鉴定的结果会存在一定差异，因此，在感官鉴定中为了使鉴定结果更加准确，通常采取集体（鉴定小组）审评法。

（2）理化鉴定法　理化鉴定法是指能利用各种仪器设备进行果蔬品质鉴定的方法。一般可分为物理机械检测和化学检测两种方法。其特点是鉴定的结果准确、不受检测者主观因素的影响，鉴定结果可量化。

2. 鉴定的内容

感观质量、营养质量、安全质量等构成果蔬质量特性的因子很多，各因子的重要性由于果蔬的种类、品种、用途等不同而差异很大，在判定具体的果蔬产品的质量时必须综合地全面地加以考虑和分析。对于不同的鉴定内容可采取不同的鉴定方法。

## 二、采后商品化处理

（一）分级

1. 分级的目的

分级是按照一定的品质标准和大小规格将果蔬分为若干个等级的措施，是使产品标准化和商品化的必不可少的步骤。分级的意义在于使产品在品质、色泽、大小、成熟度、清洁度等方面基本达到一致，便于运输和贮藏中的管理，有利于减少损失。等级标准能给生产者、收购者和流通渠道中的各环节提供贸易语言，为优质优价提供依据，有利于引导市场价格及提供市场信息，有助于解决买方和卖方赔偿损失的要求和争论，并根据产品标准做出裁决。在挑选和分级过程中还可剔除残次品及时加工处理，减少浪费，降低成本。

**2. 分级标准**

果蔬的分级主要是根据品质和大小来进行的，具体的分级标准又因为果蔬的种类和品种不同而异。品质等级一般是根据产品的形状、色泽、损伤及有无病虫害状况等分为特等、一等和二等。大小等级则是根据产品的重量、直径、长度等分为特大、大、中和小（常用英文代号 XL、L、M 和 S 表示）。特级品应该具有该品种特有的形状和色泽，不存在影响质地和风味的内部缺点，大小一致，产品在包装内排列整齐，在数量和重量上允许5% 的误差。一等品与特等品有同样的品质，允许在色泽上、形状上稍有缺点，外表稍有斑点，但不影响外观和品质，产品不一定要整齐地排列在包装箱内，在数量和质量上允许 10% 的误差。二等品可以有某些内部和外部缺点，但仍可销售。果蔬的分级可根据需要按国际标准、国家标准、地方标准或行业标准进行。

**3. 分级方法及设施**

果蔬产区应该建立分级包装厂，产品运到后，将腐烂、破伤和有病虫害的剔除，清洗和干燥后，按规格标准分级和包装成件。分级方法有手工操作和机械操作两种。

（1）人工分级  一些形状不规则和容易受伤的产品多用手工分级，如：叶菜类蔬菜、草莓和蘑菇等。那些形状规则的产品除了用手工分级外还可用机械分级，如苹果、柑橘、番茄和马铃薯等。人工分级时应该首先熟悉分级标准，可以用分级板、比色卡等作为分级的参照物。手工分级的效率较低，误差也较大，但机械伤较少。

（2）机械分级  机械分级常与挑选、洗涤、干燥、打蜡和装箱一起进行。由于产品的形状、大小和质地差异很大，难以实现全部过程的自动化，一般采用人工与机械结合进行分选。目前应用较多的是形状（大小）和重量分选机，近年来还开发了颜色分选机。

（3）分级设施　形状分选装置　按照果蔬的形状（大小、长度等）分级，有机械式和电光式等类型。机械式分级装置是当产品通过由小逐级变大的缝隙或筛孔时，小的先分选出来，大的后出来。电光式分选装置有多种，有的利用产品通过光电系统时的遮光，测量其外径和大小；有的是利用摄像机拍摄，经计算机进行图像处理，求出产品的面积、直径、弯曲度和高度等。光电式形状分选装置的最大优点是不损伤产品。

①重量分级装置。根据产品的重量进行分选，用被选产品的重量与预先设定的重量进行比较分级。重量分级装置有机械秤式和电子秤式。机械秤式是将果实单个放进固定在传送带上可回转的托盘里，当其移动接触到不同重量等级分口处的固定秤时，如果秤上果实的重量达到固定秤设定的重量，托盘翻转，果实即落下，这种方式适用于球形的果蔬，缺点是产品容易损伤。电子秤式分选的精度较高，一台电子秤可分选各重量等级的产品，使装置简化。重量分选适用苹果、梨、桃、番茄、甜瓜、西瓜和马铃薯等。

②颜色分选装置。果实的颜色与成熟度和品质密切相关，利用彩色摄像机和电子计算机处理 RG（红、绿）二色型装置可用于番茄、柑橘和柿子的分选，果实的成熟度可根据其表面反射的红色光和绿色光的相对强度进行判断。表面损伤的判断是将图像分割成若干小单位，根据分割单位反射光强弱算出损伤面积。

为了适应消费者对产品质量的更高要求，产品不仅要从外观上进行分选，而且需要对内部品质进行检测，目前国外已经使用了非破坏性内部品质检测装置，如西瓜空洞的检测，甜瓜成熟度的检测，桃糖度的检测和涩柿的检测等。

（二）包装

1. 包装的作用

果蔬的含水量很高，表皮保护组织却很差，在采收、贮藏和运输中容易受机械损伤和微生物侵染。果蔬采收后仍然是一个活体，有呼吸和蒸腾作用，会产生大量的呼吸热，使周围环境温度升高，使产品失水，因此，果蔬容易腐烂变质、丧失商品和食用价值。

包装可以缓冲过高和过低环境温度对产品的不良影响，防止产品受到尘土和微生物的污染，减少病虫害的蔓延和产品失水萎蔫。在贮藏、运输和销售过程中，包装可减少产品间的摩擦、碰撞和挤压造成的损伤，使产品在流通中保持良好的稳定性，提高商品率。

此外，包装也是一种贸易辅助手段，可为市场交易提供标准规格单位。包装的标准化有利于仓储工作的机械化操作，减轻劳动强度，设计合理的包装还有利于充分利用仓储空间。

2. 包装容器的要求

果蔬的包装容器有其特殊的要求，首先应该有足够的机械强度，保护产品在装卸、运输和堆码过程中免受损伤，其次要具有一定的通透性，利于排除产品产生的呼吸热和进行气体交换，包装容器最好具有防潮性，防止吸水变形。此外，包装容器还必须具有清洁、无污染、无异味、无有毒化学物质、内壁光滑、美观、重量轻、成本低等特点，包装容器的外面应注明商标、品名、等级、重量、产地及包装日期。

3. 包装容器的种类和规格

果蔬的包装容器按其用途可分为运输包装、贮藏包装和销售包装，适合果蔬的包装容器主要有纸箱、木箱和塑料箱，一些质地比较坚硬的产品也可以使用麻袋、编织袋、网眼袋等包装。包装的规格大小和容量可因产品的种类和品种不同而异，同时要考虑便于携带、堆码、搬运及机械化、托盘化操作，包装箱的长宽比为 1.5∶1；包装加包装物的重量一般不超过 20kg。产品采后可用大木箱运输到包装棚，冷藏和气调贮藏时也可使用大木箱。

除了上述外包装，为了防止产品失水和减轻机械损伤，包装箱中要加内包装，主要是各种塑料薄膜、纸或纸隔板等。

4. 包装方法与要求

果蔬应新鲜、清洁、无机械伤、无病虫害、无腐烂、无冻害、无冷害、无水浸、无畸形，包装前应进行修整和参照国际、国家或地方有关标准分等分级，产品包装前还应该进行必要的采后处理，如：预冷、清洗、吹干、药物处理、打蜡等。应在冷凉的环境中进行包装，避免风吹、日晒和雨淋。为了防止产品在容器内滚动和相互碰撞，并充分利用容器的空间和便于通风透气，应该根据产品的特点和用途采取散装、定位包装或捆扎等方式，叶菜和茎菜类蔬菜应扎捆包装。包装量要适度，装得过满和过少都会使产品受伤。不耐压的果蔬包装时，包装容器内应加支撑物、衬垫物，如纸或塑料托盘、瓦楞纸板等都可减少压力、震动和碰撞。易失水的产品在包装容器内加上塑料衬或打孔塑料袋。包装时要轻拿轻放。大箱包装时要考虑产品的耐压能力，避免上部产品将下部产品压伤，长宽为 1m × 1.2m 的大箱最大装箱深度，洋葱、甘蓝、马铃薯为 100cm，胡萝卜 75cm，苹果、梨为 60cm，番茄 40cm，柑橘 35cm。

果蔬销售小包装可在批发或零售环节中进行，包装时剔除腐烂及受伤的产品。销售小包装应根据产品的特点选择透明薄膜袋、带孔塑料袋或网袋包装，也可将产品放在塑料托盘或纸托盘上，再用透明薄膜包裹，销售包装上应标明重量、品名、价格和日期。销售小包装应注意美观、吸引顾客，便于携带并起到延长货架期的作用。

目前国内果蔬包装形式混杂，给商品的流通造成一定困难，但已经制定了适合国情的蔬菜通用包装技术国家标准（GB 4418—88），在促进果蔬包装实现标准化、规格化和与国际接轨上可供大家参考。

（三）预冷

1. 预冷的作用

预冷是将新鲜采收的果蔬在运输、贮藏或加工以前迅速除去田间热和呼吸热的过程。预冷对于大多数果蔬来说是必不可少的，因为果蔬采收后携带大量的田间热，尤其是在高温季节。此外，果蔬采后的呼吸作用也会释放许多呼吸热，使环境温度升高，而且温度越高呼吸作用越旺盛，释放的热量也越多。加上采收过程中的机械损伤和病虫害感染也会刺激呼吸加快，呼吸强度越高，果蔬所含的有机物质分解得越快，采后寿命越短，因此，如果果蔬采收后堆积在一起，不进行预冷，便会很快发热、失水萎蔫、腐烂变质。

预冷是给果蔬创造良好温度环境的第一步，为了保持果蔬的新鲜度和延长贮藏及货架寿命，从采收到预冷的时间间隔越短越好，最好是在产地立即进行，产品采后在常温中所处时间的长短对产品的贮藏寿命有至关重要的影响，特别是那些组织娇嫩、营养和经济价值高、采后寿命短的产品更需要及时预冷。

此外，未经预冷的果蔬直接进入冷库，会加大制冷机的热负荷，例如：将品温为 20℃ 的产品装车或入库时所需排除的热量为 0℃ 产品的 40 ~ 50 倍。

2. 预冷方法及设施

预冷的方式有许多种，概括起来可分为两类，即自然降温冷却和人工降温冷却。

（1）自然降温冷却　自然降温冷却是一种最简单易行的预冷方式，它是将采收后的果蔬放在阴凉通风的地方，散去产品所带的田间热。用这种方法使产品降温所需要的时间较长，而且难以达到产品所需要的预冷温度，但是在没有更好的预冷条件时，自然降温冷却也是一种可以应用的预冷方法。

（2）人工降温冷却

①冷库风冷却。冷库空气冷却是一种简单的人工预冷方法，就是把采后的果蔬放在冷库中降温，当冷库有足够的制冷量，空气的流速为 1~2m/s 时，风冷却的效果最好。要注意堆码的垛间和包装箱间都应该留有适当的空隙，保证冷空气流通。这种方式适合于任何果蔬，但预冷时间较长，一般 24h 以上。其优点是产品预冷后可以不必搬运，原库贮藏。如果冷却的效果不佳，也可以在冷库旁边建立专门的、有强力风扇的预冷间，每天或每隔一天进出一次货物，冷却的时间为 18~24h。

②水冷却。水冷却是用冷水冲淋产品或将产品浸在冷水中使产品降温的一种方式。由于产品携带的田间热会使水温上升，所以冷却水的温度在不至于使产品受到伤害的情况下要尽量低一些，一般在 0~1℃。冷却水是循环使用的，常会有腐败微生物在其中累积，使冷却产品受到污染，因此，水中要加一些化学药剂，如次氯酸盐等。适合水冷却的果蔬有萝卜、胡萝卜、甜玉米、桃、柑橘、网纹甜瓜等，水冷却不仅可以使产品快速降温而且同时将产品清洗干净，产品包装后也可以进行水冷却，但包装容器要具有防水性能。水冷却后要用冷风将产品或包装吹干。水冷却所需要的时间较短，直径 7.6cm 的桃在 1.6℃ 的冷水中 30min 可使其温度从 32℃ 降低到 4℃。

③强制通风冷却。强制通风冷却是在包装箱或垛的两个侧面造成空气压差而进行的冷却，其方法是在产品垛靠近冷却器的一侧竖立一块隔板，隔板下部安装一部风扇，产品垛的上部加覆盖物，覆盖物的一边与隔板密封，使冷空气不能从产品垛的上方通过，只能水平方向穿过垛间、箱间缝隙和包装箱上的通风孔，当风扇转动时，隔板内外形成压力差，当压差不同的冷空气经过货堆和包装箱时，将产品散发的热量带走。强制通风冷却的效果较好，冷却所需要的时间只有普通冷库风冷却的 1/5~1/2。

④真空冷却。真空冷却是将产品放在真空预冷机的气密真空罐内降压，使产品表面的水分在低压下蒸发，由于水在汽化蒸发中吸热而使产品冷却。真空冷却的效果在很大程度上受产品的影响，那些表面积大的叶菜，如结球或散叶生菜、菠菜等最适合真空冷却。用真空预冷方法，将纸箱包装的生菜由21℃降到2℃只需要25～30h。其他一些蔬菜如石刁柏、蘑菇、花椰菜和甜玉米等也可使用真空预冷，那些表面积与体积之比小的水果和根菜类蔬菜最好使用其他预冷方法。使用真空冷却的包装容器必须有通风孔，便于水蒸气和热量的散发。

⑤包装加冰冷却。包装加冰冷却是在装有果蔬的包装容器中加入细碎的冰块，一般采用顶端加冰。它适用于那些与冰接触不会产生伤害的产品，如菠菜、花椰菜、抱子甘蓝、葱、萝卜和胡萝卜等。如果要将产品的温度从35℃降到2℃，所需加冰量应占产品重量的38%。虽然冰融化时可将产品的热量带走，但是用加冰冷却降温和保持产品品质的作用还是很有限的，因此，包装内加冰只能作为上述几种预冷方式的辅助措施。

（四）果蔬的其他采后处理

1. 愈伤

果蔬在采收过程中很难避免机械损伤，特别是块茎、块根和鳞茎类蔬菜，如马铃薯、芋头、山药、洋葱等。采收时的微小伤口也会招致微生物的入侵而引起腐烂，因此，采收以后必须经过愈伤才能延长贮藏期。愈伤是伤口处周皮细胞的木栓化过程，一般需要高温多湿的环境条件。例如：马铃薯采后在18.5℃下保持2～3天，然后放在7.5～10℃和90%～95%的相对湿度下10～12天可完成愈伤。愈伤的马铃薯比未愈伤马铃薯的贮藏期延长50%，而且腐烂率减少。山药在38℃和95%～100%的相对湿度下愈伤24h，可完全抑制表面真菌的活动及减少内部组织的坏死。成熟的南瓜，采后在24～27℃下放置2周，可使伤口愈合、果皮硬化，延长贮藏时间。也有些产品愈伤时要求较低的相对湿度，如洋葱和大蒜收获后要进行晾晒，使外部鳞片干燥，以便减少微生物侵染，促使鳞茎的茎部和盘部的伤口愈合，有利于以后的贮藏和运输。

2. 催熟

果蔬在集中采收时，成熟度往往不一致，还有一些产品为了方便运输，在坚硬的绿熟期采收。为了促使产品上市前成熟度达到一致所采用的措施叫做催熟，要催熟的产品必须是采后能够完成后熟的，而且要达到生理成熟阶段（即离开植株后能够完成后熟的生长阶段）。不同的果蔬催熟时有不同的最佳温度要求，一般以 21~25℃ 为好。催熟环境应该具有良好的气密性，催熟剂应有一定的浓度，但实际使用浓度要比理论值高，因为催熟环境的气密性常常达不到要求。此外，催熟室内的二氧化碳浓度过高会影响催熟效果，因此催熟室要定期通风，有条件的地方，最好用气流法通入乙烯，以保证催熟室内有足够的氧气。催熟环境的相对湿度以 90% 为宜，湿度过低，果蔬会失水萎蔫，果实催熟后外观不好看，湿度过高又易感病腐烂。由于催熟环境的温、湿度较高，致病微生物容易孳生，因此应该注意催熟室的清洁、卫生和消毒。目前常用的催熟剂有乙烯、乙烯利和乙炔。乙烯是一种气体，使用浓度因产品而异，一般在 1 000~2 000mg/kg 范围内，把香蕉放在20℃和80%的相对湿度的密闭容器或催熟室内，加入 1 000mg/kg 的乙烯，密闭24~48h，期间为避免二氧化碳累积，每隔24h通风1~2h，密闭后再通入乙烯，待香蕉稍现黄色时取出。乙烯利水剂的催熟效果也不错，将乙烯利（浓度 1 500 mg/L）喷洒在香蕉上，3~4 天香蕉就可变黄。电石（$CaC_2$）与水反应生成的乙炔气体也可用来催熟果实。

3. 脱涩

有些果实在完熟以前有强烈的涩味而不能食用，例如柿子，其细胞破碎流出可溶性单宁与口舌上的蛋白质结合会产生涩味，设法将可溶性单宁物质变为不溶性的单宁物质，就可避免涩味产生。当涩果进行无氧呼吸时，可形成一种能与可溶性单宁发生缩合的中间产物，如乙醛、丙酮等，一旦它们与可溶性单宁缩合，涩味即可除去。根据上述原理，可以采取下列方法造成果实无氧呼吸，使单宁物质变性脱涩。如将柿子浸泡在40℃的温水中20h左右或浸7%的石灰水中，经过3~5天即可脱涩。当前比较大规模的柿子脱涩是用高二氧化碳处理（60%以上），25~30℃下1~3天就可脱涩。当然还有许多方法都可以使柿子脱涩，如混果法，即把涩柿子与少量能释放乙烯的苹果、梨、木瓜和石榴等果实或新鲜树叶（松、柏、榕树叶）等混装在密闭的容器中；乙烯及乙烯利处理；脱氧剂密封法等等。

### 4. 涂膜或打蜡

涂膜是在果蔬的表面涂一层薄膜，起到调节生理、保护组织、增加光亮和美化产品的作用。涂膜也可称打蜡。涂料的种类越来越多，已不完全限于蜡质，其种类和配方很多，商业上应用的主要有石蜡、巴西棕榈蜡和虫胶等，也有一些涂料以蜡作为载体，加入一些化学物质，防止生理或病理病害，但使用前要注意使用范围。果蔬上使用的涂料应该具有无毒、无味、无污染、无副作用，成本低、使用方便等特点。涂膜的方法有浸涂法、刷涂法、喷涂法、泡沫法和雾化法。涂膜厚薄要均匀，过厚会导致果实无氧呼吸，异味和腐烂变质。新型的喷蜡机大多由洗果、擦吸干燥、喷蜡、低温干燥、分级和包装等几部分组成，可进行连续作业。

## 第三节　果蔬的运输

运输是新鲜果蔬从产地运往销地的桥梁，通过运输可以满足人们的生活需要，运输的发展可以推动新鲜果蔬生产的发展。新鲜果蔬的运输出口，可换取外汇，出口产品的质量关系到我国的对外贸易的信誉。

运输是动态贮藏，要在运输途中保持产品品质和延长其采后寿命，与果蔬的采收成熟度、采后处理、预冷、包装、装卸水平、运输中的环境条件、运输工具、路途状况和组织工作都有着密切的关系。

## 一、运输方式与工具

### （一）公路运输

公路运输是我国最重要和最普通的中、短途运输方式。汽车运输的优点是投资少、机动灵活、货物送达速度快且不需要换装，即能做到从产地到销售地"门对门"的运输。汽车运输特别适合中短途的运输，能减少转运次数，缩短运输时间。但是汽车运输的成本高，载运量小，耗能大，劳动生产率低。同时，汽车运输的损失因道路条件和汽车性能的不同差异很大。若道路条件好、汽车性能好、则可减少运输损失。汽车运输也有普通车和冷藏车等运输车体。但目前我国由于道路条件、运输车辆的性能和冷藏车辆较少，还不能很好地满足果蔬运输的需求。

近几年从国外引进一种平板冷藏拖车，其是一节单独的隔热、制冷拖车车厢（类似于冷藏集装箱），这种拖车移动方便灵活，可在高速公路上运输，也可直接拖运进铁路站台安放在平板车皮上或进码头上船仓，运到目的地后，再用汽车牵引到批发市场或销售点。整个运输过程中减少了搬运装卸次数，从而可避免伤损，运输温度变化不大，有利于保持产品质量，提高效益。适应日益发展的高速公路运输新鲜果蔬。

### （二）铁路运输

铁路运输是目前我国物资运输的主要方式。据了解果蔬采用铁路运输方式占果蔬总运量的 1/3 左右。铁路运输具有运输量大、速度快、准时、运输成本低，连续性强，不受季节影响等优势，但运输起止点都是车站的大宗货场，前后都需要短途的其他方式运输，增多了装卸次数。铁路运输适合于中、长途大宗的果蔬运输。铁路一般采用普通棚车、加冰冷藏车、机械冷藏车和冷冻板式冷藏等车厢。

1. 普通棚车

普通有棚的车厢内没有温度调节控制设备，受自然气温的影响大。车厢内的温湿度通过通风、草帘、棉毯覆盖或加冰等措施来调节。这种土法保温难以达到果蔬理想的温度，因而导致果蔬腐烂损失，损耗可达 15% ~40%。

2. 通风隔热车

隔热车具有隔热的车体和良好的通风性能，但车内无任何制冷和加温设备。在运输过程中，主要依靠隔热体的保温和通风使产品的运输温度控制在允许的范围内。

3. 冷藏车

目前我国的冷藏车有加冰冷藏车、机械冷藏车和冷冻板车。

（1）加冰冷藏车（冰保车）　各型加冰冷藏车，车内部都装有冰箱，都具有排水设备，通风循环设备以及检温设备等。我国加冰冷藏车均为国产车，以 B6 型车顶冰箱冰保车为主。车体为钢结构，隔热材料为聚苯乙烯，顶部有 7 个冰箱（其他冰保车为 6 个冰箱）。运输货物时在冰箱内加冰或冰盐混合物，控制车内低温条件。

冰保车在运输途中冰融化到一定程度时要加冰，因此在铁路沿线每 350 ~600km 距离处要设置加冰站，使车厢能在一定时间内得到冰盐的补充，维持较为稳定的低温。站内有制冰池，储冰库，使用时将冰破碎。也有把管冰机运用到铁路运输中，制冰在封闭系统中进行，管状冰在蒸发器上直接冻结，管冰为直径小的结冻块，用时不需另行破碎，此外，还可加入天然冰。加入的冰块最好1~2kg，冰块过大，盐会从冰块间隙掉到冰箱底部而不起作用，冰块太细又会彼此结成团，制冷面积减少。加入的盐应该干净、松散，如黄豆大小。

冰保车的缺点是盐液对车体和线路腐蚀严重，车内温度不能灵活控制，往往偏高或偏低，且车辆重心偏高，不适高速运行。

（2）机械冷藏车（机保车）　机械冷藏车采用机械制冷和加温，配合强制通风系统，能有效控制车厢内温度。装载量比冰保车大。可分为集中供电、集中制冷，集中供电、单独制冷，单独供电和制冷3种。

机保车使用制冷机，可以在车内获得低温，在更广泛的范围内调节温度，有足够的能力使产品迅速降温，并可在车内保持均匀的温度，因而能更好地保持易腐货物的质量。机保车备有电源，便于实现制冷、加温、通风、循环、融霜的自动化。由于运行途中不需要加冰，可以加速货物送达，加速车辆周转。与冰保车相比，机保车也存在着造价高、维修复杂、需要配备专业乘务人员等缺点。

（3）冷冻板冷藏车（冷板车）　冷冻板冷藏车是一种低共晶溶液制冷的新型冷藏车。冷板安装在车棚下，并具有温度调节设施，在车外30℃的条件下，采用 -18.5℃的冷板能使车内温度达到 -10~6℃。

冷板冷藏车的充冷是通过地面充冷站进行的，一次充冷时间约12h，充冷后可制冷120h。若外温低于30℃，充冷后的制冷时间可达140h。车内两端的顶部各装有两台风机，开动风机加速空气循环，使果蔬含有的大量田间热被带走，迅速冷却到要求的温度。

冷板冷藏车具有稳定的恒温性能，而这种恒温特性是机械冷藏车所不能取得的。从冷板冷藏车的直接制冷成本和能源消耗与冰保车、机保车相比较，其经济效益也是好的。

冷板冷藏车是一种耗能少，制冷成本低，冷藏效能好的新型冷藏车。其缺点是必须依靠地面的专用充冷设施为其提供冷源，因此，使用范围局限在铁路大干线上。

4. 集装箱

集装箱是便于机械化装卸的一种运输货物的容器，集装箱运输是当今世界发展的运输工具，既省人力、时间，又保证产品质量，可实现"门对门"的服务。1970 年国际标准化组织对集装箱下了定义：第一，能长期反复使用，有足够的机械强度；第二，在途中转运时，不动箱内货物，可直接从一种运输工具转换到另一种上；第三，具有 $1m^3$ 以上的容积；第四，便于货物的装卸。

## 二、运输管理技术

### (一) 装卸、堆码要求

装卸和堆码是保证运输质量的基本技术环节。对果蔬运输前后的装卸最基本的要求为：轻搬轻放，防止野蛮装卸造成严重机械伤；快装快卸，防止品温因装卸耗时太长而升高，造成低温冷链断链的现象，降低运输品质。合理的堆码可以减轻运输过程中的振动，有利于保持产品内部良好的通风环境及运输环境内温度的均衡调节，同时还可以增加装载量，有效利用空间。果蔬在运输工具中堆码应遵循的原则：单位货物间留有适当的空隙，以使运输环境中的空气顺利流通。每件货物都不能与车厢的底板和壁板相接触。货物不能紧靠机械冷藏出风口或加冰冷藏冰箱隔板或气调出气口处，以免造成低温伤害、二氧化碳中毒或无氧呼吸。就冷藏运输来说，必须保证运输环境内温度均衡，每件货品都接触冷却空气；而保温运输，则应使货堆内、外温度一致。在装载堆码前，要注意在车厢底板上垫加一定高度的垫板或其他有利于通风换气和减振的物品。同时在装载完毕后，以适当捆绑固定，避免运输途中的摇晃和振动。

（二）运输环境条件控制

果蔬运输的环境条件控制主要是指温度、湿度、气体等。

1. 温度的控制

温度是运输过程中的重要环境条件之一。低温运输对保持果蔬的品质及降低运输中的损耗十分重要。随着冷库的普及使用，运输工具性能的改进，国内在果蔬的流通对于果蔬运输中温度的控制，国际冷冻协会于运输过程中也逐渐实现了冷链流通。如加冰冷藏保温车、机械冷藏保温车、冷藏集装箱等都为低温运输提供了方便。对于有些耐贮运的果蔬，预冷后采用普通保温运输工具可进行中、短途运输，也能达到同样的效果。但对于秋冬季节，南方果蔬向北方调运时，要注意加热保暖防冻。

2. 湿度的控制

湿度在运输中对果蔬的影响较小。但如果是长距离运输或运输所需时间较长时，就必须考虑湿度的影响。尤其是对水分含量较高的蔬菜，在运输途中要观察水分的散失状况，及时增加环境中的湿度，防止过度失水造成萎蔫，从而影响产品品质。环境湿度的调节与加湿方法可参照所运果蔬在贮藏时的相关要求和技术进行。果品由于有良好的内、外包装，在运输途中失水造成品质下降的可能性不大，但要注意因温度的控制不稳定，造成结露现象的发生。

3. 气体成分的控制

对于采用冷藏气调集装箱运输的方式和长距离运输时，要注意气体成分的调节和控制，气体成分浓度的调节和控制方法可参照所运果蔬在气调贮藏时的相关要求和技术进行。对较耐 $CO_2$ 果品，可采用塑料薄膜袋的内包装方式，达到微气调的效果；对 $CO_2$ 敏感果品，应注意包装不能太严密或进行通风处理。

### 4. 防振动处理

在运输途中剧烈的振动会造成新鲜果品的机械伤，机械伤会促使水果乙烯的发生，加快果品的成熟；同时易受病原微生物的侵染，造成果品的腐烂。因此，在运输中尽量避免剧烈的振动。比较而言，铁路运输振动强度小于公路运输，水路运输又小于铁路运输，振动的程度与道路的状况、车辆的性能有直接关系，路况差振动强度大，车辆减振效果差振动强度也会加大，在启运前一定要了解路径状况，在产品进行包装时采取增加填充物、装载堆码时尽可能使产品稳固或加以牢固捆绑，以免造成挤、压、碰撞等机械损伤。

# 第三章　果蔬贮藏方式与管理

## 第一节　常温贮藏

利用自然冷源的常温贮藏是果品产地贮藏最常用的方法之一。它是利用和调节自然低温，使贮藏场所维持较低温度进行贮藏的方法，其中包括堆藏、沟藏、窖藏、通风库贮藏等。这些贮藏方法在我国农村应用普遍，果农在这些方面积累了丰富的经验和管理技术，目前，在果品产地仍发挥着重要作用。这些方法具有构造简单、成本低等优点。但是，受自然气温影响较大，只能在气温较低的季节应用。

### 一、堆藏

（一）堆藏的特点

堆藏是将果品直接堆码在地面或浅坑中，或在遮阴棚下，表面用土壤、薄膜、秸秆、草席等覆盖，以防止风吹、日晒、雨淋的一种短期贮藏方式。堆藏使用方便，成本低，覆盖物可以就地取材。但是由于堆藏是在地面上直接堆积，受外界环境影响较大，产品失水和腐烂损耗较多，所以贮藏效果很大程度上取决于堆藏后对覆盖的管理，即根据气候的变化及时调整覆盖的时间、厚度等。这种贮藏方式一般用于入库前的预冷或短期贮藏。

（二）堆藏的管理技术

堆藏应选择在地势较高处，堆码方式一般是装筐堆码 4 ~ 5 层或装箱堆码 6 ~ 7 层，堆成长方形。堆垛时要注意留出通气孔道，即箱与箱之间留有间隙，以利于通风降温和换气。随着外界气温的变化，逐渐调整覆盖的时间和厚度，以维持堆内适宜的温、湿度。天冷后要用草帘、苇席等覆盖，刚开始贮藏时白天气温较高，可白天覆盖，晚上打开放风降温。当果品温度降到接近0℃时，则随着外界温度的降低增加覆盖物的厚度，以防止果品受冻。

## 二、沟藏

### （一）沟藏的特点

沟藏是一种地下封闭式贮藏方式，它主要是利用土壤的保温、保湿性能，以维持贮藏环境中相对稳定的温度和较高的湿度，贮藏效果比堆藏好，贮藏期较堆藏长。

沟藏适于集中产区就地贮藏晚熟品种。果农为了打算好销售的时间差，对采下来的苹果挖沟进行贮藏，根据市场变化情况及时出手，可缓和供求矛盾，增加经济收入。

### （二）沟藏的管理技术

#### 1. 地沟地址的选择

地沟应选择在地势平坦、开阔、没有污染、背风向阳、土质坚实、地下水位较低、干燥而不积水及运输管理方便的地方。

#### 2. 地沟的做法及规格

地址选好后，挖地作沟。要求宽 1m 左右，深 1～1.2m，下窄上宽，其横断面为一梯形。挖出地沟的土在沟沿四周培成高30cm 的土埂，地沟的长度可根据地形和果蔬的数量而定。沟底要整平，并铺上 5～6cm 的干净细沙。

#### 3. 贮藏方法

地沟准备好以后，在贮果前，要向沟底细沙上泼水，达到一定的湿度，秋季干旱时尤其注意多泼点水，以减少果实贮藏期间的水分消耗。用压实的草质材料制作一沟盖（约 10cm 厚），白天将沟盖严，夜间敞开降低沟温。贮藏初期，以降温为主。产品入沟后，白天加盖，夜间敞开，继续使沟内和果实降温。贮藏中期，以保温为主。尤其冬至以后，天气寒冷，温度下降很快，加强防寒措施，以免果实受冻，确保贮藏效果。贮藏后期，仍以降温为主。立春以后气温回升，主要加强保冷措施，维持沟内低温，当沟内温度升至15℃时不能继续贮存。

### 三、窖藏

窖藏充分利用了土壤温度变化缓慢，湿度高的特点，通过开闭窖盖，进行通风降温。窖藏是一种投资少，技术容易掌握，温、湿度较稳定和易于控制的简易贮藏方法。贮藏后的果品新鲜度高，水分不易流失，适合于果品数量少的农户使用，应大力推广。

贮藏窖的种类很多，其中以棚窖最为普遍。在山西、陕西、河南等地还有窖洞，四川南充等地贮藏柑橘常采用井窖等。这些窖多是根据当地自然条件、地理条件的特点建造，它既能利用稳定的土温，又可以利用简单的通风设备来调节和控制窖内的温度，果品可以随时入窖出窖，并能及时检查贮藏情况。

（一）棚窖

1. 棚窖结构

棚窖是一种临时性贮藏场所，一般建造成长方形，根据窖身入土深浅可分为半地下式和地下式两种。较温暖地区或地下水位较高处，多采用半地下式，一般入土深度 1.0～1.5m。寒冷地区多采用地下式，入土 2.5～3.0m。棚窖的宽度在 2.5～3.0m 或 4.0～6.0m，窖的长度不限，视贮量而定，为便于操作管理，一般为 20～50m。窖顶的棚盖用木料、竹竿等做横梁，有的在横梁下面立支柱，上面铺成捆的秸秆，再覆土踩实，一般秫秸层及覆土层各为 13～17cm，较为寒冷地区，窖顶覆盖厚度高达 50cm。

窖顶中央沿窖长方向开设若干个天窗，宽 0.5~0.6m，供出入和通风之用。窖眼设在棚窖土墙基部及两端窖墙的上部，每隔1.6m 左右开设一个口径为 25cm×25cm 大小的窖眼。

　　大型的棚窖常在两端或一侧开设窖门，窖门常设在窖的南侧或东侧，以便于产品入库，并加强贮藏初期的通风降温作用。

　　2. 贮期管理

　　（1）初期管理　入窖结束后，应马上通风降温。方法是：在凌晨 2~6 点，外界气温较低时，打开天窗和窖眼，迅速降温。当白天气温回升时，要及时封闭，以免热空气进入窖内。

　　（2）冬季管理　冬季管理工作是适当通风换气，保温防冻。通风换气时间为中午外界气温稍高时进行，严防冻害发生。在贮藏过程中应不定期地检查贮藏质量，如发现有腐烂变质的水果，应及时挑出。

　　（3）春季管理　随着外界气温的升高，窖内也逐渐升温。应在早、晚气温较低时打开天窗和窖眼通风换气，防止窖温回升。

　　（二）井窖

　　1. 井窖结构

　　应选择地势高燥、土质坚硬、易于空气流通的地方。先由地面垂直向下挖出一直径 60cm、深 3~4m 的直井，然后由底部向四周辐射状挖掘，挖出数个高 1.5m、长 3~4m、宽 1~2m 的窖室，窖室顶部呈拱形，底部水平或向下倾斜。挖好的新窖，应打开窖口通风换气，排去窖内过高的温度、湿度。若是旧窖，在水果贮前 1~2 周，要彻底清扫和消毒杀菌。一般采用熏蒸杀菌，即用硫黄 $10g/m^3$ 熏蒸，可全窖喷洒 1% 的甲酚溶液，密封两天，通风换气后使用。

　　2. 贮期管理

　　（1）初期管理　入窖结束后，应马上通风降温。方法如棚窖同期管理。

（2）冬季管理　冬季管理工作是适当通风换气，保温防冻。在贮藏过程中应不定期地检查贮藏质量，如发现有腐烂变质的果蔬，应及时挑出。

（3）春季管理　随着外界气温的升高，窖内也逐渐升温。应在早、晚气温较低时打开窖盖通风换气，防止窖温回升。当水果全部出窖后，应及时打扫果窖，排尽窖内残留的异味后，封闭窖口，保持温度，以便秋季重新启用。

（三）土窑洞

1. 土窑洞结构

多建在丘陵山坡处，通常是在山坡或土丘的迎风面挖窑洞，一般长 6~8m、宽 1~2m、高 2~2.5m，拱形顶，设窑门。各地在多年使用中不断进行改进，如有设两道门，第一道门是实门，防止外界寒风的直接吹袭；第二道门设棉门帘，以加强保温效果。又如在窑洞的最后部设一个通气孔，加快通风换气等。

2. 贮期管理

（1）初期管理　入窖结束后，应马上通风降温，方法同棚窖同期管理。

（2）冬季管理　冬季管理工作是适当通风换气，保温防冻。

（3）春季管理　随着外界气温的升高，窖内也逐渐升温。应在早、晚气温较低时打开窖门和通风孔进行通风换气，防止窖温回升。当水果全部出窖后，应及时打扫果窖，排尽窖内残留的异味后，封闭窖口，保持温度，以便秋季重新启用。

四、通风库贮藏

通风库比棚窖和土窑洞在建筑上提高了一步，一般为砖木结构的固定式贮藏场所。它有较完善的隔热建筑和较灵活的通风系统，操作比较方便。我国各地发展的通风库一般长 30~50m，宽

5 ~ 12m，高 3.5 ~ 4.5m，面积约 250 ~ 400m$^2$。库顶有拱形顶、平顶和脊形顶。通风库的四周墙壁和库顶都有良好的隔热效能，以达到保温的目的。

通风库一般有地下式、半地下式、地上式 3 种，以后两种较为常见。通风库是在棚窖的基础上发展起来的，其形式和性能相似。但通风库的保温和通风性能比棚窖强，贮藏面积、贮藏量增大。因均是靠自然温度来调节和控制库温的，所以管理的基本原则与棚窖、土窑洞一样，但贮藏效果明显提高。如果在通风库中安装风机等强制通风设备，贮藏效果将大大增强。

# 第二节　冷库贮藏

机械冷藏是指在有良好隔热性能的库房中安装制冷设备，依据不同种类果实对贮藏条件的要求，对温湿度进行人工控制，以达到较长时期贮藏的目的。它的优点是不受外界环境条件的影响，可以终年维持产品所需的温度。冷库内的温度、相对湿度和通风都可以控制调节。冷库是一种永久性的建筑，费用较高，因此在建冷库之前对库址的选择、库房的设计、冷凝系统的选择和安装、库房的容量都应仔细考虑，同时也要注意到将来的发展。尽管冷库有许多优越性，但是果品都是活的有机体，冷藏的期限还是有限的。

根据制冷要求不同，机械冷藏库分为高温库（0℃左右）和低温库（低于 -18℃）两类，果品机械冷藏库为高温库。

## 一、机械冷藏实施

机械冷藏库房主要由支撑系统、保温系统和防潮系统三大部分构成。

（一）支撑系统

支撑系统是冷库的骨架，由围护结构和承重结构两部分组成，是保温系统和防潮系统赖以敷设的主体。这一部分的施工形成了整个库体的外形，也决定了库容的大小。

冷库的大小应根据经常要贮存产品的数量和产品在库内的堆码形式而定，设计时要先根据拟贮藏的产品堆放在库内所必需占据的体积，加上行间过道、产品与墙壁之间的空间、堆码与天花板之间的空间以及包装容器之间的空隙等确定库房的内部空间，然后根据建筑投资和实际操作需要确定冷库的长、宽和高度。从建筑经验来看，通常采用的宽度一般不超过12m，高度以6m为宜。设计时可依据实际条件和经济情况，选择恰当的设计尺寸。

冷库的围护结构是指冷藏库的墙体、屋顶建筑和地坪。冷库的围护墙体有砖砌墙体、预制钢筋混凝土墙体和现场浇筑钢筋混凝土墙体等形式。在分间冷藏库中还设有冷藏库内墙，内墙有隔热和不隔热两种形式。当相邻冷藏库间的温差小于5℃时，一般用240mm或120mm厚的砖墙作不隔热内墙，两面用水泥砂浆抹面。隔热内墙的防潮、隔气层多在温度稍高的冷藏间一侧，也可以两侧都做。冷藏库屋顶建筑，除了避免日晒和防止风沙雨雾对库内的侵袭外，还起着隔热和稳定墙体的作用。冷库的地面一般由钢筋混凝土承重结构层、隔热层、防潮层组成。

承重结构主要是指冷藏库建筑的柱、梁、楼板等建筑构件。柱是冷藏库的主要承重构件，在冷藏库建筑中普遍采用钢筋混凝土柱。为提高库内的有效使用面积，冷库建筑中柱的跨度较大，截面积较小，柱网多采用6m×6m格式，大型的冷藏库柱网也有12m×6m或18m×6m的格式。冷藏库的柱子截面多采用正方形，以便于施工和敷设隔热层。

（二）保温系统

保温系统是在冷库四周墙壁、库顶和地面采取隔热处理，即设置隔热层，以维持冷藏库内温度的稳定。

隔热层的厚度、材料选择、施工技术等对冷藏库的性能有重要影响。用于隔热层的隔热材料应具有如下特征和要求：导热系数要小，不易吸水或不吸水，质量轻，不易变形和下沉，不易燃烧，不易腐烂、虫蛀和被鼠咬，对人和产品安全且价廉易得。

隔热层的施工方法有 3 种形式：一是在现场敷设隔热层。二是采用预制隔热嵌板。预制隔热嵌板的两面是镀锌铁（钢）板或铝合金板，中间夹着一层隔热材料，隔热材料大多采用硬质聚氨酯泡沫塑料。隔热嵌板固定于承重结构上，嵌板接缝一般采用灌注发泡聚氨酯来密封。此法施工简单，速度快，易于维修。三是在现场喷涂聚氨酯。使用移动式喷涂机，将异氰酸和聚醚两种材料同时喷涂于墙面，两者立即起化学反应而发泡，形成所需厚度的隔热层。这种方法可形成一个无接缝的整体，而且施工速度快。

库顶隔热处理有两种形式。一种是在冷库库顶直接敷设隔热层，隔热层做在库顶上面的称为外隔热，反贴在库顶内侧的称为内隔热。隔热材料一般用轻质的块状材料，如软木、聚氨酯喷涂等。另一种是设阁楼层，将隔热材料敷设在阁楼层内，一般用膨胀珍珠岩或稻草等松散保温隔热材料。

果品冷藏库一般维持的温度在 0℃左右，而地温经常在 10 ~ 15℃之间。热量能够由地面不断地向库内渗透，因此，冷库地板也必须敷设隔热层。

（三）防潮系统

防潮系统是阻止水气向保温系统渗透的屏障，是维持冷库良好的保温性能和延长冷库使用寿命的重要保证。

空气中的水蒸气分压随着气温升高而增大，由于冷库内外温度不同，水蒸气不断由高温侧向低温侧渗透，通过围护结构进入隔热材料的空隙，当温度达到或低于露点温度时，水蒸气就在该处凝结或结冰，导致隔热材料受潮，导热系数增大，隔热性能降低，同时也使隔热材料受到侵蚀或发生腐朽。因此防潮系统对冷藏库的隔热性能十分重要。

通常在隔热层的外侧或内外两侧敷设防潮层，形成一个闭合系统，以阻止水汽的渗入。常用的隔潮材料有塑料薄膜、金属箔片、沥青、油毡等。无论何种防潮材料，敷设时要使其完全封闭，不能留有任何微细的缝隙，尤其是在温度较高的一面。如果只在绝热层的一面敷设防潮层，就必须敷设在绝热层温度经常较高的一面。

当建筑结构中导热系数较大的构件（如柱、梁、管道等）穿过或嵌入冷藏库房围护结构的防潮隔热层时，可形成"冷桥"。冷桥的存在破坏了隔热层和防潮层的完整性和严密性，从而使隔热材料受潮失效。因此，必须采取有效措施消除冷桥的影响。一般可采用外置式隔热防潮系统（隔热防潮层设置在地板、内墙和天花板外侧，把能形成冷桥的结构包围在其里面）和内置式隔热防潮系统（隔热防潮层设置在地板、内墙和天花板内侧）来排除冷桥的影响。

现代冷库的结构正向组装式发展，其库体由金属构架和预制成包括防潮层和隔热层的夹芯板拼装而成。施工方便、快速，但造价较高。

## 二、机械冷藏管理

### （一）贮前准备

果蔬贮藏库在使用之前，尤其是使用过的库，必须彻底进行清扫，清除杂物，扫净垃圾和尘土。对墙体、地面、贮架、包装容器、工具器材等进行洗刷，以确保其清洁卫生。同时，要对库进行消毒杀菌处理，经常使用的消毒方法有以下几种。

1. 漂白粉消毒

漂白粉是普遍应用的一种消毒剂，它是由消石灰吸收氯气制得，为灰白色或淡黄色粉末，有味，具有强腐蚀性，稍能溶于水，在水中易分解产生氯气而具灭菌作用。市售产品多为含有效氯 25%～30% 的漂白粉和浓缩的漂白精。使用方法一是配成浓度为 0.5%～1.0% 的水溶液，喷洒库房或洗刷墙体、地面、器具；二是可将漂白粉直接撒放在库、窖地面，使其自然挥发，熏蒸灭菌。

2. 硫黄粉消毒

硫黄粉的主要成分为二氧化硫，淡黄色粉末，是一种强氧化灭菌剂，对霉菌类灭菌效果显著。使用方法是燃烧烟雾熏蒸，用量为 10～15g/m³ 硫黄。在库、窖地面分布几点，混拌锯末等易燃材料点燃成烟后，密闭 24～48h，然后打开库、窖门，充分通风。熏蒸时人员必须撤出。

3. 过氧乙酸消毒

过氧乙酸又称过氧醋酸，是一种无色透明，具有强烈氧化作用的广谱杀菌剂，对真菌、细菌、病毒等均有杀灭作用，腐蚀性较强，使用分解后无残留。使用方法是将市售过氧乙酸甲液、乙液混合后，用水配成 0.5%～0.7% 的溶液，按 500ml/m³ 用量，倒在玻璃或陶瓷器皿中，分多个点放置在库内，或直接在库内喷洒，密闭熏蒸，注意不能直接喷到金属表面。也可用市售 20% 的过氧乙酸，按 5～10ml/m³ 的量，配成 1% 的水溶液来喷雾。密闭熏蒸 12～24h 后，再通风换气。使用时注意不要喷到人体上，要做好人体防护。

4. 二氧化氯消毒

二氧化氯是目前国际上公认的新一代的高效、广谱、安全的杀菌、保鲜剂，是氯制剂最理想的替代品，在世界发达国家已得到广泛的应用。该剂为无色、无臭、透明液体，具强氧化作用，对细菌、真菌、霉菌均有很强的杀灭和抑制作用。市售溶液为2%浓度。使用时按 1ml/m³ 原液，加 0.1g 柠檬酸晶体，经 10 ~ 30min 溶解活化后，进行库间喷雾，密闭熏蒸 6 ~ 12h，可开库通风。

5. 乳酸消毒

该剂为无臭、无色或黄色浆状液体，对细菌、真菌、病害均有杀灭和抑制作用。使用时将浓度 80% ~ 90% 的乳酸原液和水等量混合，按 1ml/m³ 混合液的量，置于瓷盆内，用电炉加热，使之蒸发，关闭电炉，密闭熏蒸 6 ~ 12h，再开库通风。

6. 其他消毒剂

除上述药剂方法外，还可用 1% 新洁尔灭、2% 双氧水、2% 热碱水、0.25% 次氯酸钠等药剂进行喷洒熏蒸，或洗刷墙石、地面和贮架。

库内所有用具用 0.5% 的漂白粉溶液或 2% ~ 5% 硫酸铜溶液浸泡、刷洗、晾干后备用。以上处理对虫害亦有良好的抑制作用，对鼠类也有驱避作用。

（二）产品的入贮及堆放

产品入库贮藏时，如果已经预冷则可一次性入库贮藏。若未经预冷处理则应分次、分批进行。在第一次入贮前应对库房预先制冷并保持适宜的贮藏温度，以利于产品入库后果品温度迅速降低。每次的入贮量不宜太多，以免引起库温的剧烈波动和影响降温速度。一般第一次入贮量以不超过该库总量的 1/5，以后每次以 1/10 ~ 1/8 为好。入库时，最好把每天入贮的水果、蔬菜尽可能地分散堆放，以便迅速降温，当入贮产品降到要求温度时，再将产品堆垛到要求高度。

库内产品堆放的总要求是产品离墙、离地面、离天花板之间要有一定距离，并且垛与垛、箱与箱之间留一定空隙。产品堆垛距墙 20 ~ 30cm；产品不能直接堆放在地面上，要用垫仓板架空，以使空气能在垛下形成循环，利于产品各部位散热，保持库房各部位温度均匀一致；应控制堆的高度不要离天花板太近，一般要求产品距天花板 0.5～0.8m，或者低于冷风管道送风口 30～40cm；垛与垛之间及垛内要留有一定的空隙，其目的是为了使库房内的空气循环畅通，避免出现死角，及时排除田间热和呼吸热，保证各部位温度稳定均匀。产品堆放时要防止倒塌情况的发生，可搭架或堆码到一定高度时（如 1.5m），用垫仓板衬一层再堆放，可有效防止倒塌。

新鲜果品堆放时，要做到分等、分级、分批次存放，尽可能避免混贮。如果是两个或两个以上具有相似贮藏特性和成熟度的品种，也可同贮在一个库间。但是无香气的品种最好不与香气浓郁的品种混贮。尤其对于需长期贮藏或相互间有明显影响的产品、对乙烯敏感性强的产品不能混贮。

（三）温度控制

果品冷藏库温控要把握"适宜、稳定、均匀及产品进出库时的合理升降温"的原则。温度是决定新鲜果品机械冷藏成败的关键，各种不同果品冷藏的适宜温度是有差别的，即使同一种类，品种不同也存在差异，甚至成熟度不同也会产生影响如表 3-1 所示。

表 3-1　主要果品机械冷藏的适宜条件

| 种类 | 温度（℃） | 相对湿度（%） | 种类 | 温度（℃） | 相对湿度（%） |
| --- | --- | --- | --- | --- | --- |
| 苹果 | -1.0～4.0 | 90～95 | 柠檬 | 11.0～15.5 | 85～90 |
| 杏 | -0.5～0 | 90～95 | 枇杷 | 0 | 90 |
| 鸭梨 | 0 | 85～90 | 荔枝 | 1.5 | 90～95 |
| 香蕉（青） | 13.0～14.0 | 90～95 | 芒果 | 13 | 85～90 |
| 香蕉（黄） | 13.0～14.0 | 90～95 | 油桃 | -0.5～0 | 90～95 |
| 草莓 | 0 | 90～95 | 甜橙 | 3～9 | 85～90 |
| 酸樱桃 | 0 | 90～95 | 桃 | -0.5～0 | 90～95 |

（续表）

| 种类 | 温度（℃） | 相对湿度（%） | 种类 | 温度（℃） | 相对湿度（%） |
|---|---|---|---|---|---|
| 甜樱桃 | -1.0~0.5 | 90~95 | 中国梨 | 0~3 | 90~95 |
| 无花果 | -0.5~0 | 85~90 | 西洋梨 | -1.5~-0.5 | 90~95 |
| 葡萄柚 | 10.0~15.5 | 85~90 | 柿 | -1 | 90 |
| 葡萄 | -1.0~-0.5 | 90~95 | 菠萝 | 7.0~13.0 | 85~90 |
| 猕猴桃 | -0.5~0 | 90~95 | 宽皮橘 | 4 | 90~95 |

　　大多数新鲜果品在入贮初期降温速度越快越好，入库产品的品温与库温的差别越小越有利于快速将贮藏产品冷却到最适贮藏温度。延迟入库时间，或者冷库温度下降缓慢，不能及时达到贮藏温度，会明显地缩短贮藏产品的贮藏寿命。入库时要做到降温快、温差小，就要从采摘时间、运输以及散热预冷等方面采取措施。实践证明，果品在入库前进行预冷，是加速降温和维持温度稳定的有效措施。

　　入库后可通过增加冷库单位容积的蒸发面积和采用压力泵将数倍于蒸发器蒸发量的制冷剂强制循环等措施，提高蒸发器的制冷效率，加速降温，有效降低产品的品温与库温的差别。但对有些产品应采取特定的降温方法，如鸭梨应采取逐步降温方法，避免贮藏中冷害的发生。

　　在选择和设定适宜贮藏温度的基础上，需维持库房中温度的稳定。温度波动太大，贮藏环境中的水分会发生过饱和和结露现象，造成产品失水加重。液态水的出现有利于微生物的活动繁殖，会导致病害发生，腐烂增加。因此，贮藏过程中温度的波动应尽可能小，最好控制在±0.5℃以内，尤其是在相对湿度较高时，更应注意降低温度波动幅度。

　　此外，库房所有部位温度要均匀一致，这对于长期贮藏的新鲜果品来说尤为重要。因为微小的温度差异，长期积累仍可明显

影响产品的贮藏质量。

（四）相对湿度管理

新鲜果品的贮藏也要求相对湿度保持稳定。要保持相对湿度的稳定，维持温度的恒定是关键。提高库内相对湿度可采用地面洒水、空气喷雾等措施，另外，用塑料薄膜单果套袋或以塑料袋作内衬等对产品进行包装，也可创造高湿的小环境。库房建造时，增设湿度调节装置是维持湿度，符合规定要求的有效手段。降低相对湿度可采用生石灰、草木灰等吸潮，也可以通过加强通风换气来达到降湿的目的。

库房中空气循环及库内外的空气交换可能会造成相对湿度的改变，蒸发器除霜时不仅影响库内的温度，也常引起湿度的变化，管理时须引起足够重视。

（五）通风换气

通风换气是机械冷藏库管理中的一个重要环节。通风换气的频率及持续时间应根据贮藏产品的种类、数量和贮藏时间的长短而定。对于新陈代谢旺盛的产品，通风换气的次数要多一些。产品贮藏初期，可适当缩短通风间隔的时间，如 10~15 天换气一次。当温度稳定后，通风换气可 1 个月 1 次。生产上，通风换气常在每天温度相对最低的晚上到凌晨这一段时间进行，雨天、雾天等外界湿度过大时不宜通风，以免库内湿度变化过大。

（六）贮藏产品的检查

新鲜果品在贮藏过程中，要进行贮藏条件（温度、湿度、气体成分）的检查和控制，并根据实际需要记录和调整。另外，还要定期对果品的外观、颜色、硬度、品质、风味进行检查，了解产品的质量状况，做到心中有数，发现问题及时采取相应的解决措施。对于不耐贮的新鲜果品每间隔 3~5 天检查一次，耐贮性好的可 15 天甚至更长时间检查一次。

此外，要注意库房设备的日常维护，及时处各种故障，保

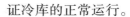

证冷库的正常运行。

（七）出库管理

出库时，若冷藏库内外有较大温差（通常超过 5℃），从冷库中取出的产品与周围温度较高的空气接触，会在产品的表面凝结水珠，就是通常所称的"出汗"现象，既影响外观，也容易受微生物的感染发生腐烂。因此，冷藏的果品蔬菜在出库时，最好预先进行适当的升温处理，升温最好在专用升温间、周转仓库或在冷藏库房穿堂中进行。升温的速度不宜太快，维持气温比果品温度高 3～4℃即可，直至果品温度比正常气温低 4～5℃为止。出库前需催熟的产品可结合催熟进行升温处理。

## 第三节　气调贮藏

气调贮藏，即调节气体贮藏，是当前国际上果蔬保鲜广为应用的现代化贮藏手段。它是将果蔬贮藏在不同于普通空气的混合气体中，其中 $O_2$ 含量较低 $CO_2$ 含量较高，有利于抑制果蔬的呼吸代谢，从而保持新鲜品质，延长贮藏寿命。气调贮藏是在冷藏基础上进一步提高贮藏效果的措施，包含着冷藏和气调的双重作用。1916—1920 年英国的 Kidd 和 West 发现采用密封箱贮藏苹果有较好的效果。在密闭条件下，果实由于呼吸消耗 $O_2$，同时积累 $CO_2$，在 $O_2$ 或 $CO_2$ 过低或过高时适当通气调整以利果实贮藏，他们称之为气体贮藏。后来，加拿大人 W. R. Philps 首先将气体贮藏更名为气调贮藏，简写为 CA 贮藏。MA 藏是指利用包装、覆盖、薄膜衬里等方法，使产品在改变了气体成分的条件下贮藏，其中的气体成分比例取决于薄膜的厚度和性质、产品呼吸和贮温等因素，故而也有人称之为自动改变气体成分贮藏。

## 一、气调贮藏的条件

气调贮藏法多用于果品和蔬菜的长期贮藏。因此，无论是外观或是内在品质都必须保证 原料产品的高质量，才能获得高质量的贮藏产品，取得较高的经济效益。入贮的产品要在最适宜的时期采收，不能过早或过晚，这是获得良好贮藏效果的基本保证。

### （一）$O_2$、$CO_2$和温度的配合

气调贮藏是在一定温度条件下进行的。在控制空气中的 $O_2$ 和 $CO_2$ 含量的同时，还要控制贮藏的温度，并且使三者得到适当的配合。

#### 1. 气调贮藏的温度要求

实践证明，采用气调贮藏法贮藏果品或蔬菜时，在比较高的温度下，也可能获得较好的贮藏效果。这是因为新鲜果品和蔬菜之所以能较长时间地保持其新鲜状态，是由于人们设法控制了果蔬的新陈代谢，尤其是抑制了呼吸代谢过程。这些抑制新陈代谢的手段主要是降低 温度、提高 $CO_2$ 浓度和降低 $O_2$ 浓度等，可见，这些条件均属于果蔬正常生命活动的逆境，而逆境的适度应用，正是保鲜成功的重要手段。任何一种果品或蔬菜，其抗逆性都有各自的限度：譬如，一些品种的苹果在常规冷藏的适宜温度是 0℃，如果进行气调贮藏，在 0℃下再加以高 $CO_2$ 和低 $O_2$ 的环境条件，则苹果会承受不住这三方面的抑制而出现 $CO_2$ 伤害等病症：这些苹果在气调贮藏时，其贮藏温度可提高到 3℃左右，这样就可以避免 $CO_2$ 伤害。绿色西红柿在 20~28℃进行气调贮藏的效果，约与在 10~13℃下普通空气中贮藏的效果相仿。由此看出，气调贮藏法对热带亚热带果蔬来说有着非常重要的意义，因为它可以采用较高的温度从而避免产品发生冷害。当然这里的较高温度也是很有限的，气调贮藏必须有适宜的低温配合，才能获

得良好的效果。

2. $O_2$、$CO_2$和温度的互作效应

气调贮藏中的气体成分和温度等条件，不仅个别地对贮藏产品产生影响，而且诸因素之间也会发生相互联系和制约，这些因素对贮藏产品起着综合的影响，亦即互作效应。气调贮藏必须重视这种互作效应，贮藏效果的好与差正是这种互作效应是否被正确运用的反映。取得良好贮藏效果$O_2$、$CO_2$和温度必须有最佳的配合。而当一个条件发生改变时，另外的条件也应随之作相应的调整，这样才可能仍然维持一个适宜的综合贮藏条件。不同的贮藏产品都有各自最佳的贮藏条件组合。但这种最佳组合不是一成不变的。当某一条件因素发生改变时，可以通过调整别的因素而弥补由这一因素的改变所造成的不良影响。因此，同一个贮藏产品在不同的条件下或不同的地区，会有不同的贮藏条件组合，都会有较为理想的贮藏效果。表 3 - 2 是部分果品和蔬菜的气调贮藏条件。

表 3 - 2　部分果蔬的气调贮藏条件

| 种类 | $O_2$（％） | $CO_2$（％） | 温度（℃） | 备注 |
|------|------------|-------------|-----------|------|
| 元帅苹果 | 2 ~ 3 | 1 ~ 2 | -1 ~ 0 | Stoll |
|  | 5 | 2.5 | 0 | 澳大利亚 |
| 金冠苹果 | 2 ~ 3 | 1 ~ 2 | -1 ~ 0 | 美国 |
|  | 2 ~ 3 | 3 ~ 5 | 3 | 法国 |
| 巴梨 | 4 ~ 5 | 7 ~ 8 | 0 | 日本 |
|  | 0.5 ~ 1 | 5 | 0 | 美国 |
| 柿 | 2 | 8 | 0 | 日本 |
| 桃 | 3 ~ 5 | 7 ~ 9 | 0 ~ 2 | 日本 |
| 香蕉 | 5 ~ 10 | 5 ~ 10 | 12 ~ 14 | 日本 |
| 蜜柑 | 10 | 0 ~ 2 | 3 | 日本 |
| 草莓 | 10 | 5 ~ 10 | 0 | 日本 |
| 番茄（绿） | 2 ~ 4 | 0 ~ 5 | 10 ~ 13 | 北京 |
|  | 2 ~ 4 | 5 ~ 6 | 12 ~ 15 | 新疆 |

（续表）

| 种类 | $O_2$（％） | $CO_2$（％） | 温度（℃） | 备注 |
|---|---|---|---|---|
| 番茄（半红） | 2～7 | ＜3 | 6～8 | 新疆 |
| 甜椒 | 3～6 | 3～6 | 7～9 | 沈阳 |
| | 2～5 | 2～8 | 10～12 | 新疆 |
| 洋葱 | 3～6 | 10～15 | 常温 | 沈阳 |
| | 3～6 | 8 | 常温 | 上海 |
| 花椰菜 | 15～20 | 3～4 | 0 | 北京 |
| | 2～3 | 0～3 | 0 | 沈阳 |
| 蒜薹 | 2～5 | 2～5 | 0 | 北京 |
| | 1～5 | 0～5 | 0 | 美国 |

调贮藏中，低 $O_2$ 有延缓叶绿素分解的作用，配合适量的 $CO_2$ 则保绿效果更好，这就是 $O_2$ 与 $CO_2$ 二因素的正互作效应。当贮藏温度升高时，就会加速产品叶绿素的分解，也就是高温的不良影响抵消了低 $O_2$ 及适量 $CO_2$ 对保绿的作用。

3. 贮前高 $CO_2$ 处理的效应

人们在实验和生产中发现，刚采摘的苹果大多对高 $CO_2$ 和低 $O_2$ 的忍耐性较强。在气调贮藏前给以高浓 $CO_2$ 处理，有助于加强气调贮藏的效果。美国华盛顿州贮藏的金冠苹果在 1977 年已经有 16% 经过高 $CO_2$ 处理，其中 90% 用气调贮藏。另外，将采后的果实放在 12～20℃下，$CO_2$ 浓度维持 90%，经 1～2 天可杀死所有的介壳虫，而对苹果没有损伤。经 $CO_2$ 处理的金冠苹果贮藏到 2 月，比不处理的硬度高 9.81N 左右，风味也更好些。1975 年，Couey 等报告，金冠苹果在气调贮藏之前，用 20% 的 $CO_2$ 处理 10d，既可保持硬度，也可减少酸的损失。

4. 贮前低 $O_2$ 处理

澳大利亚 Knoxfield 园艺研究所 Little 等（1978）用斯密斯品种苹果作材料，在贮藏之前，将苹果放在 $O_2$ 浓度为 0.2%～0.5% 的条件下处理 9 天，然后继续贮藏在 $CO_2$：$O_2$ 为 1.0：1.5

的条件下。结果表明，对于保持斯密斯苹果的硬度和绿色以及防止褐烫病和红心病，都有良好的效果，与 Fidler（1971）在橘苹苹果上的试验结果相同。由此看来，低 $O_2$ 处理或贮藏，可能形成气调贮藏中加强果实耐藏力的有效措施。

5. 动态气调贮藏

在不同的贮藏时期控制不同的气调指标，以适应果实从健壮向衰老不断地变化，气体成分的适应性也在不断变化的特点，从而得到有效的延缓代谢过程，保持更好的食用品质的效果，此法称之为动态气调贮藏，简称 DCA。西班牙 Alique 1982）在试验金冠苹果中，第 1 个月维持 $O_2 : CO_2 = 3 : 0$；第 2 个月为 $3 : 2$，以后为 $3 : 5$，温度为 2℃，湿度为 98%，贮藏 6 个月比一直贮于 $3 : 5$ 条件下的果实保持较高的硬度，含酸量比较高，呼吸强度较低，各种损耗也较少。

（二）气体组成及指标

1. 双指标、总和约为 21%

普通空气中含 $O_2$ 约 21%，$CO_2$ 仅为 0.03%。一般的植物器官在正常生活中主要以糖为底物进行有氧呼吸，呼吸商约为 1。所以贮藏产品在密封容器内，呼吸消耗掉的 $O_2$ 与释放出的 $CO_2$ 体积相等，即二者之和近于 21%。如果把气体组成定为两种气体之和为 21%，例如 10% 的 $O_2$、11% 的 $CO_2$，或 6% 的 $O_2$、15% $CO_2$，管理上就很方便。只要把蔬菜果品封闭后经一定时间，当 $O_2$ 浓度降至要求指标时 $CO_2$ 也就上升达到了要求的指标。此后，定期地或连续从封闭贮藏环境中排出一定体积的气体，同时充入等量新鲜空气，这就可以较稳定地维持这个气体配比。这是气调贮藏发展初期常用的气体指标。它的缺点是，如果 $O_2$ 较高（> 10%），$CO_2$ 就会偏低，不能充分发挥气调贮藏的优越性；如果 $O_2$ 较低（< 10%），又可能因 $CO_2$ 过高而发生生理伤害。将 $O_2$ 和 $CO_2$ 控制于相接近的指标（二者各约 10%），简称高 $O_2$ 高 $CO_2$ 指

标，可用于一些果蔬的贮藏，但其效果多数情况下不如低 $O_2$ 低 $CO_2$ 好。这种指标对设备要求比较简单。

**2. 双指标、总和低于21%**

这种指标的 $O_2$ 和 $CO_2$ 的含量都比较低，二者之和小于21%。这是国内外广泛应用的气调指标。在我国，习惯上把气体含量在 2%～5% 称为低指标，5%～8% 称为中指标。一般来说，低 $O_2$ 低 $CO_2$ 指标的贮藏效果较好，但这种指标所要求的设备比较复杂，管理技术要求较高。

**3. $O_2$ 单指标**

前述两种指标，都是同时控制 $O_2$ 和 $CO_2$ 于适当含量。为了简化管理，或者有些贮藏产品对 $CO_2$ 很敏感，则可采用 $O_2$ 单指标，就是只控制 $O_2$ 的含量，$CO_2$ 用吸收剂全部吸收。$O_2$ 单指标必然是一个低指标，因为当无 $CO_2$ 存在时，$O_2$ 影响植物呼吸的阈值大约为7%，$O_2$ 单指标必须低于7%，才能有效地抑制呼吸强度。对于多数果蔬来说，单指标的效果不如前述第二种指标，但比第一种方式可能要优越些，操作也比较简便，容易推广。

**（三）$O_2$ 和 $CO_2$ 的调节管理**

气调贮藏容器内的气体成分，从刚封闭时的正常气体成分转变到要求的气体指标，是一个降 $O_2$ 和升 $CO_2$ 的过渡期，可称为降 $O_2$ 期。降 $O_2$ 之后，则是使 $O_2$ 和 $CO_2$ 稳定在规定指标的稳定期。降 $O_2$ 期的长短以及稳定期的管理，关系到果蔬的贮藏效果好与坏。

**1. 自然降 $O_2$ 法（缓慢降 $O_2$ 法）**

封闭后依靠产品自身的呼吸作用使 $O_2$ 的浓度逐步减少，同时积累 $CO_2$

（1）放风法 每隔一定时间，当 $O_2$ 降至指标的低限或 $CO_2$ 升高到指标的高限时，开启贮藏容器，部分或全部换入新鲜空气，而后再进行封闭。

（2）调气法　双指标总和小于 21% 和单指标的气体调节，是在降 $O_2$ 期用吸收剂吸除超过指标的 $CO_2$，当 $O_2$ 降至指标后，定期或连续输入适量的新鲜空气，同时继续吸除多余的 $CO_2$，使两种气体稳定在要求指标。

自然降 $O_2$ 法中的放风法，是简便的气调贮藏法。此法在整个贮藏期间 $O_2$ 和 $CO_{22}$ 含量总在不断变动，实际不存在稳定期。在每一个放风周期之内，两种气体都有一次大幅度的变化。每次临放风前，$O_2$ 降到最低点，$CO_2$ 升至最高点，放风后，$O_2$ 升至最高点，$CO_2$ 降至最低点。即在一个放风周期内，中间一段时间 $O_2$ 和 $CO_2$ 的含量比较接近，在这之前是高 $O_2$ 低 $CO_2$ 期，之后是低 $O_2$ 高 $CO_2$ 期。这首尾两个时期对贮藏产品可能会带来很不利的影响。然而，整个周期内两种气体的平均含量还是比较接近，对于一些抗性较强的果蔬如蒜薹等，采用这种气调法，其效果远优于常规冷藏法。

（3）充 $CO_2$ 自然降 $O_2$ 法　封闭后立即人工充入适量 $CO_2$（10% ~ 20%），$O_2$ 则自然下降。在降 $O_2$ 期不断用吸收剂吸除部分 $CO_2$，使其含量大致与 $O_2$ 接近。这样 $O_2$ 和 $CO_2$ 同时平行下降，直到两者都达到要求指标。稳定期管理同前述调气法。这种方法是借 $O_2$ 和 $CO_2$ 的拮抗作用，用高 $CO_2$ 来克服高 $O_2$ 的不良影响，又不使 $CO_2$ 过高造成毒害。据试验，此法的贮藏效果接近人工降 $O_2$ 法。

2. 人工降 $O_2$ 法（快速降 $O_2$ 法）

利用人为的方法使封闭后容器内的 $O_2$ 迅速下降，$CO_2$ 迅速上升。实际上该法免除了降 $O_2$ 期，封闭后立即进入稳定期。

（1）充氮法　封闭后抽出容器内的大部分空气，充入氮气，由氮气稀释剩余空气中的 $O_2$，使其浓度达到要求指标。有时充入适量 $CO_2$，使之立即达到要求浓度。而后的管理同前述调气法。

（2）气流法　把预先由人工按要求指标配制好的气体输入封闭容器内，以代替其中的全部空气。在以后的整个贮藏期间，始终连续不断地排出部分气体和充入人工配制的气体，控制气体的流速使内部气体稳定在要求指标。

人工降 $O_2$ 法由于避免了降 $O_2$ 过程的高 $O_2$ 期，所以，能比自然降 $O_2$ 法进一步提高贮藏效果。然而，此法要求的技术和设备较复杂，同时消耗较多的氮气和电力。

## 二、气调贮藏的方法

气调贮藏的操作管理主要是封闭和调气两部分。调气是创造并维持产品所要求的气体组成（如前所述）。封闭是杜绝外界空气对所要求的气体环境的干扰破坏。目前国内外的气调贮藏，按其封闭的设施来看可分为两类，一类是气调冷藏库，一类是塑料薄膜封闭气调法。

### （一）气调冷藏库

气调冷藏库首先要有机械冷库的性能，还必须有密封的性能，以防止漏气，确保库内气体组成的稳定。

用预制隔热嵌板建库。嵌板两面是表面呈凹凸状的金属薄板（镀锌钢板或铝合金板等），中间是隔热材料聚苯乙烯泡沫塑料，采用合成的热固性粘合剂将金属薄板牢固地粘结在聚苯乙烯泡沫塑料板上。嵌板用铝制成工字形的构件从内外两面连接，在构件内表面涂满可塑性的丁基玛碲酯，使接口完全、永久地密封。在墙角、墙脚以及墙和天花板等转角处，皆用直角形铝制构件拼连，并用特制的铆钉固定。这种预制隔热嵌板，既可以隔热防潮，又可以作为隔气层。地板是在加固的钢筋水泥底板上，用一层塑料薄膜（多聚苯乙烯等）作为隔气层（0.25mm），一层预制隔热嵌板（地坪专用），再加一层加固的10cm厚的钢筋混凝土为地面。为了防止地板由于承受荷载而使密封破裂，在地板和墙的交接处的地板上留一平缓的槽，在槽内也灌满不会硬化的可塑酯（粘合剂）。

比较先进的做法是在建成的库房内进行现场喷涂泡沫聚氨酯（聚氨基甲酸酯），采用此法可以获得性能非常优异的气密结构并兼有良好的保温性能，5.0～7.6cm厚的泡沫聚氨酯可相当于10cm厚的聚苯乙烯的保温效果。喷涂泡沫聚氨酯之前，应先在墙面上涂一层沥青，然后分层喷涂，每层厚度约为1.2cm，直到喷涂达到所要求的总厚度。

气调贮藏库的库门要做到密封是比较困难的，通常有两种做法。第一，只设一道门，既是保温门又是密封门，门在门框顶上的铁轨上滑动，由滑轮联挂。门的每一边有两个，总共8个插锁把门拴在门框上。把门拴紧后，在四周门缝处涂上不会硬化的粘合剂密封。第二，设两道门，第一道是保温门，第二道是密封门。通常第二道门的结构很轻巧，用螺钉铆接在门框上，门缝处再涂上玛琦酯加强密封。另外，各种管道穿过墙壁进入库内的部位都需加用密封材料，不能漏气。通常要在门上设观察窗和手洞，方便观察和检验取样。

气调库必须进行气密性试验，排除漏点后，方可投入使用。气调库在运行过程中，由于库内温度的波动或者气体的调节会引起压力的波动。当库内外压力差达到58.8Pa时，必须采取措施释放压力，否则会损坏库体结构。具体办法是安装水封装置，当库内正压超过58.8Pa时，库内空气通过水封溢出；当库内负压超过58.8Pa时，库外的空气通过水封进入库内，自动调节库内外压力差，不超过58.8Pa。

气调库的主要设备有：气体发生器，其基本装置是一个催化反应器。在反应器内，将$O_2$和燃料气体如丙烷或天然气进行化学反应而形成$CO_2$和水蒸气。用于反应的$O_2$来自库内的空气。由于库内空气不断地循环通过反应器，因而库内$O_2$不断地降低而达到所要求的浓度。

$CO_2$ 吸附器，其作用是除去贮藏过程中贮藏产品呼吸释放的以及气体发生器在工作时所放出的 $CO_2$。当 $CO_2$ 继续积累超过一定限度时，将库内空气引入 $CO_2$ 吸附器中的喷淋水、碱液或石灰水中，或者引入堆放消石灰包的吸收室中，吸收部分 $CO_2$，使库内 $CO_2$ 维持适宜的浓度。活性炭 $CO_2$ 脱除机内的活性炭吸附 $CO_2$ 达到饱和时，用新鲜空气吹洗，使 $CO_2$ 脱附。$CO_2$ 脱除机有两个吸附罐，当一个罐吸附 $CO_2$ 时，另一个同时进行脱附。

气体发生器和 $CO_2$ 吸附器配套使用，就可以随意调节和快速达到所要求的气体成分。

气调库内的制冷负荷要求比一般的冷库要大，因为装货集中，要求在很短时间内将库温降到适宜贮藏的温度。气调贮藏库还有湿度调节系统、气体循环系统以及气体、温度和湿度的分析测试记录系统等。这些都是气调贮藏库的常规设施。

（二）塑料薄膜封闭气调法

20 世纪 60 年代以来，国内外对塑料薄膜封闭气调法开展了广泛的研究，并在生产中广泛应用，在果品和蔬菜保鲜上发挥着重要的作用。薄膜封闭容器可安装在普通冷库内或通风贮藏库内，以及窑洞、棚窖等简易贮藏场所内。它使用方便、成本较低，还可以在运输中使用。

塑料薄膜封闭贮藏技术能非常广泛地应用于果蔬的贮藏，是因为塑料薄膜除使用方便、成本低廉外，还具有一定透气性这一重要的特点。通过果蔬的呼吸作用，会使塑料袋（帐）内维持一定的 $O_2$ 和 $CO_2$ 比例，加上人为的调节措施，会形成有利于延长果蔬贮藏寿命的气体成分。

1963 年以来，人们开展了对硅橡胶在果蔬贮藏上应用的研究，并取得成功，使塑料薄膜在果蔬贮藏上的应用变得更便捷、更广泛。

硅橡胶是一种有机硅高分子聚合物，它是由有取代基的硅氧烷单体聚合而成，以硅氧键相联形成柔软易曲的长链，长链之间以弱电性松散地交联在一起。这种结构使硅橡胶具有特殊的透气性。首先，硅橡胶薄膜对 $CO_2$ 的透过率是同厚度聚乙烯膜的 200～300 倍，是聚氯乙烯膜的 20 000 倍。第二，硅橡胶膜对气体具有选择性透性，其对 $N_2$、$O_2$ 和 $CO_2$ 的透性比为 1：2：12，同时对乙烯和一些芳香物质也有较大的透性。利用硅橡胶膜特有的性能，在用较厚的塑料薄膜（如 0.23mm 聚乙烯）做成的袋（帐）上嵌上一定面积的硅橡胶，就做成一个有气窗的包装袋（或硅窗气调帐），袋内的果品或蔬菜进行呼吸作用释放出的 $CO_2$ 通过气窗透出袋外，而所消耗掉的 $O_2$ 则由大气透过气窗进入袋内而得到补充。由于硅橡胶具有较大的 $CO_2$ 与 $O_2$ 的透性比，且袋内 $CO_2$ 的进出量是与袋内的浓度成正相关。因此，贮藏一定时间之后，袋内的 $CO_2$ 和 $O_2$ 进出达到动态平衡，其含量就会自然调节到一定的范围。

有硅橡胶气窗的包装袋（帐）与普通塑料薄膜袋（帐）一样，是利用薄膜本身的透性自然调节袋中的气体成分。因此，袋内的气体成分必然是与气窗的特性、厚薄、大小，袋子容量、装载量，果实的种类、品种、成熟度，以及贮藏温度等因素有关。要通过试验研究，最后确定袋（帐）子的大小、装量和硅橡胶窗的大小。封闭方法和管理如下。

1. 垛封法

贮藏产品用通气的容器盛装，码成垛。垛底先铺垫底薄膜，在其上摆放垫木，将盛装产品的容器垫空。码好的垛子用塑料帐罩住，帐子和垫底薄膜的四边互相重叠卷起并埋入垛四周的小沟中，或用其他重物压紧，使帐子密闭。也可以用活动贮藏架在装架后整架封闭。比较耐压的一些产品可以散堆到帐架内再行封帐。帐子选用的塑料薄膜一般厚度为 0.07～0.20mm 的聚乙烯或聚氯乙烯。在塑料帐的两端设置袖口（用塑料薄膜制成），供充气及垛内气体循环时插入管道之用。可从袖口取样检查，活动硅橡胶窗也是通过袖口与帐子相连接的。帐子还要设取气口，以便测定气体成分的变化，也可从此充入气体消毒剂，平时不用时把气口塞闭。为使器壁的凝结水不侵蚀贮藏产品，应设法使封闭帐悬空，不使之贴紧产品。帐顶部分的凝结水的排除，可加衬吸水层，还可将帐顶做成屋脊形，以免凝结水滴到产品上。

塑料薄膜帐的气体调节可使用气调库调气的各种方法。帐子上设硅橡胶窗可以实现自动调气。

2. 袋封法

将产品装在塑料薄膜袋内，扎口封闭后放置于库房内。调节气体的方法有：定期调气或放风。用 $0.06 \sim 0.08 mm$ 厚的聚乙烯薄膜做成袋子，将产品装满后入库，当袋内的 $O_2$ 减少到低限或 $CO_2$ 增加到高限时，将全部袋子打开放风，换入新鲜空气后再进行封口贮藏。自动调气，采用 $0.03 \sim 0.05 mm$ 的塑料薄膜做成小包装。因为塑料膜很薄，透气性很好，在较短的时间内，可以形成并维持适当的低 $O_2$ 高 $CO_2$ 的气体成分而不致造成高 $CO_2$ 伤害。该方法适用于短期贮藏、远途运输或零售的包装。

在袋子上，依据产品的种类、品种和成熟度及用途等而确定粘贴一定面积的硅橡胶膜后，也可以实现自动调气。

塑料薄膜封闭贮藏时，袋（帐）子内部因有产品释放呼吸热，所以内部的温度总会比库温高一些，一般有 $0.1 \sim 1℃$ 的温差。另外，塑料袋（帐）内部的湿度较高，接近饱和。塑料膜正处于冷热交界处，在其内侧常有一些凝结水珠。如果库温波动，则帐（袋）内外的温差会变得更大、更频繁，薄膜上的凝结水珠也就更多。封闭帐（袋）内的水珠还溶有 $CO_2$，pH 值约为 5。这种酸性溶液滴到果蔬上，既有利于病菌的活动，对果蔬也会不同程度地造成伤害。封闭容器内四周的温度因受库温的影响而较低，中部的温度则较高，这就会发生内部气体的对流。其结果是较暖的气体流至冷处，降温至露点以下便析出部分水汽形成凝结水；这种气体再流至暖处，温度升高，饱和差增大，因而又会加强产品的蒸腾作用。这种温湿度的交替变动，就像有一台无形的抽水机，不断地把产品中的水抽出来变成凝结水。也可能并不发生空气对流，而由于温度较高处的水气分压较大，该处的水气会向低温处扩散，同样导致高温处产品的脱水而低温处的产品凝水。所以薄膜封闭贮藏时，一方面是帐（袋）内部湿度很高，另一方面产品仍然有较明显的脱水现象。解决这一问题的关键在于力求库温保持稳定，尽量减小封闭帐（袋）内外的温差。

# 第四节　新技术在贮藏中的应用

## 一、减压贮藏

减压贮藏技术是果蔬等许多食品保藏的又一个技术创新，是气调冷藏技术的进一步发展。1966 年 Burg 等发现在低于大气压条件下贮藏果实，有抑制成熟的作用。这一新方法被称为减压贮藏或低气压贮藏。其具体做法是将果实放在能承受压力的箱中贮藏，用真空泵抽空，维持 0.02 ~ 0.05MPa，温度为 15 ~ 24℃，空气通过贮藏箱将产品贮藏中所释放的挥发物质带走。由于部分的真空作用，易引起果蔬的脱水；故此，在空气进入箱内以前，需先通过清水加湿。试验结果说明，在低压条件下香蕉的贮藏寿命成倍地延长，莱姆在 15℃ 和 0.02MPa 下试验，有 50% 的果实由绿转黄的时间由对照的 10 天增加到 56 天。Saluhke 等（1973）对杏、桃、樱桃、梨和苹果等果实进行了试验，在 0.06MPa、0.04MPa 和 0.01MPa 的压力和 0℃ 的条件下，结果发现对照杏的贮藏期为 53 天，在 0.01MPa 下贮藏的达到 90 天；对照桃贮藏了

66 天，在 0.01MPa 下贮藏的达到 93 天；樱桃在 0.01MPa 下贮藏了 93 天，对照果实只贮藏了 60 天；梨在普通冷藏条件下贮藏 3~5 个月，在 0.06MPa 下贮藏了 5 个月，在 0.04MPa 下贮藏了 7 个月，在 0.01MPa 下贮藏了 8 个月；红星苹果在 0.04MPa 下比对照的贮藏期延长了 3.5 个月，金冠苹果延长了 2.5 个月。在低压条件下贮藏的果实，硬度的降低和叶绿素的降解较缓慢，糖和酸的损失延迟。当贮藏环境气压比正常大气压下降 0.01MPa 左右时，芹菜、莴苣等蔬菜的贮藏期可延长 20%~90%。

在 0.01MPa 的低压条件下，真菌形成孢子受到抑制，气压越低，抑制真菌的生长和孢子形成的作用越显著。

用低压贮藏易腐果品和蔬菜的主要优点是：降低 $O_2$ 的供应量从而降低了果蔬呼吸强度和乙烯产生的速度。产品释放的乙烯随时被排除，从而也排除了促进成熟和衰老的重要因素。排出了果实释放的其他挥发性物质如 $CO_2$、乙醛、乙酸乙酯和 α - 法尼烯等，有利于减少果实的生理病害。

当气压降到正常空气的 1/10 时，$O_2$ 的浓度从 21% 降到 2.1%，这是大多数苹果贮藏时适宜的 $O_2$ 浓度。已经成熟而未进入完熟的苹果，内部乙烯浓度只有约 0.1mg/kg，不足以对果实催熟。在 0.01MPa 下，果实中乙烯浓度降到 0.01mg/kg，完全没有催熟的作用。完熟的苹果内乙烯浓度可达 100mg/kg 以上，在 0.01 个 MPa 下，果实内乙烯浓度也可降到 10mg/kg 以下，但仍有催熟的作用。因此，采用减压贮藏苹果，也必须是处于乙烯开始大量产生以前。果实在高温中会加速乙烯产生，也不宜于减压贮藏。

## 二、辐射处理

从 20 世纪 40 年代开始，许多国家对原子能在食品保藏上的应用进行了广泛的研究，取得了重大成果。马铃薯、洋葱、大蒜、蘑菇、石刁柏、板栗等蔬菜和果品，经辐射处理后，作为商品已大量上市。辐射对贮藏产品的影响介绍如下。

1. 干扰基础代谢过程，延缓成熟与衰老

各国在辐射保藏食品上主要是应用 $^{60}$Co 或 $^{137}$C$_S$ 为放射源的 γ 射线来照射。γ 射线是一种穿透力极强的电离射线，当其穿过生活机体时，会使其中的水和其他物质发生电离作用，产生游离基或离子，从而影响到机体的新陈代谢过程，严重时则杀死细胞。由于照射剂量不同，所起的作用有差异：

低剂量：1 000Gy 以下，影响植物代谢，抑制块茎、鳞茎类发芽，杀死寄生虫。

中剂量：1 000～10 000Gy，抑制代谢，延长果蔬贮藏期，阻止真菌活动，杀死沙门氏菌。

高剂量：10 000～50 000Gy，彻底灭菌。

用 γ 射线辐照块茎、鳞茎类蔬菜可以抑制其发芽，剂量为 1.29～3.87Gy/kg。用 5.16Gy/kg。照射姜时抑芽效果很好，剂量再高则反而引起腐烂。

2. 辐射对产品品质的影响

用 600Gy γ 射线处理 Carabao 芒果，在 26.6℃下贮藏 13 天后，其胡萝卜素的含量没有明显变化，其维生素 C 也无大的损失。同剂量处理的 Okrong 芒果在 17.7℃下贮藏，其维生素 C 变化同 Carabao。与对照相比，这些处理过的芒果可溶性固形物，特别是蔗糖都增加得较慢。同时，不溶于酒精的固形物、可滴定酸和转化糖也减少得较慢。

对芒果辐射的剂量，从 1 000Gy 提高到 2 000Gy 时，会大大增强其多酚氧化酶的活性，这是较高剂量使芒果组织变黑的原因。

用 400Gy 以下的剂量处理香蕉，其感官特性优于对照。番石榴和人心果用 γ 射线处理后维生素 C 没有损失。500Gy γ 射线处

理菠萝后，不改变其理化特性和感官品质。

3. 抑制和杀死病菌及害虫

许多病原微生物可被 γ 射线杀死，从而减少贮藏产品在贮藏期间的腐败变质。炭疽病对芒果的侵染是致使果实腐烂的一个严重问题。在用热水浸洗处理之后，接着用 1 050 Gy γ 射线处理芒果果实，会大大减少炭疽病的侵害。用热水处理番木瓜后，再用750 ~ 1 000 Gy γ 射线处理，收到了良好的贮藏效果。如果单用此剂量辐射，则没有控制腐败的效果。较高的剂量则对番木瓜本身有害，会引起表皮褪色，成熟不正常。用 2 000 Gy 或更高一些的剂量处理草莓，可以减少腐烂。1 500 ~ 2 000 Gy γ 射线处理法国的各种梨，能消灭果实上的大部分病原微生物。用 1 200 Gy 的 γ射线照射芒果，在 8.8℃下贮藏 3 个星期后，其种子中的象鼻虫会全部死亡。河南和陕西等地用 504 ~ 672 Gy γ 射线照射板栗，达到了杀死害虫的目的。

### 三、电磁处理

（一）磁场处理

产品在一个电磁线圈内通过，控制磁场强度和产品移动速度，使产品受到一定剂量的磁力线切割作用。或者流程相反，产品静止不动，而磁场不断改变方向（S、N 极交替变换）。据日本公开特许（1975）介绍，水分较多的水果（如蜜柑、苹果之类）经磁场处理，可以提高生理活力，增强抵抗病变的能力。水果在磁力线中运动，在组织生理上总会产生变化，就同导体在磁场中运动要产生电流一样。这种磁化效应虽然很小，但应用电磁测量的办法，可以在果蔬组织内测量出电磁场反应的现象。

（二）高压电场处理

一个电极悬空，一个电极接地（或做成金属板极放在地面），两者间便形成不均匀电场，产品置于电场内，接受间歇的，或连续的，或一次的电场处理。可以把悬空的电极做成针状负极，由许多长针用导线并联而成。针极的曲率半径极小，在升高的电压下针尖附近的电场特别强，达到足以引起周围空气剧烈游离的程度而进行自激放电。这种放电局限在电极附近的小范围内，形成流注的光辉，犹如月环的晕光，故称电晕。因为针极为负极，所以空气中的正离子被负电极所吸引，集中在电晕套内层针尖附近；负离子集中在电晕套外围，并有一定数量的负离子向对面的正极板移动。这个负离子气流正好流经产品而与之发生作用。改变电极的正负方向则可产生正离子空气。另一种装置，是在贮藏室内用悬空的电晕线代替上述的针极，作用相同。

可见，高压电场处理，不只是电场单独起作用，同时还有离子空气的作用。还不止此，在电晕放电中还同时产生 $O_3$，$O_3$ 是极强的氧化剂，有灭菌消毒、破坏乙烯的作用。这几方面的作用是同时产生不可分割的。所以，高压电场处理起的是综合作用，在实际操作中；有可能通过设备调节电场强度、负离子和 $O_3$ 的浓度。

（三）负离子和 $O_3$ 处理

据实验，对植物的生理活动，正离子起促进作用，负离子起抑制作用。因此，在贮藏方面多用负离子空气处理。当只需要负离子的作用而不要电场作用时，可改变上述的处理方法，产品不在电场内，而是按电晕放电使空气电离的原理制成负离子空气发生器，借风扇将离子空气吹向产品，使产品在发生器的外面接受离子淋沐。

# 第四章　常见果蔬贮藏技术

## 第一节　常见果品贮藏技术

### 一、苹果贮藏

苹果是我国栽培的主要果树之一，主要分布在北方各省区。苹果产量占我国果品产量的第一位。苹果品种多，耐藏性好，是周年供应的主要果品。

（一）贮藏特性

苹果品种不同，耐藏性差异很大，早熟品种如黄魁、早生旭、早金冠、伏锦、丹顶、祝光等，采收期早，不耐长期贮藏，采后随即供应市场和短期贮藏。中晚熟品种，如红玉、金冠、元帅、红冠、红星、倭锦、鸡冠等比较耐贮，但条件不当时，贮藏后果肉易发绵。晚熟品种如国光、青香蕉、印度、醇露、可口香、富士等品种耐藏性好，可贮藏至翌年 6～7 月份。我国选育的苹果新品种，如秦冠、向阳红、胜利、青冠、葵花、双秋、红国光、香国光、丹霞、宁冠、宁锦等都属于质优耐贮品种。

（二）采收

苹果属于呼吸跃变型果实。适时采收，关系到果实的质量和贮藏寿命。一般以果实已充分发育、表现出品种应有的商品性状时采收为宜，即在呼吸跃变高峰之前一段时间采收较耐贮藏。采收过晚，贮藏中腐烂率明显增加；采收过早，其外观色泽、风味都不够好，不耐贮藏。

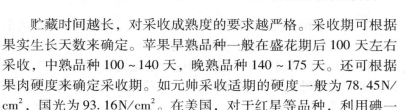

贮藏时间越长，对采收成熟度的要求越严格。采收期可根据果实生长天数来确定。苹果早熟品种一般在盛花期后 100 天左右采收，中熟品种 100 ~ 140 天，晚熟品种 140 ~ 175 天。还可根据果肉硬度来确定采收期。如元帅采收适期的硬度一般为 78.45N/cm$^2$，国光为 93.16N/cm$^2$。在美国，对于红星等品种，利用碘一碘化钾溶液的染色反应来确定适宜的采收期。

为了保证果实品质，提高贮藏质量，苹果的采收应分批采摘。采摘最好选晴天，一般在上午 10 时前或下午 4 时以后采摘。采摘时要防止一切机械损伤，勿使果梗脱落和折断。

（三）贮藏条件

1. 温度

对于多数苹果品种，贮藏适温为 -1 ~ 0℃。气调贮藏的适温比一般冷藏高 0.5 ~ 1℃。苹果贮藏在 -1℃ 比 0℃ 的贮藏寿命约延长 25%，比在 4 ~ 5℃约延长 1 倍。低温贮藏还可抑制虎皮病、红玉斑点病、苦痘病、衰老褐变病等的发展。贮藏温度过低，引起冻结也会降低果实硬度和缩短贮藏寿命。如旭、红玉在 -1 ~ 0℃贮藏会引起生理失调、产生低温伤害、缩短贮藏寿命，这些品种适宜贮藏在 2 ~ 4℃。

即使是同一品种，在不同地区和不同年份生产的果实，对低温伤害的敏感性也不同，所以其贮藏适温有所差异。如秋花皮苹果在夏季凉爽和秋季冷凉的年份生长的果实，会严重发生虎皮病，以在 -2℃贮藏较好；而在夏季炎热和秋季温暖的年份生长的果实，易因低温而发生果肉褐变，以 2 ~ 4℃贮藏较好。

有的苹果品种会发生几种生理病害，这就要以当地最易发生的病害为主要依据，采用适宜的贮藏温度。如元帅苹果虎皮病发病率因贮藏温度不同而异，贮藏温度为 4℃、2℃、0℃ 和 -2℃ 的病果率相应为 82%、74%、25%、18%，据此，元帅的贮藏温度以 -2 ~ 0℃较适宜。

有时低温伤害也用逐渐降温的方法防治，如澳大利亚大陆生产的红玉易发生低温褐变，采收后先在 2℃ 贮藏 1 个月，以后再逐渐降至 0℃，发病减少。意大利的金冠是先在 3℃ 贮至大部分果实开始变黄时，再降至 1 ~ 1.5℃，贮藏寿命最长。

### 2. 湿度

苹果贮藏的适宜湿度为 85% ~ 95%。贮藏湿度大时，可降低自然损耗和褐心病的发展。当苹果失重 4.4% 时，褐心病为 4%；失重 8.8% 时，褐心病为 20%。但湿度过大又可增加低温伤害和衰老褐变病的发展，相对湿度自 87% 增至 93%，可增加橘苹苹果的低温褐变病。相对湿度超过 90% 时，则加重红玉和橘苹衰老褐变病的发展。在利用自然低温贮藏苹果时，也常发现湿度大的窖和塑料薄膜袋中会发生更多的裂果。此外，湿度大可加重微生物引致的病害，增加腐烂损失。

贮藏环境中相对湿度的控制与贮藏温度有密切关系，贮藏温度较高时，相对湿度可稍低些，否则高温高湿易造成微生物引起的腐烂。贮藏温度适宜，相对湿度可稍高。

### 3. 气体成分

适当地调节贮藏环境的气体成分，可延长苹果的贮藏寿命，保持其鲜度和品质。一般认为，当贮藏温度为 0 ~ 20℃ 时，$O_2$ 含量为 2% ~ 4%，$CO_2$ 3% ~ 5% 比较适宜。必须强调的是，不同品种、不同产地和不同贮藏条件下的气调条件，必须通过试验和生产实践来确定。盲目照搬必然会给贮藏生产造成损失。

（四）贮藏方式

苹果的贮藏方式很多，我国各苹果产区因地制宜利用当地的自然条件，创造了各种贮藏方式。如简易贮藏、冷藏、气调贮藏等，现分别叙述如下。

### 1. 预贮

9 ~ 10 月是苹果的采收期，这个时期的气温和果温都比较高。利用自然通风降温的各种简易贮藏设施的温度也较高。如果采收后的苹果直接入库，会使贮藏场所长时间保持高温，对贮藏不利。因此，贮前必须对果实实施预贮，同时加强通风换气，尽可能地降低贮藏场所的温度。预贮时，要防止日晒雨淋，多利用夜间的低温进行。

　　各地在生产实践中创造了许多行之有效的预贮方法。如山东烟台地区沟藏苹果的预贮，其方法是在果园内选择荫凉高燥处，将地面加以平整，把经过初选的果实分层堆放起来，一般堆放4～6层，宽1.3～1.7m，四周培起土埂，以防果实滚动。白天盖席遮阳，夜间揭开降温，遇雨时覆盖。至霜降前后气温、果温和贮藏场所温度下降至贮藏适温时，将果实转至正式贮藏场所。也可将果实放在荫棚下或空房子里进行预贮，达到降温散热的目的。如果贮藏场所可以迅速降温，入库量也较少，可以直接入库贮藏，效果会更好。

　　2. 沟藏

　　沟藏是北方苹果产区的贮藏方式之一。因其条件所限，适于贮藏耐藏的晚熟品种，贮期可达5个月左右，损耗较少，保鲜效果良好。

　　山东烟台地区的做法是：在适当场地上沿东西长的方向挖沟，宽1～1.5m，深1m左右，长度随贮量和地形而定，一般长20～25m，可贮苹果10 000kg左右。沟底要整平，在沟底铺3～7cm厚的湿沙。果实在10月下旬至11月上旬入沟贮藏，经过预贮的果实温度应为10～15℃，果堆厚度为33～67cm，苹果入沟后的一段时间果温和气温都较高，应该白天遮盖，夜晚揭开降温。至11月下旬气温明显下降时用草盖等覆盖物进行保温，随着气温的下降，逐渐加厚保温层至33cm。为防止雨雪落入沟里，应在覆盖物上加盖塑料薄膜，或者用席搭成屋脊形棚盖。入冬后要维持果温在－2～2℃，一般贮至翌年3月左右。春季气温回升时，苹果需迅速出沟，否则很快腐烂变质。

甘肃武威的沟藏苹果，与上述做法类似。只是沟深为 1.3 ～ 1.7m 深，宽为 2.0m 宽，苹果装筐入沟，在沟底及周围填以麦草，筐上盖草。到 12 月中旬，沟内温度达到 –2℃ 时，再在草上覆土。

传统沟藏法冬季主要以御寒为主，降温作用很差。近年来有些产区采用改良地沟，提高了降温效果。主要做法是：结合运用聚氯乙烯薄膜（0.05 ～ 0.07mm 厚果品专用保鲜膜），小包装，容量为 15 ～ 25kg 一袋。还需 10cm 厚经过压实的草质盖帘。在入贮前 7 ～ 10 天将挖好的沟预冷，即夜间打开草帘，白天盖严，使之充分降温。入贮后至封冻前继续利用夜间自然低温，通过草帘的开启，使沟和入贮果实降温，当沟内温度低于 –3℃ 时，果温在冰点以上，即将沟完全封严，次年白天气温高于 0℃，夜间气温低于沟内温度时，再恢复入贮初期的管理方法，直到沟内的最高温度高于 10℃ 时，结束贮藏。入贮后 1 个月内需注意气体指标和果实质量变化，及时进行调整。要选用型号、规格相宜的塑料薄膜，使其自发调气，起到自发气调保藏的作用。

3. 窑窖贮藏

窑窖贮藏苹果，是我国黄土高原地区古老的贮藏方式，结构合理的窑窖，可为苹果提供较理想的温度、湿度条件。如山西祁县，窑内年均温不超过 10℃，最高月均温不超过 15℃。如在结构上进一步改善，在管理水平上进一步提高，可达到窑内年均温不超过 8℃，最高月均温不超过 12℃。窑窖内采用简易气调贮藏，能取得更好的贮藏效果，国光、秦冠、富士等晚熟品种能贮藏到次年 3—4 月，果实损耗率比通风库少 3% 左右。

土窑洞加机械制冷贮藏技术，是近几年在山西、陕西等苹果产区大面积普及、行之有效的贮藏方法。土窑洞贮藏法与其他简易贮藏方法一样，存在着贮藏初期温度偏高，贮藏晚期（翌年

3~4月）升温较快的缺点，限制了苹果的长期贮藏。机械制冷技术用在窑洞温度的调节上，克服了窑洞贮藏前、后期的高温对苹果的不利影响，使窑洞贮藏苹果的质量安全赶上了现代冷库的贮藏效果。窑洞内装备的制冷设备只是在入贮后运行两个月左右，当外界气温降到可以通风而维持窑内适宜贮温时，制冷设备即停止运行，翌年气温回升时再开动制冷设备，直至果实完全出库。

窑窖贮藏管理技术，是苹果贮藏保鲜的关键。从果实入库到封冻前的贮藏初期，要充分利用夜间低温降低窖温，至 0℃ 为止。中期重点要防冻。为了加大窑内低温土层的厚度。要在不冻果、不升温的前提下，在窑外气温不低于 -6℃ 的白天，继续打开门和通气孔通风，通风程度掌握在窑温不低于 -2℃ 即可。次年春天窑外气温回升时，要严密封闭门和通气孔，尽量避免窑外热空气进入窑内。

4. 通风库和机械冷库贮藏

通风库在我国的许多地方大量地应用于苹果贮藏。由于它是靠自然气温调节库内温度，所以，其主要的缺点也是秋季果实入库时库温偏高，初春以后也无法控制气温回升引起的库温回升，严重地制约了苹果贮藏寿命。山东果树研究所研究设计的 10℃冷凉库，就是在通风库的基础上，增设机械制冷设备，使苹果在入库初期就处于 10℃ 以下的冷凉环境，有利于果实迅速散除田间热。入冬以后就可以停止冷冻机组运行，只靠自然通风就可以降低并维持适宜的贮藏低温。当翌年初春气温回升时又可以开动制冷设备，维持 0~4℃ 的库温。

10℃冷凉库的建库成本和设备投资大大低于正规冷库，它解决了通风库贮藏前、后期库温偏高的问题，是一种投资少、见效快、效果好的节能贮藏方法。库内可采用硅窗气调大帐和小包装气调贮藏技术，进一步提高果实贮藏质量，延长苹果贮藏寿命。

苹果冷藏的适宜温度因品种而异，大多数晚熟品种以 $-1 \sim$ 0℃为宜，空气相对湿度为 90% $\sim$ 95%。苹果采收后，最好尽快冷却到 0℃左右，在采收后 1 $\sim$ 2 天内入冷库，入库后 3 $\sim$ 5 天内冷却到 $-1 \sim$ 0℃。

5. 气调贮藏

目前，国内外气调贮藏主要用于苹果。对于不宜采用普通冷藏温度，要求较高贮温的品种，如旭、红玉等，为了避免贮温高促使果实成熟和微生物活动，应用气调贮藏是一种有效的补救方法。我国各地不同形式的气调法贮藏元帅、金冠、国光、秦冠及近年栽培的许多新品种，都有延长贮藏期的效果。气调贮藏的苹果颜色好、硬度大、贮藏期长。气调贮藏可减轻红玉斑点病、虎皮病、衰老褐变病等，还可以减轻微生物引致的腐烂病害和失水萎蔫。气调贮藏的苹果移到空气中时，呼吸作用仍较低，可保持气调贮藏的后效，因而变质缓慢。

常用的气调贮藏方式有塑料薄膜袋、塑料薄膜帐和气调库贮藏。

（1）塑料薄膜袋贮藏　苹果采后就地预冷、分级后，在果箱或筐中衬以塑料薄膜袋，装入苹果，扎紧袋口，每袋构成一个密封的贮藏单位。目前应用的是聚乙烯或无毒聚氯乙烯薄膜，厚度多为 0.04 $\sim$ 0.06mm。

苹果采收后正处在较高温度下，后熟变化很快。利用薄膜袋包装造成的气调贮藏环境，可有效地延缓后熟过程。上海果品公司利用薄膜包装运输苹果，获得很好的效果。如用薄膜包装运输红星苹果，经 8 天由产地烟台运至上海时的硬度为 $7.2\text{kg/cm}^2$，冷藏 6 个月后硬度为 $5.6\text{kg/cm}^2$，对照分别为 $4.6\text{kg/cm}^2$ 和 $3.1\text{kg/cm}^2$。

（2）塑料薄膜帐贮藏　在冷藏库、土窑洞和通风库内，用塑料薄膜帐将果垛封闭起来进行贮藏。薄膜大帐一般选用 0.1 $\sim$

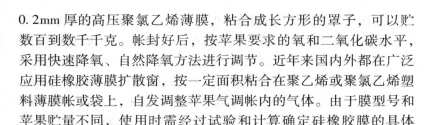

0.2mm 厚的高压聚氯乙烯薄膜，粘合成长方形的罩子，可以贮数百到数千千克。帐封好后，按苹果要求的氧和二氧化碳水平，采用快速降氧、自然降氧方法进行调节。近年来国内外都在广泛应用硅橡胶薄膜扩散窗，按一定面积粘合在聚乙烯或聚氯乙烯塑料薄膜帐或袋上，自发调整苹果气调帐内的气体。由于膜型号和苹果贮量不同，使用时需经过试验和计算确定硅橡胶膜的具体面积。

（3）气调库贮藏　库内的气体成分、贮藏温度和湿度能够根据设计水平自动精确控制，是理想的贮藏手段。采收后的苹果最好在 24h 之内入库冷却并开始贮藏。

苹果气调贮藏的温度，可以比一般冷藏温度提高 0.5 ~ 1℃。对 $CO_2$ 敏感的品种，贮温还可高些，因为在一般贮藏温度（0 ~ 4℃）下，提高温度可减轻 $CO_2$ 伤害。容易感受低温伤害的品种贮温稍高，对减轻伤害有利。

苹果气调贮藏只降低 $O_2$ 浓度即可获得较好的效果。但对多数品种来说，同时再增加一定浓度的 $CO_2$，则贮藏效果更好，不同苹果品种对 $CO_2$ 忍耐程度不同，有的对 $CO_2$ 很敏感，一般不超过 2% ~ 3%，大多数品种能忍耐 5%，还有一些品种如金冠在 8% ~ 10% 也无伤害。

近年来，有人提出了苹果气调贮藏开始时用较高浓度的 $CO_2$ 做短期预处理，例如金冠用 15% ~ 18% 经 10 天预处理，再转入一般气调贮藏条件，可有效地保持果实的硬度。苹果贮藏初期用高浓度 $CO_2$ 处理，我国也在研究应用，同时把变动温度和气体成分几种措施组合起来。由中国农业科学院果树研究所、中国科学院上海植物生理研究所、山东省农业科学院果树研究所、山西省农业科学院果树研究所等 4 个单位（1989）共同研究的苹果双向变动气调贮藏，取得了良好的效果。具体做法是：苹果贮藏 150 ~ 180 天，入贮时温度在 10 ~ 15℃ 维持 30 天，然后在 30 ~ 60

天降低到0℃，以后一直维持（0±1）℃；气体成分在最初30天高温期 $CO_2$ 在12%～15%，以后60天内随温度降低相应降至6%～8%，并一直维持到结束，$O_2$ 控制在3%±1%。这种处理获得很好的效果，优于低温贮藏，与标准气调（0℃，$O_2$3%、$CO_2$2%～3%）结果相近似。这种做法，简称双变气调（TD-CA）。该方法由于在贮藏初期利用自然气温，温度较高，可克服 $CO_2$ 的伤害作用，保留了对乙烯生成和作用的抑制，大大延缓了果实成熟衰老，有效地保持了果实硬度，从而达到了较好的贮藏效果。

苹果气调贮藏中，有乙烯积累，可以用活性炭或溴饱和的活性炭吸收除去。如小塑料袋包装贮藏红星苹果，放入果重0.05%的活性炭，即可保持果实较高的硬度。乙烯还可用 $KMnO_4$ 除去，如用洗气器将 $KMnO_4$ 液喷淋，或用吸收饱和 $KMnO_4$ 溶液的多孔性载体物质吸收。

**二、梨贮藏**

（一）贮藏特性

梨较耐贮藏，其贮藏特性与苹果相似，是我国大批量长期贮藏的重要果品。梨的品种很多，耐藏性各异。从梨的系统来分，有白梨系统、沙梨系统、秋子梨系统和洋梨系统。白梨系统梨的大部分品种耐贮藏，如鸭梨、雪花梨、酥梨、长把梨、库尔勒香梨、秋白梨等果肉脆嫩多汁，耐贮藏，是当前生产中主要贮藏品种。白梨系统的蜜梨、笨梨、安梨、红霄梨极耐贮藏，而且经过贮藏后采收时酸涩粗糙的品质得以改善。秋子梨系统中多数优良品种不耐贮藏，只有南果梨、京白梨等较耐贮藏。砂梨系统的品种耐贮性不及白梨，其中晚三吉梨、今村秋梨等耐贮。西洋梨系统原产欧洲，引入我国栽培的品种很少，主要有巴梨、康德梨等，它们采后肉质极易软化，耐贮性差，在常温下只能放置几天，在冷藏条件下可贮藏 1～2 个月。

（二）采收

采收期直接影响梨的贮藏效果。梨的成熟度通常依据果面的颜色、果肉的风味及种子的颜色来判断。绿色品种当果面绿色渐减，呈绿色或绿黄色，具固有芳香，果梗易脱离果苔，种子变为褐色，即为适度成熟的象征，当果面铜绿色或绿褐色的底色上呈现黄色和黄褐色，果梗易脱离果苔时，即显示成熟；如果呈浓黄色或半透明黄色，则为过熟的象征。西洋梨如果任其在树上成熟，因果肉变得疏松软化，甚至引起果心腐败而不宜贮运，故应在果实成熟但肉质尚硬时采收。标准为：果实已具本品种应有的形状、大小，果面绿色减退呈绿黄，果梗易脱离果枝等。

采收既要做到适时，又要力求减少伤害。由于梨果皮的结构松脆，在采收及其他各个环节中，易遭受碰、压、刺伤害，对此应予以重视。

（三）贮藏条件

一般认为略高于冰点温度是果实的理想贮藏温度。梨的冰点温度是 -2.1℃，但是中国梨是脆肉种，贮藏期间不宜冻结，否则解冻后果肉脆度很快下降，风味、品质变劣。中国梨的适宜贮藏温度为 0～1℃，气调贮藏可稍高些。洋梨系统的大多数品种适宜的贮藏温度为 -1～0℃，只有在 -1℃ 才能明显地抑制后熟，延长贮藏寿命。有些品种如鸭梨等对低温比较敏感，采收后立即在 0℃ 下贮藏易发生冷害，它们要经过缓慢降温后再维持适宜的低温。

冷藏条件下，贮藏梨的适宜湿度为 90%～95%。常温库由于温度偏高，为了减少腐烂，空气湿度可低些，保持在 85%～90% 为宜。大多数梨品种由于本身的组织学特性，在贮藏中易失水而造成萎蔫和失重，在较高湿度下，可以减少蒸散失水和保持新鲜品质。

许多研究表明，除洋梨外，绝大多数梨品种不如苹果那样适于气调贮藏，它们对 $CO_2$ 特别敏感。如鸭梨，当环境中 $CO_2$ 浓度高于1%时，就会对果实造成伤害。因此，贮藏时应根据梨的品种特性，制定适宜的贮藏技术。

（四）贮藏方式

用于苹果贮藏的沟藏、窑窖贮藏、通风库贮藏、机械冷库贮藏等方式均适用于梨贮藏。各贮藏方式的管理也与苹果基本相同，故实践中可以参照苹果的贮藏方式与管理进行。

需要强调指出的是，鸭梨、酥梨等品种对低温比较敏感，如果立即入0℃库贮藏，果实易发生黑皮、黑心或者二者兼而发生的生理病变。根据目前的研究结果，采用缓慢降温法，可减轻或避免上述病害的发生，即果实入库后，从13～15℃降到10℃，每天降1℃；从10℃降到6℃，每2～3天降1℃；从6℃降到0℃，每3～4天降1℃。整个降温过程需经35～40天。

如果采用气调贮藏，适宜的气体组合，品种间差异较大，必须通过试验和生产实践来确定。国外一些国家的气调贮藏，多在洋梨上应用。

### 三、柑橘贮藏

柑橘是世界上重要果品种类之一。在我国主要分布在长江流域及其以南地区。其产量和面积仅次于苹果。柑橘的贮藏在延长柑橘果实的供应期上占有重要地位。

（一）贮藏特性

柑橘类包括柠檬、柚、橙、柑、橘5个种类，每个种类又有许多品种。由于不同种类、品种果实的理化性状、生理特性之差异，它们的贮藏性差异很大。一般来说，柠檬最耐贮藏，其余种类的贮藏性依次为柚类、橙类、柑类和橘类。但是有的品种并不符合这一排列次序，如蕉柑就比脐橙耐贮藏。同种类不同品种的

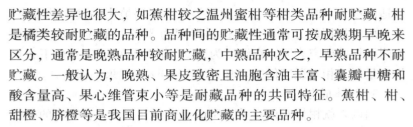

贮藏性差异也很大，如蕉柑较之温州蜜柑等柑类品种耐贮藏，柑是橘类较耐贮藏的品种。品种间的贮藏性通常可按成熟期早晚来区分，通常是晚熟品种较耐贮藏，中熟品种次之，早熟品种不耐贮藏。一般认为，晚熟、果皮致密且油胞含油丰富、囊瓣中糖和酸含量高、果心维管束小等是耐藏品种的共同特征。蕉柑、柑、甜橙、脐橙等是我国目前商业化贮藏的主要品种。

（二）贮藏条件

1. 温度

果实原产于气候温暖的地区，长期的系统发育决定了果实容易遭受低温伤害的特性。所以柑橘贮藏的适宜温度必须与这一特性相适应。一般而言，橘类和橙类较耐低温，柑类次之，柚类和柠檬则适宜在较高温度下贮藏。

华南农业大学园艺系等对广东主要柑橘品种甜橙、蕉柑和椪柑，采用 1～3℃、4～6℃、7～9℃、10～12℃和常温 5 种贮藏温度进行比较试验，结果认为采用甜橙 1～3℃、蕉柑 7～9℃、椪柑 10～12℃比较适宜，贮藏 4 个月皆无生理失调现象。蕉柑贮温低于 7℃，柑低于 10℃易患水肿病。同时对广东产的伏令夏橙和化州橙进行贮藏适温试验，结果表明这两种橙亦是适宜贮藏在 1～3℃。推荐柠檬的贮藏适温为 12～14℃，如果长时期贮藏在 3～11℃则易发生囊瓣褐变。

另据报道，同为伏令夏橙，在美国佛罗里达州 3 月成熟采收，采用 0～1℃贮藏温度；但在亚利桑那州，3 月和 6 月采收的贮藏适温分别是 9℃和 6℃。由此可见，同一品种由于产地或采收期不同，贮藏适温就有很大不同。因此，生产上确定柑橘的贮藏适温时，除了考虑种类和品种外，还必须考虑产地、栽培条件、成熟度、贮藏期长短等诸多因素。

2. 湿度

不同类柑橘对湿度要求不一，甜橙和柚类要求较高的湿度，最适湿度为90%~95%。宽皮柑类在高湿环境中易发生枯水病，故一般应控制较低的湿度，最适湿度为80%~85%。日本贮藏温州蜜柑的研究表明，在温度为3℃，相对湿度85%条件下，烂果率最低；相对湿度低于80%或高于90%，烂果率都增高。

### 3. 气体成分

国内外就柑橘对低$O_2$高$CO_2$的反应研究很多，各方面的报道很不一致。日本推荐温州蜜柑贮藏的气体条件是：东部地区$O_2$10%左右（不小于6%），$CO_2$1%~2%；西部地区$O_2$浓度同上，$CO_2$<1%，$O_2$降至3%~5%时易发生低氧伤害。国内推荐几种柑橘贮藏的气体条件是：甜橙要求$O_2$10%~15%，$CO_2$<3%；温州蜜柑$O_2$10%，$CO_2$<1%。如果环境中$O_2$过低或$CO_2$过高，果实就会发生缺$O_2$伤害或$CO_2$伤害，果实组织中的乙醇和乙醛含量增加，发生水肿病。如果环境中低$O_2$和高$CO_2$同时并存，就会加重加快果实的生理损伤。

### （三）贮藏技术要点

### 1. 适时无损采收

柑橘属典型的非跃变型果实，缺乏后熟作用，在成熟中的变化比较缓慢，不软化，这与仁果类、核果类、香蕉有明显不同。因此，柑橘果实采收成熟度一定要适当，早采与迟采都影响果实产量、质量和耐贮性。通常当果实着色面积达3/4，肉质具有一定弹性，糖酸比达到该品种应有的比例，表现出该品种固有风味时采摘。我国温州蜜柑适宜采收的糖酸比大约为（10~13）:1，早橘、本地早、橘为（11~16）:1，蕉柑、柑为（12~15）:1。除柠檬外，不宜早采，尤其不能"采青"。采摘最好根据成熟度分期分批进行，要尽量减少损伤。

### 2. 晾果

对于在贮藏中易发生枯水病的宽皮柑类品种，贮藏前将果实在冷凉、通风的场所放置几日，使果实散失部分水分，轻度萎蔫，俗称"发汗"，对减少枯水病、控制褐斑病有一定效果，同时还有愈伤、预冷和减少果皮遭受机械损伤的作用。

晾果最好在冷凉通风的室内或凉棚内进行。有的地方在果实入库后，日夜开窗通风，降温降湿，使果实达到"发汗"的标准。一般控制宽皮柑失重率达 3% ~ 5%，甜橙失重率为 3% ~ 4%。

3. 防腐保鲜处理

柑橘在贮藏期间的腐烂主要是真菌为害，大部分属田间侵入的潜伏性病害。除了采前杀菌外，采后及时进行防腐处理也是行之有效的防治办法。目前常用的杀菌剂有噻菌灵（涕必灵）、多菌灵、硫菌灵、桔腐净（主要含仲丁胺和 2,4 – D）以及克霉灵。按有效成分计，杀菌剂使用浓度为 0.05% ~ 0.1%，2,4 – D 浓度为 0.025% ~ 0.01%，二者混用。采收当天浸果效果最好，限 3 天内处理完毕。如有必要，杀菌剂可与蜡液或其他被膜剂混用。另外，将包果纸或纸板用联苯的石蜡或矿物油热溶液浸渍，可以防止在运输中果实腐烂。

4. 严格挑选和塑料薄膜单果包

如果说柑橘 CA 贮藏和 MA 贮藏有风险的话，塑料薄膜单果包已经被实践证明，是柑橘贮藏、运输、销售过程中简便易行、行之有效的一种保鲜措施，对减少果实蒸腾失水、保持外观新鲜饱满、控制褐斑病均有很好的效果，柑橘营销中广泛应用。塑料薄膜袋一般用厚度大约为 0.02mm 的红色或白色塑料薄膜规格大小依所装柑橘品种的大小而异。柑橘采收后，经过药剂处理，晾干果面，严格剔除伤、病果，即可一袋一果进行包装，袋口用手拧紧或者折口，折口朝下放人包装箱中，或用塑料真空封口机包装的效果会更好些。

塑料薄膜单果包对橙类、柚类和柑类的效果明显好于橘类，低温条件下的效果明显好于高温度。

（四）贮藏方式

**1. 常温贮藏**

柑橘常温贮藏是热带亚热带水果长期贮藏成功的例子。贮藏方式很多。根据各地条件与习惯，如地窖、通风库、防空洞甚至比较阴凉的普通民房都可以使用，只要采收和采后处理严格操作，都可以取得良好效果。通风库贮藏柑橘是目前我国柑橘的主要贮藏方式。

常温贮藏受外界气温影响较大，因此，温度管理非常关键，根据对南充甜橙地窖内温度和湿度的调查资料，整个贮藏期的平均温为 15℃，12 月以前 15℃，1～2 月最低为 12℃，3～4 月一般在 18℃左右。不难看出，各时期的温度均高于柑橘贮藏的适温，故定期开启窖口或通风口，让外界冷凉空气进入窖内而降温，是贮藏中一项非常重要的工作。需要指出的是，通风库贮藏柑橘常常是湿度偏低，为此，有条件时可在库内安装加湿器，通过喷布水雾提高湿度。也可通过向地面、墙壁上洒水，或者在库内放置盛水器，通过水分蒸发增加库内的湿度。

**2. 冷藏**

冷库贮藏是保证柑橘商品质量、提高贮藏效果的理想贮藏方式。也是大规模商品化贮藏的需要。冷库贮藏的温度和湿度依贮藏的种类和品种而定。冷库要注意换气，排出过多的 $CO_2$ 等有害气体，因为柑橘类果实对 $CO_2$ 比较敏感。

**四、葡萄贮藏**

葡萄是我国的主要果品之一，主要产区在长江流域以北，目前我国葡萄产量的 80% 左右用于酿酒等加工品，大约 20% 用于鲜食，贮藏鲜食葡萄的仍不多，鲜食葡萄的数量和质量远远满足不了日益增长的市场需求。

（一）品种贮藏特性

葡萄品种很多，其中大部分为酿酒品种，适合鲜食与贮藏的主要品种有巨峰、黑奥林、龙眼、牛奶、黑罕、玫瑰香、保尔加尔等。近年我国从美国引种的红地球（又称晚红，商品名叫美国红提）、秋红（又称圣诞玫瑰）、秋黑等品种颇受消费者和种植者的关注，认为是我国目前栽培的所有鲜食品种中经济性状、商品性状和贮藏性状最佳的品种。用于贮藏的品种必须同时具备商品性状好和耐贮运两大特征。品种的耐贮运性是其多种性状的综合表现，晚熟、果皮厚韧，果肉致密，果面和穗轴上富集蜡质，果刷粗长，糖酸含量高等都是耐贮运品种具有的性状。

葡萄的冰点一般在 $-3℃$ 左右，因果实含糖量不同而有所不同，一般含糖量越高，冰点越低。因此，葡萄的贮藏温度以 $-1 \sim 0℃$ 为宜，在极轻微结冰之后，葡萄仍能恢复新鲜状态。葡萄需要较高的相对湿度，适宜的 RH 为 $90\% \sim 95\%$，相对湿度偏低时，会引起果梗脱水，造成干枝脱粒。降低环境中 $O_2$ 浓度提高 $CO_2$ 浓度，对葡萄贮藏有积极效应。目前有关葡萄贮藏的气体指标很多，尤其是 $CO_2$ 的指标差异比较悬殊，这可能与品种、产地以及试验方法等有关。一般认为 $O_2 2\% \sim 4\%$、$CO_2 3\% \sim 5\%$ 的组合适合于大多数葡萄品种，但在气调贮藏实践中还应慎重采用。

（二）采收

葡萄属于非跃变型果实，无后熟变化，应该在充分成熟时采收。充分成熟的果实，干物质含量高，果皮增厚、韧性强、着色好、果霜充分形成，耐贮性增强。因此，在气候和生产条件允许的情况下，尽可能延迟采收期。河北昌黎葡萄产区的果农在棚架葡萄大部分落叶之后仍将准备贮藏的葡萄留在植株上，在葡萄架上盖草遮荫，以防阳光直射使果温升高，使葡萄有足够的时间积累糖分，充分成熟。与此同时，气温也逐渐下降，有利于入窖贮藏。

采收前 7 ~ 10 天必须停止灌溉，否则贮藏期间会造成大量腐烂。采收时间要选天气晴朗、气温较低的上午进行。最好选着生在葡萄蔓中部向阳面的果穗留作贮藏。采摘时用剪刀将果穗剪下，并剔除病粒、虫粒、破粒、穗尖未成熟小粒等。采收后就地分级包装，挑选穗大、紧密适度、颗粒大小均匀、成熟度一致的果穗进行贮藏。装好后放在阴凉通风处待贮。

（三）贮藏方式

目前葡萄贮藏方式主要有窖（或窑洞）贮藏、冷库贮藏和塑料薄膜封闭贮藏。

山西太原等地葡萄产区，在普通室内搭两层架，不用包装，将葡萄一穗穗码在架上，堆 30 ~ 40cm 高，最上面覆纸防尘，方法十分简便。由于堆存时果温已经很低，堆内不至发热，只要做到不破伤果粒，果穗又不带田间病害，一般不会发生腐烂损失，并能贮藏较长时期。也有在窑洞贮藏的。在辽宁、吉林等地，果农多在房前（葡萄架下）屋后建造地下式或半地下式永久性小型通风窖，一般长 6m、宽 2.8m、高 2.3 ~ 2.5m，可贮葡萄3 000kg 左右。可在窖内搭码，也可在窖内横拉几层铁丝挂贮。

在产地利用自然低温贮藏葡萄，一般需经常洒水提高窖内相对湿度，防止干枝和脱粒，若管理得当，可贮至春节以后。

冷库贮藏葡萄的温度应严格控制在 −1 ~ 0℃。据研究表明，葡萄贮藏在 0.5℃的腐烂率是 0℃的 2 ~ 3 倍。相对湿度保持在90% ~ 95%。在贮藏过程中，可根据葡萄的耐低温能力，调节贮藏温度。通常情况下，贮藏前期的葡萄耐低温能力比后期强，在前期库温下限控制在 −1℃，干旱年份可控制在 −1.5℃，随着贮藏时间的延长温度应适当提高。在生产中要求葡萄入库时迅速降温，同时要保持库温的恒定，库温的波动不应超过 ±0.5℃。

冷藏时用薄膜包装贮藏葡萄，贮藏效果好于一般冷藏。塑料

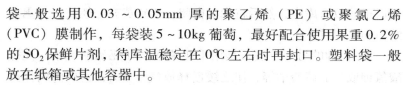

袋一般选用 0.03 ~ 0.05mm 厚的聚乙烯（PE）或聚氯乙烯
（PVC）膜制作，每袋装 5 ~ 10kg 葡萄，最好配合使用果重 0.2%
的 $SO_2$ 保鲜片剂，待库温稳定在 0℃ 左右时再封口。塑料袋一般
放在纸箱或其他容器中。

近年来，微型冷库在葡萄贮藏上取得了巨大成功。具体做法
是：选择优质果穗，采收后装入内衬 PVC 葡萄专用保鲜袋的箱
中，果穗间隙加入葡萄保鲜剂，扎紧袋口，当日运往微型冷库，
在（-1±0.5）℃ 敞口预冷 10 ~ 12h，扎紧袋口码垛，于 -1 ~
0℃ 贮藏即可。

（四）防腐技术

葡萄贮藏中最易发生的问题是腐烂、干枝与脱粒。在贮藏中
保持较高相对湿度的同时，采用适当的防腐措施，既可延缓果梗
的失水干枯，使之较长时间维持新鲜状态，减少落粒，又可以有
效地阻止真菌繁殖，减少腐烂。

$SO_2$ 处理是目前提高葡萄贮藏效果普遍采用的方法。$SO_2$ 气体
对葡萄上常见的真菌病害如灰霉菌等有强烈的抑制作用，只要使
用剂量适当，对葡萄皮不会产生不良影响。而且用 $SO_2$ 处理过的
葡萄，其代谢强度也受到一定的抑制，但高浓度的 $SO_2$ 会严重损
害果实。

$SO_2$ 处理葡萄的方法，可以用 $SO_2$ 气体直接来熏蒸，或者燃
烧硫黄进行熏蒸，也可用重亚硫酸盐缓慢释放 $SO_2$ 进行处理，可
视具体情况而选用适当的方法。将入冷库后筐装或箱装的葡萄堆
码成垛，罩上塑料薄膜帐，以每 $1m^3$ 帐内容积用硫黄 2 ~ 3g 的剂
量，使之完全燃烧生成 $SO_2$，熏 20 ~ 30min，然后揭帐通风。在
适当密闭的葡萄冷库中，可以直接用燃烧硫黄生成的 $SO_2$ 进行熏
蒸。为了使硫黄能够充分燃烧，每 30 份硫黄可拌 22 份硝石和 8
份锯末。将药放在陶瓷或搪瓷盆中，盆底放一些炉灰或者干沙
土，药物放于其上。每座库内放置 3 ~ 4 个药盆，药盆在库外点

燃后迅速放入库中，然后将库房密闭，待硫黄充分燃烧后，熏蒸约30min即可。

$SO_2$处理的另一方法，是用重亚硫酸盐如亚硫酸氢钠、亚硫酸氢钾或焦亚硫酸钠等，使之缓慢释放气体$SO_2$，达到防腐保鲜的目的。处理时先将重亚硫酸盐与研碎的硅胶混合均匀，比例是亚硫酸盐1份和硅胶2份混合，将混合物包成小包或压成小片，每包混合物3~5g，根据容器内葡萄的重量，按大约含重亚硫酸盐0.3%的比例放入混合药物。箱装葡萄上层盖1~2层纸，将小包混合药物放在纸上，然后堆码。还可以用干燥锯末代替硅胶以节约费用，锯末要经过晾晒，降温，无臭无味，在锯末中混合重亚硫酸盐，或将重亚硫酸盐均匀地撒在锯末上。目前生产上塑料薄膜包装贮藏葡萄中应用的保鲜片剂亦属$SO_2$释放剂。

用$SO_2$处理葡萄时，剂量的大小要因品种、成熟度而调节，须经试验而确定。一般以帐内浓度为$10~20mg/m^3$时比较安全。低则不能起到防腐作用，高则发生漂白作用，造成严重损失。

$SO_2$对人的呼吸道和眼睛有强烈的刺激作用，操作管理人员进出库房应戴防护面具。$SO_2$溶于水形成$H_2SO_3$，对铁、锌、铝等金属有强烈的腐蚀作用，因此库房中的机械装置应涂抗酸漆以保护。由于$SO_2$对大部分果蔬有损害作用，所以除葡萄以外的果品和蔬菜不能与之混存。

采用溴氯乙烷和仲丁胺熏蒸也可防止葡萄腐烂，提高贮藏效果。

### 五、香蕉贮藏

香蕉属热带水果，世界可栽培地区仅限于南北纬30°以内。在产区香蕉整年都可以开花结果，供应市场。因此，香蕉保鲜问题是运销而非长期贮藏。

（一）贮藏待性

我国原产的香蕉优良品种高型蕉主要有广东的大种高把、高脚、顿地雷、齐尾，广西高型蕉，台湾、福建和海南省的台湾北蕉。中型蕉有广东的大种矮把、矮脚地雷。矮型蕉有广东高州矮香蕉、广西那龙香蕉、福建的天宝蕉、云南河口香蕉。近年引进的有澳大利亚主栽品种"威廉斯"。

香蕉是典型的呼吸跃变型果实。跃变期间，果实内源乙烯明显增加，促进呼吸作用的加强。随着呼吸高峰的出现，占果实20%左右的淀粉不断水解，丹宁物质发生转化，果实逐步从硬熟到软熟，涩味消失，释放出浓郁香味。果皮由绿逐步转成全黄，当全黄果出现褐色小斑点（俗称梅花斑）时，已属过熟阶段。由此可知，呼吸跃变一旦出现，就意味着进入不可逆的衰老阶段。香蕉保鲜的任务就是要尽量延迟呼吸跃变的出现。

降低环境温度是延迟呼吸跃变到来的有效措施。但是香蕉对低温十分敏感，12℃是冷害的临界温度。轻度冷害的果实果皮发暗，不能正常成熟，催熟后果皮黄中带绿，表面失去光泽，果肉失去香味。冷害严重的，果皮变黑、变脆，容易折断，难于催熟，果肉生硬而无味，极易感染病菌，完全丧失商品价值。冷害是香蕉夏季低温运输或秋冬季北运过程不可忽视的问题。一般认为 11～13℃ 是广东香蕉的最适贮温。适于香蕉贮藏的湿度条件是 85%～95%。许多研究结果表明，高 $CO_2$ 和低 $O_2$ 组合气体条件可以延迟香蕉的后熟进程，因为在此条件下，乙烯的形成和释放受到了抑制。

（二）贮藏技术要点

香蕉的成熟度习惯上多用饱满度来判断。在发育初期，果实棱角明显，果面低陷，随着成熟，棱角逐渐变钝，果身渐圆而饱满。贮运的香蕉要在七八成饱满度采收，销地远时饱满度低，销地近饱满度高。饱满度低的果实后熟慢，贮藏寿命长。

机械损伤是致病菌侵染的主要途径，伤口还刺激果实产生伤呼吸、伤乙烯，促进果实黄熟，更易腐败。另外，香蕉果实对摩擦十分敏感，即使是轻微的擦伤，也会因受伤组织中鞣质的氧化或其他酚类物质暴露于空气中而产生褐变，从而使果实表面伤痕累累，俗称"大花脸"，严重影响商品外观。这正是目前我国香蕉难以成为高档商品的重要原因之一。因此，香蕉在采收、落梳、去轴、包装等环节上应十分注意，避免损伤。在国际进出口市场，用纸盒包装香蕉，大大减少了贮运期间的机械损伤。

（三）贮藏方式

根据香蕉本身生理特性，商业贮藏不宜采用常温贮藏方式。对未熟香蕉果实采用冷藏方式，可降低其呼吸强度，推迟呼吸高峰的出现，从而可延迟后熟过程而达到延长贮藏寿命的目的。多数情况下，选择的温度范围是 $11 \sim 16℃$。贮藏库中即使只有微量的乙烯，也会使贮藏香蕉在短时间内黄熟，以致败坏。因此，香蕉冷藏作业中另一个关键的措施，是适当的通风换气。

利用聚乙烯薄膜贮藏亦可延长香蕉的贮藏期，但塑料袋中贮藏时间过长，可能会引起高浓度的 $CO_2$ 伤害，同时乙烯的积累也会产生催熟作用，故一般塑料袋包装都要用乙烯吸收剂和 $CO_2$ 吸收剂，贮藏效果更好。据报道，广东顺德香蕉采用聚乙烯袋包装（0.05mm，10kg/袋），并装入吸收饱和高锰酸钾溶液的碎砖块200g，消石灰100g，于 $11 \sim 13℃$ 下贮藏，贮藏30天后，袋内 $O_2$ 为3.8%，$CO_2$ 为10.5%，果实贮藏寿命显著延长。

### 六、桃、李和杏贮藏

桃、李和杏都属于核果类果实。此类果实成熟期正值一年中气温较高的季节果实采后呼吸十分旺盛，很快进入完熟衰老阶段。因此，一般只作短期贮藏，以避开市场旺季和延长加工时间。

（一）贮藏特性

桃、李和杏不同品种间的耐藏性差异很大。一般早熟品种不耐贮藏和运输，如水蜜桃和五月鲜桃等。中晚熟品种的耐贮运性较好，如肥城桃、深州蜜桃、陕西冬桃等较耐贮运，大久保、白凤、冈山白、燕红等品种也有较好的耐藏性。离核品种、软溶质品种等的耐藏性差。李和杏的耐藏性与桃类似。

桃、李和杏均属呼吸跃变型果实，低温、低 $O_2$ 和高 $CO_2$ 都可以减少乙烯的生成量和作用而延长贮藏寿命。

桃、李和杏对低温比较敏感，很容易在低温下发生低温伤害。在 $-1℃$ 以下就会引起冻害。一般贮藏适温为 $0.1℃$。果实在贮藏期比较容易失水，要求贮藏环境有较高的湿度，桃和杏要求 RH 为 90% ~95%，李为 RH 85% ~90%。

（二）采收和预贮

果实的采收成熟度是影响果实贮藏效果的主要因素。采收过早会影响果实后熟中的风味发育，而且易遭受冷害；采收过晚，则果实会过于柔软，易受机械伤害而造成大量腐烂。因此，要求果实既要生长发育充分，能基本体现出其品种的色香味特色，又能保持果实肉质紧，此时为适宜的采摘时间，即果实达到七八成熟时采收。需特别注意的是果实在采收时要带果柄，否则果柄剥落处容易引起腐败。李的果实在采收时常带 1 ~3 片叶子，以保护果粉，减少机械伤。

桃、李和杏的包装容器宜小而浅，一般以 5 ~10kg 为宜。采收后迅速预冷并采用冷链运输的桃，贮藏寿命延长。桃预冷有风冷和 0.5 ~1.0℃ 冷水冷却两种形式，生产上常用冷风冷却。

（三）贮藏方式

1. 常温贮藏

桃不宜采取常温贮藏方式，但由于运输和货架保鲜的需要，可采取一定的措施来延长桃的常温保鲜寿命。

（1）钙处理　用 0.2% ~ 1.5% 的 $CaCl_2$ 溶液浸泡 2min 或真空浸渗数小时桃果，沥干液体，裸放于室内，对中、晚熟品种可提高耐贮性。

（2）热处理　用 52℃ 恒温水浸果 2min，或用 54℃ 蒸汽保温 15min，可杀死病原菌孢子，防止腐烂。

（3）薄膜包装　一种是用 0.02 ~ 0.03mm 厚的聚氯乙烯袋单果包，也可与钙处理或热处理联合使用效果更好。另一种是特制保鲜袋装果。天津果品保鲜研究中心研制成功的 HA 系列桃保鲜袋，厚 0.03mm，该袋通过制膜时加入离子代换性保鲜原料，可防止贮期发生 $CO_2$ 伤害，其中 HA - 16 用于桃常温保鲜效果显著。

2. 冷库贮藏

在 0℃，RH 90% 的条件下，桃可贮藏 15 ~ 30 天。在冷藏过程中间歇升温处理可避免或减轻冷害，延长贮藏寿命。果实在 -0.5 ~ 0℃ 低温下冷藏，每隔 2 周左右加温至室温（18 ~ 20℃）1 ~ 3 天，之后恢复低温贮藏。

3. 气调贮藏

国外推荐采用 0℃，1% $O_2$ +5% $CO_2$ 的条件贮藏油桃，贮藏期可达 45 天，比普通冷藏延长 1 倍。而我国对水蜜桃系的气调标准尚在研究之中，部分品种上采用冷藏加改良气调，得到贮藏 60 天以上未发生果实衰败，最长贮藏 4 个月的结果。在没有条件实现标准气调（CA）时，可采用桃保鲜袋加气调保鲜剂进行简易气调贮藏（MA）。具体做法为：桃采收预冷后装入冷藏专用保鲜袋，附加气调，扎紧袋口，袋内气体成分保持在 $O_2$ 0.8% ~ 2%，$CO_2$ 3% ~ 8%，大久保、燕红、中秋分别贮藏 40 天、55 ~ 60 天、60 ~ 70 天，果实保持正常后熟能力和商品品质。

### 七、柿子贮藏

（一）贮藏特性

我国的河北、河南、山西、陕西等地均有较大面积的柿子栽培。柿子的品种很多，一般可分为涩柿和甜柿两大类。涩柿品种多，涩柿在软熟前不能脱涩，采用人工脱涩或后熟才能食用。甜柿在树上软熟前即能完成脱涩。

通常晚熟品种比早熟品种耐贮，如河北的大盖柿（磨盘柿）、莲花柿，山东的牛心柿、镜面柿，陕西的火罐柿、鸡心柿等都是质优且耐贮藏的品种。甜柿中的富有、次郎等品种贮藏性好。

（二）采收

贮藏的柿果，一般在 9 月下旬至 10 月上旬采收，即在果实成熟而果肉仍然脆硬，果面由青转淡黄色时采收。采收过早，脱涩后味寡质粗。甜柿最佳采收期是皮色变红的初期。

采收时将果梗自近蒂部剪下，要保留完好的果蒂，否则果实易在蒂部腐烂。

（三）贮藏方式

1. 室内堆藏

在阴凉干燥且通风良好的室内或窑洞的地面，铺 15~20cm 的稻草或秸秆，将选好的柿子在草上堆 3~4 层，也可装箱（筐）贮藏。室内堆藏柿果的保硬期仅 1 个月左右。有研究表明，用以赤霉素 GA 为主的保鲜剂处理火罐柿，常温下贮藏 105 天，硬果率达 66.7%。而对照已全部软化。

2. 冻藏

生产中的冻藏方法分自然冻藏和机械冷冻两种。自然冻藏即寒冷的北方常将柿果置于 0℃ 以下的寒冷之处，使其自然冻结，可贮到春暖化冻时节。机械冻藏即将柿果置 −20℃ 冷库中 24~

48h，待柿子完全冻硬后放进 - 10℃冷库中贮藏。这样柿果的色泽、风味变化甚少，可以周年供应。但解冻后果实已软化流汁，必须及时食用。

3. 液体保藏

将耐藏柿果浸没在明矾、食盐混合溶液中。溶液配比是：水50kg、食盐 1kg、明矾 0.25kg。保持在 5℃以下，此法可贮至春节前后，柿果仍保持脆硬质地，但风味变淡变咸。有研究认为，向盐矾液中添加 0.5% $CaCl_2$ 和 0.002g/L 赤霉素，可明显改善贮后的品质。

4. 气调贮藏

柿果在 0℃冷藏条件下贮 2 个月，可保持良好的品质和硬度，但超过 2 个月品质则开始变劣。因此，柿果很少裸果冷藏，而是在冷藏条件下采用 MA 或 CA 冷藏。气体成分可控制在 $O_2$ 3% ~ 5%，$CO_2$ 8% ~ 10%，应根据品种不同而调整气体组合。

## 八、荔枝贮藏

荔枝是我国南方名贵水果，但刚采收的荔枝有"一日而色变，二日而香变，三日而味变，四五日外，色、香、味尽去矣"之说，保鲜难度较大。

（一）贮藏特性

荔枝原产亚热带地区，但对低温不太敏感，能忍受较低温度；荔枝属非跃变型果实，但呼吸强度比苹果、香蕉、柑橘大1.4 倍；荔枝外果皮松薄，表面覆盖层多孔，内果皮是一层比较疏松的薄壁组织，极易与果肉分离，这种特殊的结构使果肉中水分极易散失；荔枝果皮富含丹宁物质，在 30℃下荔枝果实中的蔗糖酶和多酚氧化酶非常活跃，因此果皮极易发生褐变，导致果皮抗病力下降、色香味衰败。所以，抑制失水、褐变和腐烂是荔枝保鲜的主要问题。

综合国内外资料，荔枝的贮运适温为 1~7℃，国内比较肯定的适温是 3~5℃。可贮藏 25~35 天，商品率达 90% 以上。荔枝贮藏要求较高的相对湿度，适宜相对湿度 RH 90%~95%。荔枝对气体条件的适宜范围较广，只要 $CO_2$ 浓度不超过 10%，就不致发生生理伤害。适宜的气调条件为：温度 4℃，$O_2$ 和 $CO_2$ 都为 3%~5%。在此条件下可贮藏 40 天左右。

掌握适宜的采收成熟度是荔枝贮藏的关键技术之一。一般低温贮藏，应在荔枝充分成熟时采收，果皮越红越鲜艳保鲜效果越好。但若低温下采用薄膜包装或成膜物质处理等，则以果面 2/3 着色、带少许青色（约八成熟）采收为好。荔枝采收时正值炎热夏季，采收后应立即预冷散热，剔除伤病果。由于荔枝采后极易褐变发霉，因此，无论采用哪种保鲜法，都需要杀菌处理。杀菌后待液面干后包装贮运，一般采用 0.25~0.5kg 小包装比 15~25kg 的大包装为好。采收到入贮一般在 12~24h 完成最好。

（二）贮藏方式

1. 低温贮藏法

（1）自然低温贮藏　荔枝成熟时采收，当天用 52℃、500mg/kg 苯来特热溶液浸果 2min，沥干药水，放入硬塑料盒中，每盒 10~15 粒，用 0.01mm 厚的聚乙烯薄膜密封可在自然低温下贮 7 天，基本保持色香味不变。

也可将成熟的鲜荔枝用 0.5% 硫酸铜溶液浸 3min，然后用有孔聚乙烯包装，可在室温下贮藏 6 天，保持外观鲜红。

（2）低温冷藏法　用 2% 次氯酸钠浸果 3min，沥干药水后，将荔枝贮藏于 7℃ 环境中，可保存 40 天左右，色香味仍好。

2. 气调贮藏

小袋包装法：荔枝于八成熟时采收，当天用 52℃ 的 0.05% 苯来特，0.1% 多菌灵或托布津，或 0.05~0.1% 苯来特加乙膦铝浸 20s，沥去药液晾干后装入聚乙烯塑料小袋或盒中，袋厚

0.02~0.04mm，每袋0.2~0.5kg，并加入一定量的乙烯吸收剂（高锰酸钾或活性炭）后封口，置于装载容器中贮运。在2~4℃下可保鲜45天，在25℃下可保鲜7天。

大袋包装法：按上述小袋包装法进行采收及浸果，沥液后稍晾干即选好果装入衬有塑料薄膜袋的果箱或箩筐等容器中，每箱装果15~25kg，并加入一定的高锰酸钾或活性炭，将薄膜袋基本密封，在3~5℃下可保鲜30天左右。若袋内$O_2$为5%，$CO_2$为3%~5%，则可以保鲜30~40天，色香味较好。

## 九、板栗贮藏

### （一）贮藏特性

板栗属于干果，但在采收后大约1个月中，坚果的生理活动比较旺盛，呼吸作用和水分蒸腾作用强烈。经过一段时间后，板栗进入休眠阶段，贮藏后期（12月至翌年1月），休眠状态逐渐解除，如有适宜的条件，板栗果实就会迅速发芽生长。

一般嫁接板栗的耐贮性优于实生板栗，北方品种优于南方品种，中、晚熟品种又较早熟品种耐贮藏。我国板栗以山东薄壳栗、山东红栗、湖南和河南油栗等品种最耐藏。

板栗的适宜贮温为0℃左右，相对湿度为90%~95%。适宜气调贮藏，气调指标为$O_2$3%~5%，$CO_2$10%以下。

果实采收适期为板栗苞呈黄色并开始开裂，坚果变成棕褐色。对整棵树来说，有1/3总苞数开裂时即为适宜采收期。过早采收，未成熟的栗子含水量大，加上气温偏高，对贮藏很不利。雨水或露水未干时采收，果实易于腐烂，因此，须避开雨天和有露水的时间采收。

### （二）贮藏方式

板栗果实在采收后，如果品温偏高，须在阴凉处摊放1周左右时间，使其散发田间热，降低果实温度，以利于延长果实贮藏期。

为了防止贮藏中果实虫蛀、腐烂和发芽，在贮藏之前要进行相应的处理。

在密封库或塑料帐内，用溴甲烷熏蒸可以防止果实虫蛀。用药量为 $40 \sim 50 g/m^3$，熏蒸时间 $5 \sim 10 h$。用 0.05% 的 2,4 - D 加 0.2% 托布津溶液浸果 3 min，可明显减少果实在贮藏期的腐烂。用 10g 二溴四氯乙烷分成小包放在 25kg 装的塑料薄膜袋内熏蒸，也有良好的防腐效果。用 $1 \sim 10 Gy \gamma$ 射线处理，能有效抑制霉烂和发芽。

板栗的沙藏在各产地应用较多。辽宁宽甸在板栗采收后立即用湿沙拌和，放室内埋藏，此法称为假埋。在土壤冻结之前，将假埋的板栗置室外挖好的沟内越冬。贮藏沟的深度为 80 ~ 100cm，宽 60 ~ 80cm，长度视地形和贮藏量而定。先在沟内铺 10cm 厚的细沙，将板栗和湿沙混拌均匀后放在沟内，板栗与沙子的比例为 1 : （2 ~ 3），当栗子和沙土堆到距沟口 20cm 时，用湿沙将沟填平，上面再覆土，覆土的厚度随气温的下降分次逐渐增加，以维持较为理想的埋藏温度条件。为了维持沟内良好的气体环境，及时排出果实在贮藏过程中所释放出的废气，在放置栗子的同时，要在沟的中央每隔 1.5m 竖立一束 10cm 粗的高粱秸秆，下端至沟底，上端露出沟面，以利沟内外气体的交换。另外，在沟底可挖掘成宽 15cm、深 10cm 左右的小沟，填以碎石，既有利于通风换气，也有利于排出渗入的雨水。

冷藏是板栗理想的贮藏方法，若配合气调贮藏，可明显延长贮藏期。果实用 0.05mm 的塑料薄膜袋子包装。每袋 25kg，在袋子的两侧各打 5 个直径 5mm 的小孔，以利通风换气。将装好板栗果实的袋子装到筐、纸箱或木箱内，置 0℃ 和 RH 为 90% ~ 95% 的条件下贮藏。用麻袋包装的果实在贮藏期间，每隔 4 ~ 5 天在袋外适当喷水，以维持一定的相对湿度。用塑料薄膜密封贮藏时，环境中 $O_2$ 的浓度控制在 3% ~5%，$CO_2$ 为 10% 以下。要尽可能地保持稳定的贮藏温度，防止由于温度的波动而致袋内积水引起大量腐烂。

## 十、核桃贮藏

### （一）贮藏特性

核桃在存放期间容易发生霉变、虫害和变味。核桃富含脂肪，而油脂易发生氧化败坏，尤其在高温、光照、氧充足条件下，加速氧化反应，这是核桃败坏的主要原因。因此核桃贮藏条件要求冷凉、干燥、低 $O_2$ 和背光。

理论上核桃适宜采收期是内隔膜刚变棕色，此时为核仁成熟期，采收的核仁质量最好。生产上核桃果实成熟的标志是青皮由深绿变淡黄，部分外皮裂口，个别坚果脱落。核桃在成熟前 1 个月内果实大小和鲜重（带青皮）基本稳定，但出仁率与脂肪含量均随采收时间推迟呈递增趋势。采收过早的核仁皱缩，呈黄褐色，味淡；适时采收的，核仁饱满，呈黄白色，风味浓香；采收过迟则使核桃大量落果，造成霉变及种皮颜色变深。

我国主要采用人工敲击的传统方式采收核桃，适于分散栽培。美国采用机械振荡法振落采收，在 80% 的果柄形成离层时进行，如果采收前 2 ~3 周喷布 125mg/kg 的乙烯利和 250mg/kg 的萘乙酸混合液，可一次采收全部坚果，并比正常采收期提前 5 ~10 天，保证坚果品质优良。但要注意乙烯利浓度不能过大，否则会造成大量落叶，影响核桃树的后期生长。

坚果干燥是使核壳和核仁的多余水分蒸发掉，其含水量均应低于 8%，高于这个标准时，核仁易生长霉菌。生产上以内隔膜易于折断为粗略标准。

美国的研究认为，核桃干燥时的气温不宜超过 43.3℃，温度过高会使核仁脂肪败坏并破坏核仁种皮的天然化合物。因受热导致的油脂变质有的不会立即显示，将在贮藏后几周甚至数月后才能表现。

我国核桃干燥，北方以日晒为主，先阴晾半天，再摊晒 5 ~ 7 天可干。南方由于采收多在阴雨天气，多采用烘房干燥，温度先低后高，至坚果互相碰撞有清脆响声时，即达到水分要求。

美国普遍采用固定箱式、吊箱式或拖车式干燥机，送加热至 43.3℃ 的热风，以 0.5m/s 左右的速度吹过核桃堆，干燥效率高，速度快。

（二）贮藏方式

核桃的贮藏方法主要有以下几种。

1. 常温贮藏

将晒干的核桃装入布袋和麻袋吊在室内，或装入筐（篓）内堆放在冷凉、干燥、通风、背光的地方，可贮藏至翌年夏季之前。

2. 冷藏

核桃适宜的冷藏温度为 1 ~ 2℃，相对湿度为 75% ~ 80%，贮藏期在 2 年以上。

3. 塑料薄膜大帐贮藏

该法是将核桃密封在帐内，抽出帐内部分空气，通入 50% $CO_2$ 或 $N_2$，可抑制呼吸，减少损耗，抑制霉菌活动，还可防止油脂氧化。北方地区冬季气温低，空气干燥，一般秋季入帐的核桃不需要立即密封，至翌年 2 月下旬气温回升时开始密封，如果空气潮湿，帐内必须加吸湿剂，并尽量降低贮藏室内的温度。

## 第二节　常见蔬菜贮藏技术

### 一、大白菜贮藏

大白菜是我国特产，南北各地都有栽培，特别是北方，是冬季主要蔬菜品种。

（一）贮藏特性

大白菜供食部分是作为营养贮藏器官的叶球，它是在冷凉湿润的气候条件下发育形成的。故适宜的贮藏条件是，温度（0±1）℃，RH 80%~90%。

大白菜贮藏损耗的原因是脱帮、腐烂和失水。不同贮藏阶段的损耗表现不同，入窖初期以脱帮为主，以后以腐烂为主。脱帮是因为叶帮基部离层活动溶解所致，主要是贮藏温度偏高引起的，空气湿度过高或晒菜过程组织萎蔫也都会促进脱帮。腐烂是病原微生物侵染的结果。大白菜的病原菌在0~2℃时就能活动危害，温度升高腐烂更重。空气湿度和腐烂的关系也极为密切，湿度过高时0℃左右也能引起严重腐烂，大白菜在贮藏中抗病性逐渐衰降，所以腐烂主要发生在贮藏中后期。由于大白菜含水量高，叶片柔嫩，表面积大，贮藏中易失水，故失水的控制也很重要。一般认为，湿度过高，增加腐烂和脱帮；湿度过低，失水严重，但依环境的温度不同又有差异。因此，湿度的调节要结合温度的变化灵活掌握。

综上所述，温度是影响大白菜贮藏损耗的主要环境因素，大白菜贮藏必须维持适宜的低温，同时要注重湿度调节，经验认为一般为中湿为宜。

不同品种的大白菜耐贮性也不相同。一般说来，晚熟品种比早熟品种耐贮，晚熟品种的特点是植物高大粗壮，叶片叶肋肥厚，外叶和中肋呈绿色，向内深至五六层仍带淡绿色，抗寒性和耐贮性都很强。青帮类型比白帮类型耐贮。但由于各地自然条件和栽培管理上的差异，同一品种不同产地其耐贮性也有差别。

（二）采收

大白菜的贮藏性同叶球的成熟度有关。"心口"过紧即充分成熟，不利于贮藏，以"八成心"为好，可以减少开春后抽薹开花、叶球爆裂的现象，有利于延长贮期，减少损耗。这样作为长期贮藏的大白菜比同品种即时消费的晚播几日是必要的。收菜过早，气温较高，预贮期过长，容易受热不利贮藏；收获过晚，易遭受田间冻害。收获适期，东北、内蒙古地区约在霜降前后，华北地区在立冬到小雪之间，江淮地区更晚。如贮量很大，可适当早采，可采用人工鼓风等办法使窖温降下来。

栽培时在氮肥充足但不过量基础上增施磷、钾肥，以保持品质提高耐贮性。生育后期尤其是采前一周左右停止灌水，否则组织脆嫩，含水量高，新陈代谢旺盛，易造成机械损伤。感染病虫的菜体，耐藏性差，应注意剔除。

（三）贮前处理

1. 晾晒

许多地区在大白菜砍倒后，要在田间晾晒数天，达到菜棵直立外叶垂而不折的程度。晒菜失重为毛菜的 10% ~ 15%。晾晒使外叶失去一部分水分，组织变软，可以减少机械伤害，提高细胞液浓度而使冰点下降，加强抗寒力。但晾晒也有不利的一面，组织萎蔫会破坏正常的代谢机能，加强水解作用，从而降低大白菜的耐贮性、抗病性，并促进离层活动而脱帮。这种影响在晾晒过度时尤其严重。有些地区，如西北地区以及辽宁复县、吉林白城等地，历来贮藏"活菜"，即大白菜砍倒后不经晾晒就直接下窖。关于活菜、死菜（晾晒后）究竟哪种耐贮的问题，不能笼统地去判断，因为它涉及品种特性、地区气候条件、贮藏管理措施等多方面的影响，有待于进一步研究。

### 2. 整理预贮

大白菜入窖之前，要加以适当整理，摘除黄帮烂叶，不黄不烂的叶片要尽量保留以保护叶球，同时进行分级挑选。如修整后气温还高，可在窖旁码成长形或圆形垛进行预贮，并要根据气候情况进行适当倒垛。预贮期既要防热，又要防冻。一旦受冻要"窖外冻、窖外化"，待化冻后入窖。冻菜不能立即搬动，否则腐烂严重。入库的原则是在不受冻害前提下，越晚越好。

### 3. 药剂处理

针对大白菜的脱帮问题，可辅以药剂处理。收菜前 2 ~ 7 天用 25 ~ 50mg/kg 的 2,4 - D 药液进行田间喷洒或收后浸根，都有明显抑制脱帮的效果。近年来北京地区采用更低浓度（10 ~ 15mg/kg）的 2,4 - D 处理，既可使药效保持到脱帮严重期，又有利于后期修菜。

50 ~ 100mg/kg 的萘乙酸处理也有类似效果，但处理后使细胞保水力增强，抗寒力减弱，烂叶也不易脱落，不便于修菜。

### （四）贮藏方式

常用的贮藏方式有埋藏、窖藏和通风库贮藏。在窖和库内可采用垛贮、架贮、筐贮、挂贮等形式。在大型库内采用机械辅助通风以及机械冷藏效果更好。

### 1. 堆藏

长江中下游一带有堆贮大白菜的习惯。白菜采收后，经过整理，在背阴处堆码成单行或双行菜垛，也有圆垛。如果采用双行菜垛，两垛菜根向里，菜叶向外，垛下部留有一定距离，垛顶部合拢在一起，侧面呈"人"字形。天冷时可用菜将两头堵死，垛上增加覆盖防冻。此种方法贮藏期短，损耗大。

### 2. 埋藏

北京、山东、大连、河南等地采用埋藏法贮存大白菜。将大白菜单层直立在沟内，或就地面排列，面上盖土防冻，沟深约一棵菜的高度，宽1m左右，长度不限。埋藏的成败关键是贮藏初期沟温能否迅速下降，凡有利于初期沟温下降的措施都有利于埋藏，如带通风道、在沟的南侧设荫障遮阴等措施都是有利的。

3. 窖藏和通风库贮藏

在窖与库内有垛贮、架贮、筐贮等方式。

（1）垛贮 是北方各地广泛采用的方式。大白菜在窖内码成数列高近2m，宽1~2棵菜长的条形垛，垛间留有一定的距离以便于通风和管理。码垛方法各不相同，有的码为实心垛，有的码为花心垛。实心垛码放简便，稳固，贮量大，但通风效果差。花心垛内各层之间有较大空隙，便于通风散热。可根据当地的具体条件灵活掌握。

（2）架贮和筐贮 架贮是将大白菜摆放在分散的菜架上，菜架有两排固定的架柱，间隔1~2m，在架柱间设立若干层固定或活动的横杆，每层间距20~25cm，在同层的两排横杆上平架几对活动架杆，每对架杆上放1~2层菜。架贮在每层间都有一定空隙，从而提高了菜体周围的通风散热作用。所以架贮效果好、损耗低、贮期长、倒菜次数少，但需要架杆多，贮量减少。北京等地采用筐贮法，用直径50cm、高30cm的条筐装大白菜15~20kg，菜筐在窖内码放成5~7层高的垛，垛与垛间留适当通风道，也能起到架贮的作用。

大白菜贮藏库的管理以放风和倒菜为主。放风是引入外界冷凉干燥的空气，借以保持窖内适宜的温度、湿度。倒菜是翻动菜垛，改变菜棵放置的位置，从而使垛内得以充分地通风换气，并清理菜体，摘除烂叶。

①前期管理。以入窖（库）到大雪或冬至为贮藏前期。此期是大白菜贮藏中的"热关"。要求放风量大，时间长，使窖温尽快下降并维持在0℃左右。一般在入窖初期可昼夜开放通风

口，必要时辅以机械鼓风。有时白天开放通风口引入的是高于窖温的热空气，对降温起反作用，但能加速排湿。故要视窖内情况灵活掌握放风时间，尽量采取夜间放风。以后随气温下降，逐渐缩小通风面积和通风时间。入贮初期倒菜周期要短，随气温下降逐渐延长，这时期大白菜一般不致腐烂，倒菜的主要目的在于通风散热，故可采取快倒不摘或快倒少摘的办法。

②中期管理。冬至到立春，是全年最冷的季节，此期是贮藏中的"冻关"。以防冻为主，现在多采用控制通风面积和适量的通风时间，避免窖温骤变，又达到通风换气和排湿的作用。此期倒菜次数减少，可采取"慢倒细摘"的方式，尽量保存外帮以护内叶。

③后期管理。立春后进入贮藏后期。此期气温变化大，"三寒四暖"，气温逐渐回升，窖内温度也上升，菜的耐贮性和抗病性已明显衰降，易受病菌侵害而腐烂，所以此期是贮藏中的"烂关"。放风原则以夜晚通风为主，但又要注意气候的变化，如有南风要停止放风，尽力防止窖温上升。倒菜要勤，快倒细摘，并降低菜垛高度。

贮藏中3个时期的管理是相互联系的，做好前一时期的管理，就为后一时期的贮藏打下了好的基础。

## 二、芹菜贮藏

### （一）贮藏特性

芹菜喜冷凉湿滑，比较耐寒，芹菜可以在 $-2 \sim -1℃$ 条件下微冻贮藏，低于 $-2℃$ 时易遭受冻害，难以复鲜。芹菜也可在0℃恒温贮藏。蒸腾萎蔫是引起芹菜变质的主要原因之一，所以芹菜贮藏要求高湿环境，RH 98% ~100% 为宜。气调贮藏可以降低腐烂和退绿。一般认为适宜的气调条件是：温度为 $0 \sim 1℃$，RH 90% ~95%，$O_2$ 2% ~3%，$CO_2$ 4% ~5%。

## （二）栽培要求

芹菜分为实心种和空心种两大类，每一类中又有深色和浅色不同品种。实心色绿的芹菜品种耐寒力较强，较耐贮藏。经过贮藏后仍能较好地保持脆嫩品质，适于贮藏。空心类型品种贮藏后叶柄变糠，纤维增多，质地粗糙，不适宜贮藏。

贮藏用的芹菜，在栽培管理中要间开苗，单株或双株定植，并勤灌水，要防治蚜虫，控制杂草，保证肥水充足，使芹菜生长健壮。贮用的芹菜最忌霜冻，遭霜后芹菜叶子变黑，耐贮性大大降低。所以要在霜冻之前收获芹菜。收获时要连根铲下，摘掉黄枯烂叶，捆把待贮。

## （三）贮藏方式

### 1. 微冻贮藏

芹菜的微冻贮藏各地做法不同。山东潍坊地区经验丰富，效果较好。主要做法是在风障北侧修建地上冻藏窖，窖的四壁是用夹板填上打实而成的土墙，厚50～70cm，高1m在打墙时在南墙的中心每隔0.7～1m立一根直径约10cm粗的木杆，墙打成后拔出木杆，使南墙中央成一排垂直的通风筒，然后在每个通风筒的底部挖深和宽各约30cm的通风沟，穿过北墙在地面开进风口，这样每一个通风筒、通风沟和进风口联成一个通风系统。

在通风沟上铺2层秫秸，1层细土，把芹菜捆成5～10kg的捆，根向下斜放窖内，装满后在芹菜上盖1层细土，以菜叶似露非露为度。白天盖上草苫，夜晚取下，次晨再盖上。以后视气温变化，加盖覆土，总厚度不超过20cm。最低气温在－10℃以上时，可开放全部通风系统，－10℃以下时要堵死北墙外进风口，使窖温处于－2～－1℃。

一般芹菜上市前3～5天进行解冻。将芹菜从冻藏沟取出放在0～2℃的条件下缓慢解冻，使之恢复新鲜状态。也可以在出窖前5～6天拔去南侧的阴障改设为北风障，再在窖面上扣上塑料薄膜,将覆土化冻层铲去,留最后一层薄土,使窖内芹菜缓慢解冻。

## 2. 假植贮藏

在我国北方各地,民间贮藏芹菜多用假植贮藏。一般假植沟宽约 1.5m,长度不限,沟深约 1~1.2m,2/3 在地下,1/3 在地上,地上部用土打成围墙。芹菜带土连根铲下,以单株或成簇假植于沟内,然后灌水淹没根部,以后视土壤干湿情况可再灌水一两次。为便于沟内通风散热,每隔 1m 左右,在芹菜间横架一束秫秸把,或在沟帮两侧按一定距离挖直立通风道。芹菜入沟后用草帘覆盖,或在沟顶做成棚盖然后覆上土,酌留通风口,以后随气温下降增厚覆盖物,堵塞通风道。整个贮藏期维持沟温在 0℃或稍高,勿使受热或受冻。

## 3. 冷库贮藏

冷库贮藏芹菜,库温应控制在 0℃左右,相对湿度控制为98%~100%,芹菜可装入有孔的聚乙烯膜衬垫的板条箱或纸箱内,也可以装入开口的塑料袋内。这些包装既可保持高湿、减少失水,也没有 $CO_2$ 累积或缺氧的危险。

近年来我国哈尔滨、沈阳等地采用在冷库内将芹菜装入塑料袋中简易气调的方法贮藏芹菜,收到了较好的效果。方法是用0.8mm 厚的聚乙烯薄膜制成 100cm×75cm 的袋子,每袋装 10~15kg 经挑选、没有病虫害和机械伤、带短根的芹菜,扎紧袋口,分层摆放在冷库菜架上。库温控制在 0~2℃。采用自然降氧法使袋内氧含量降到 5%左右时,打开袋口通风换气,再扎紧。也可以松扎袋口,即扎口时先插一直径 1.5~2mm 的圆棒,扎后拔出使扎口处留有孔隙,贮藏中不需人工调气。这种方法可以将芹菜从 10 月贮藏到春节,商品率在 85%左右。

### 三、番茄贮藏

（一）贮藏特性

番茄属典型的呼吸跃变型果实，果实的成熟有明显的阶段性。番茄的成熟分成 5 个阶段：绿熟、微熟期（转色期至顶红期）、半熟期（半红期）、坚熟期（红而硬）和软熟期（红而软）。鲜食的番茄多为半熟期至坚熟期，此时呈现出果实鲜食应有的色泽、香气和味道，品质较佳。但该期果实已逐渐转向生理衰老，难以较长时期贮藏，绿熟期至顶红期的果实已充分长大，糖、酸等干物质的积累基本完成，生理上处于呼吸的跃变初期。此期果实健壮，具有一定的耐贮性或抗病性，在贮藏中能完成后熟转红过程。接近在植株上成熟时的色泽和品质，作为长期贮藏的番茄应在这个时期采收。贮藏中设法使其滞留在这个生理阶段，实践中称为"压青"。压青时间越长，贮藏期就越长。

番茄原产拉丁美洲热带地区，性喜温暖，成熟果实可贮在 $0 \sim 2℃$，绿熟果和顶红贮藏适温为 $10 \sim 13℃$，较长时间低于 $8℃$ 即遭冷害的果实呈现局部或全部水浸状软烂或蒂部开裂，表面出现褐色小圆斑，不能正常完熟，易感病腐烂。但在 $10 \sim 13℃$ 的大气中，绿熟果约半个月即达到完熟程度，整个贮期只有 30 天左右。为了延长贮期，抑制后熟，可采取气调措施。番茄是蔬菜中研究气调效应最早、也是迄今积累资料最多的产品。国内外研究一致认为，绿熟番茄适于低 $O_2$、低 $CO_2$ 的条件，进入半熟期后，$O_2$ 浓度可适当提高，$CO_2$ 则应控制在 3% 以下，在适宜的温度和气体条件下，可使绿熟番茄的贮藏期达到 $2 \sim 3$ 个月，气调贮藏是延缓番茄后熟的有效方法。当然，不同品种在气调贮藏上的效应还有差别。正如 K. Stoll 指出的，番茄气调贮藏的可行性首先决定于品种，早熟或生长期短的品种不适于气调贮藏。根据我国各地试验的结果，适于番茄贮藏的气体组成是 $O_2$ 和 $CO_2$ 分别为2%～5%或3%。

（二）采收

贮藏的番茄应选心室少、种腔小、果皮较厚、肉质致密、干物质和含糖量高、组织保水力强的品种。研究表明，长期贮藏的番茄应选含糖量在3.2%以上的品种。不同品种的番茄耐贮性和抗病性不同，且受到地区和栽培条件的影响，目前各地认为满丝、苹果青、橘黄佳、强力米寿、佛罗里达、台湾红这些晚熟品种适于贮藏，而早熟或皮薄的品种如沈农二号、北京大红等不耐贮藏。另外，根据番茄在田间生长发育的情况来看，前期和中期的果实，发育充实，耐贮性强；生长后期结的果营养较差，而只能作短期贮藏。植株下层的果和植株顶部的果不宜贮藏，前者接近地面带病菌，后者果实的固形物少，果腔不饱满。

作为贮藏用的番茄，在采收前3～5天不应浇水，以增加果实的干物质而减少水分含量。采用气调贮藏法贮藏番茄，要采摘绿熟果，采摘应在露水干后进行，不要遇雨采收。

（三）贮藏方式

1. 简易常温贮藏

夏秋季节可利用地下室、土窑窖、通风贮藏库、防空洞等阴凉场所贮藏。番茄装在浅筐或木箱中平放地面，或将果实堆放在菜架上，每层架放2～3层果。要经常检查，随时挑出已成熟或不宜继续贮藏的果实供应市场。此法可贮20～30天。

2. 气调贮藏

（1）塑料薄膜帐贮藏　塑料帐内气调容量多为1 000～2 000 kg，由于番茄自然完熟度很快，因此采后应迅速预冷、挑选、装箱、封垛，最好用快速降氧气调法。但生产上常因费用等原因，采用自然降氧法，用消石灰（用量为果重的1%～2%）吸收多余的$CO_2$。$O_2$不足时从帐的管口充入新鲜空气。塑料薄膜封闭贮藏番茄时，垛内湿度较高，易感病。为此需设法降低湿度，并保持库内稳定的库温，以减少帐内凝水。另外，可用防腐剂抑制病菌活动，通常较为普遍应用的是 $Cl_2$，每次用量约为垛内空气体积的 0.2%，每 2~3 天施用 1 次，防腐效果明显。但 $Cl_2$ 有毒，使用不方便，过量时会产生药伤。可用漂白粉代替 $Cl_2$，一般用量为果重的 0.05%，有效期为 10 天。用仲丁胺也有良好效果，使用浓度为 0.05~0.1mL/L（以帐内体积计算），过量时也易产生药害。有效期为 20~30 天，每月使用 1 次。

番茄气调贮藏时间，多数人主张以 1.5~2 个月为佳，不必太长。既能"以旺补淡"，又能得到较好的品质，损耗也小。贮期少于 45 天，入贮时果实严格挑选，贮藏中不必开帐检查，避免了温湿度及气体条件的波动，提高了气调贮藏效果。

（2）薄膜袋小包装贮藏  将番茄轻轻装入厚度为 0.04mm 的聚乙烯薄膜袋内，数量在 5kg 以内，袋内放入一空心竹管，然后固定扎紧，放在适温下贮藏。也可单箱套袋扎口，定期放风，每箱装果实 10kg 左右。

（3）硅窗气烟法  目前此法采用的是国产甲基乙烯橡胶薄膜，硅窗气调法免除了一般大帐补 $O_2$ 和除 $CO_2$ 的繁琐操作，而且还可排除果实代谢中产生的乙烯，对延缓后熟有较显著的作用。硅窗面积的大小要根据产品成熟度、贮温和贮量等条件而计算确定。

### 四、甜椒贮藏

（一）贮藏特性

甜椒是辣椒的一个变种。甜椒果实大、肉质肥厚、味甜，多在绿熟时食用，故不同地区又叫青椒、柿子椒等。

甜椒多以嫩绿果供食，贮藏中除防止失水萎蔫和腐烂外，还要防止完熟变红。因为甜椒转红时，有明显呼吸上升，并伴有微量乙烯生成，生理上已进入完熟和衰老阶段。

甜椒原产南美热带地区，喜温暖多湿。甜椒贮藏适温因产地、品种及采收季节不同而异。国外报道，甜椒贮温低于6℃易遭冷害。而据中国农业大学幺克宁（1986）报道：甜椒的冷害临界温度为9℃，低于9℃会发生冷害。冷害诱导乙烯释放量增加。不同季节采收的甜椒对低温的忍受时间不同，夏季采收的甜椒在28h内乙烯无异常变化；秋季采收的甜椒，在48h内乙烯无异常变化；夏椒比秋椒对低温更敏感，冷害发生时间更早。近十几年来，国内对甜椒贮藏技术及采后生理的研究较多，确定了最佳贮藏温度为9~11℃，高于12℃果实衰老加快。

甜椒贮藏的适宜相对湿度为90%~95%。湿度低，易萎蔫失重。但甜椒贮藏中室内易有辛辣气味，又要有较好的通风。

国内外研究资料显示，改变气体成分对甜椒保鲜尤其在抑制后熟变红方面有明显效果。关于适宜的 $O_2$ 和 $CO_2$ 浓度，报道不一。一般认为气调贮藏时，$O_2$ 含量可稍高些。$CO_2$ 含量应低些。据沈阳农业大学（1988）报道：低水平 $CO_2$ 和低（3%）、中（6%）、高（9%）水平的 $O_2$ 组合，病烂损耗均较低；但 $O_2$ 为低水平，$CO_2$ 水平不同时，病烂指数随 $CO_2$ 水平增高而增加，因此 $CO_2$ 宜低于40%。八一农学院（1980）则认为青椒对 $CO_2$ 不敏感，虽偶然达到13.5%也无生理损伤。

（二）采收及贮前处理

甜椒品种间耐藏性差异较大。一般色深肉厚、皮坚光亮的晚熟品种较耐贮藏。如麻辣三道筋油椒、世界冠军、茄门、MN—1号等。

采收时要选择果实充分膨大、光亮而挺拔、萼片及果梗呈绿色坚挺、无病虫害和机械伤的完好绿熟果作为贮藏用果。

秋季应在霜前采收，经霜的果实不耐贮，采前3~5天停灌水，保证果实质量。采摘甜椒时，捏住果柄摘下，防止果肉和胎座受伤；也可使用剪刀剪下，使果梗剪口光滑，减少贮期果梗的腐烂，避免摔、砸、压、碰撞以及因扭摘用力造成的损伤。

采收气温较高时，采收后要放在阴凉处散热、预贮。预贮过程中要防止脱水、皱褶，而且要覆盖注意防霜。入贮前，淘汰开始转红果和伤病果，选择优质果实贮藏。

（三）贮藏方式

1. 窖藏

窖藏的方法有两种，一是选择地势高的地块，掘成 1m 深、5～6m 长、3m 宽的地窖，将四周墙壁拍坚实。用砖将窖底铺好后，将装好青椒的容器平排放入。窖口用塑料薄膜或芦苇盖好，防止雨淋。每窖的贮量可据窖的容积而定。此法能起到保温和适当隔绝外界空气的作用，较适合于产地作短期贮藏。这是北方产地普遍采用的一种方式。二是可利用通风库（窖）进行贮藏。窖藏的包装方法有以下几种。

①将青椒装入衬有牛皮纸的筐中，筐口也用牛皮纸封严，堆码在窖内。

②将蒲包用 0.5% 的漂白粉消毒、洗净，淋去水滴衬入筐内，青椒装入其中，堆码成垛，每隔 5～7 天更换一次蒲包。如空气湿润，可将蒲包套在筐外。

③青椒装入筐中，外罩塑料薄膜，也可用包果纸或 0.015mm 厚的聚乙烯单果包装。

④临时贮藏窖中常采用散堆法，厚度约为 30cm，为降低堆内温度和湿度，可在窖底挖条小沟，必要时向沟内灌水。

入窖时，应设法使温度尽快降到 10℃，但又要防止青椒过度失水。前期放风时间应选在夜间，当窖温下降到 7～10℃ 时，要注意保温防寒。贮藏期间每隔 10～20 天翻动检查 1 次。

2. 冷藏

将选择好的青椒装入木箱分层堆放，也可将青椒装入塑料袋中，装量 1～2kg 为宜。然后连袋装箱，再分层堆码。库温掌握在 9~11℃范围内，相对湿度保持在 85%~95%。

3. 气调贮藏

目前我国普遍采用的是薄膜封闭贮藏。试验表明：在夏季常温库内，如用薄膜封闭，因温度高、湿度大，损耗是较大的；而在秋凉时节，窖温降到 10℃左右时，用薄膜封闭贮藏效果较好，尤其在抑制后熟转红方面，效果明显。因而在冷凉和高寒地区，或有机械冷藏设备的地方，利用气调贮藏青椒，可以得到好的效果。

甜椒薄膜封闭贮藏方法及管理同番茄，气体管理调节可采用快速充 N 降 $O_2$、自然降 $O_2$ 和透帐法，$O_2$ 的浓度比番茄稍高些，$CO_2$ 的浓度控制在 5% 以内。但也有甜椒在更高 $CO_2$ 条件下延长贮藏寿命而无生理损伤的报道。

### 五、花椰菜贮藏

(一) 贮藏特性

花椰菜又名菜花，与甘蓝同属一个种，但食用器官不同。贮藏时花椰菜对环境条件的要求与甘蓝相似，适温为 (0±0.5)℃，在 0℃以下花球易受冻，相对湿度为 90%~95%。花椰菜在贮藏中，有明显的乙烯释放，这也是花球变质衰老的重要原因。

花椰菜贮藏中易松球、花球褐变 (变黄、变暗、出现褐色斑点) 及腐烂，使品质降低。菜花松球是发育不完全的小花分开生长，而不密集在一起，松球是衰老的象征。采收期延迟或采后不适当的贮藏环境，如高温、低湿等，都可能引起松球。引起花球褐变的原因也很多，如花球在采收前或采收后暴露在阳光下，花球遭受低温冻害，以及失水和受病菌感染等都能使菜花变褐，严重时还能变成灰黑色的污点，甚至腐烂失去食用价值。

耐贮抗病品种的选择，是提高贮藏效果的主要环节。生产上春季多栽培"瑞士雪球"，秋季以荷兰雪球为主。这两个品种，品质好，耐贮藏。采收时宜保留2~3轮叶片，以保护花球。

（二）贮藏方式

1. 假植贮藏

冬季温暖地区，入冬前后利用棚窖、贮藏沟、阳畦等场所，在土壤保持湿润情况下，将尚未成熟的幼小花球带根拔起假植其内。叶片用稻草等物捆绑包住花球，适当加以覆盖防寒，适时放风，最好让菜花稍能接收光线。假植贮时鸡蛋大小的花球，到春节时可增到0.5kg左右。也有些地区假植稍大一些的花球。

2. 冷藏库贮藏

机械冷藏库是目前贮藏菜花较好的场所，它能调控适宜的贮藏温度，可贮藏2个月。生产上常采用以下贮藏方法。

（1）筐贮法 将挑选好的菜花根部朝下码在筐中，最上层菜花低于筐沿，也有人认为花球朝下较好，以免凝聚水滴落在花球上，引起霉烂。

将筐堆码于库中，要求稳定而适宜的温度和湿度，并每隔20~30天倒筐一次，将脱落及腐败的叶片摘除，并将不宜久放的花球挑出上市。

（2）架藏法 在库内搭成菜架，每层架杆上铺上塑料薄膜，菜花放其上层。为了保湿，有的在架四周罩上塑料薄膜。但帐边不封闭，留有自然开缝，只起保湿作用，不起控制$O_2$和$CO_2$的作用。

（3）单花球套袋贮藏法 据北京市农林科学院蔬菜研究中心及蔬菜贮藏加工研究所等单位（1986年）报道，用聚乙烯塑料薄膜（0.015~0.04mm厚，贮期短用前者），制成30cm×35cm大小的袋（规格可视花球大小而定），将选好预冷后的花球装入袋内，然后折口（袋内$O_2$和$CO_2$与大气中相近似）。装筐（箱）码垛或直接放菜架上均可。贮藏期可达2~3个月。上市连袋一同出售，方法简便，成本低廉，保鲜效果好。

（4）气调贮藏法　在冷库内，将菜花装筐码垛用塑料薄膜封闭，控制 $O_2$ 浓度为 2%～4% 或稍高，$CO_2$ 适量，则有良好的保鲜效果。入贮时喷洒 3 000mg/kg 的苯来特或托布津有减轻腐烂的作用。菜花在贮藏中释放乙烯较多，在封闭帐内放置适量乙烯吸收剂对外叶有较好的保绿作用，花球也比较洁白。要特别注意帐壁的凝结水滴落到花球上，它会造成花球霉烂。

嫩茎花椰菜（绿菜花）是蔬菜的一个优良品种，贮藏中花球的小花极易黄化，当温度高过 4.4℃ 时，小花即开始黄化，产品中心最嫩的小花对低温较敏感，受冻后褐变。据张子德等（1989）报道，嫩茎花椰菜为呼吸高峰型蔬菜，在贮藏中释放乙烯较多。因此，对贮藏环境要求较严格，最好冷藏，适宜贮温为（0±0.5）℃，相对湿度为 90%～95%。在冷藏条件下调节气体贮藏，配合乙烯吸收剂，对防止绿菜花黄化、褐变有明显效果。

## 六、蒜薹贮藏

### （一）贮藏特性

蒜薹是大蒜的幼嫩花茎。采收后因新陈代谢旺盛，又值高温季节，故易脱水老化和腐烂。老化的蒜薹表现为黄化、纤维增多、条软变糠、薹包膨大干裂长出气生鳞茎，失去食用品质。

蒜薹的冰点是 -1～-0.8℃，因此贮温控制在 -1～0℃ 为宜，蒜薹贮藏的相对湿度要求 95% 左右。湿度低了易失水减重，过高则又易霉烂。蒜薹的贮藏温度在 -0.5℃ 左右，温度稍有波动，湿度就会有很大的变化且易出现凝聚水容易造成腐烂。蒜薹贮藏适宜的气体组成 $O_2$ 2%～5%、$CO_2$ 5% 左右。有时因产地的不同而有差异。

### （二）贮藏方式

蒜薹虽可在 0℃ 条件下贮 3～4 个月，但成品的质量与商品率不理想。实践证明，在 -1 ~ 0℃ 条件下蒜薹气调贮藏能达到 8 ~ 10 个月，商品率达 85% ~ 90%。目前，气调贮藏蒜薹是商业化贮藏的主要方法。通常有以下几种方法。

1. 薄膜小包装气调贮藏

本法是用自然降氧并结合人工调节袋内气体比例进行贮存。将蒜薹装入长 100cm、宽 75cm、厚 0.08 ~ 0.1mm 的聚乙烯袋内，每袋重 15 ~ 25kg，扎住袋口，放在库的菜架上。按存放位置的不同，选定代表袋安上采气的气门芯以进行气体成分分析。每隔 1 ~ 2 天测定 1 次，如 $O_2$ 含量已达到 2% 以下，应打开所有的袋换气，换气结束时袋内 $O_2$ 恢复到 18% ~ 20%，残余的 $CO_2$ 为 1% ~ 2%。若发现有病变腐烂薹条应剔除，然后扎紧袋口。换气的周期为 10 ~ 15 天，相隔时间太长，易引起 $CO_2$ 伤害。温度高时换气的时间间隔短些。

2. 硅窗气调贮藏

此法最重要的是要计算好硅窗面积与袋内蒜薹重量之间的比例。由于品种、产地等因素的不同，蒜薹的呼吸强度有所差异，从而决定了气窗的规格不同。故用此法贮存时，预先用活动气窗进行试验，确定出气窗面积与袋内蒜薹数量之间的最佳比例。

3. 大帐气调贮藏

大帐采用 0.1 ~ 0.2mm 厚的聚乙烯塑料帐密封，采用快速降氧法或自然降氧法使帐内 $O_2$ 控制在 2% ~ 5%，$CO_2$ 在 5% 以下。$CO_2$ 吸收通常用消石灰，蒜薹与消石灰之比为 40 : 1。

4. 冷藏

将选好的蒜薹经过充分预冷后装入筐、板条箱等容器内，或直接在贮藏货架上堆码，然后将库温控制在 0℃ 左右。此法只能对蒜薹进行较短时期的贮藏，贮期一般为 2 ~ 3 个月。

## 七、萝卜和胡萝卜贮藏

### (一) 贮藏特性

萝卜和胡萝卜都属根菜类，以肥大肉质根供食，贮藏特性和方法基本一致。它们没有生理休眠期，在贮藏中遇有适宜条件便萌芽抽薹，造成糠心，糠心是薄壁组织中的营养和水分向生长点（顶芽）转移的结果。贮藏时窖温过高、空气干燥以及机械损伤都可促进呼吸加强，水解作用旺盛，也促使糠心。萌芽和糠心使萝卜的食用品质明显变劣。防止萌芽和糠心是贮好萝卜和胡萝卜的首要问题。

萝卜和胡萝卜的肉质根主要由薄壁组织构成，缺乏角质、蜡质等表面保护层，保水能力差，贮藏中要求低温高湿的环境条件。但根菜类不能受冻，所以通常适宜贮藏温度为 $0 \sim 3℃$，RH $90\% \sim 95\%$。湿度过低，肉质根易受冻害。萝卜肉质根的细胞间隙大，具有较高的通气性，并能忍受较高浓度的 $CO_2$ 浓度达到 $8\%$ 时，也无伤害现象，因此萝卜适于密闭贮藏，如埋藏、气调贮藏等。

贮藏的萝卜以秋播的皮厚、质脆、含糖多的晚熟品种为好，地上部比地下部长的品种以及各地选育的一代杂种耐藏性较好。另外，青皮种比红皮种和白皮种耐藏。胡萝卜中以皮色鲜艳、根细长、茎盘小、心柱细的品种耐藏。

### (二) 采收及采后处理

贮藏用的萝卜要适时播种，华北、东北地区农谚说："头伏萝卜、二伏菜"。霜降前后适时收获就能获得优质产品。

收获时随即拧去缨叶，就地集积成小堆，覆盖菜叶，防止失水及受冻。如窖温及外温尚高，可在窖旁及田间预贮，堆积在地面或浅坑中并覆盖一层薄土，待地面开始结冻时入窖。入贮时要剔除病虫伤害及机械伤的萝卜。此外为了防止发芽和腐烂，有些地区在入贮时要削去茎盘（削顶），并沾些新鲜草木灰。如果贮于低温高湿环境，入贮初期不削顶待后期窖温回升时再削顶也可。

（三）贮藏方式

1. 沟藏

各地用于萝卜的贮藏沟，一般宽 1 ~ 1.5m，深度比当地的冻土层稍深一些。沟东西走向，长度视贮量而定。表土堆在南侧，后挖出的土供覆土用。将挑选修整好的萝卜散堆在沟内，或与湿沙层积。萝卜在沟内的堆积厚度一般不超过 0.5m，如过厚，底层产品容易受热。入沟当时在产品面上覆一层薄土，以后随气温下降分次添加，最后土层稍厚于冻土层。必须掌握好每次覆土的时期和厚度，以防底层温度过高或表层产品受冻，为了掌握适宜温度的情况，有的在沟中间设一竹竿或木筒，内挂温度计，深入到萝卜中去定期观测沟内温度，以便及时覆盖。

萝卜贮于高湿的环境，才能保持其细胞的膨压而呈新鲜状态。一般用湿土覆盖或湿沙层积。如土壤湿度不够，可以在入贮时向萝卜堆上喷适量的水，但不能使窖底积水。或第一次覆土后将覆土平整踩实，浇水后均匀缓慢地下渗，保持萝卜周围具有均匀的湿润状态。

2. 窖藏和通风贮藏库贮藏

棚窖和通风库贮藏根菜类，是北方各地常利用的贮藏方式，贮量大，管理方便。根菜类不抗寒，入窖（库）时间比大白菜早些。

（1）堆垛藏法 产品在窖（库）内散堆或码垛。萝卜堆不能太高，一般 1.2 ~ 1.5m。否则，堆内温度高容易腐烂。湿沙土层积要比散堆效果好，便于保湿并积累 $CO_2$，起到自发气调的作用。为增进通风散热效果，可在堆内每隔 1.5 ~ 2m 设一通风筒。贮藏中一般不搬动，注意窖或库内的温度，必要时用草帘等加以覆盖，以防受冻。立春前后可视贮藏状况进行全面检查，发现病烂产品及时挑除。

（2）塑料薄膜半封闭贮藏法　沈阳等地区曾利用气调贮藏原理，在库内将萝卜堆码成一定大小的长方形垛，入贮开始或初春萌芽前用塑料薄膜帐罩上，垛底不铺薄膜，半封闭状态。可以适当降低 $O_2$ 浓度、提高 $CO_2$ 水平，保持高湿，延长贮藏期，保鲜效果比较好。尤其是胡萝卜，效果更好。贮藏中可定期揭帐通风换气，必要时进行检查挑选。

（3）塑料薄膜袋装贮藏法　将削去顶芽的萝卜，装入 0.07～0.08mm 厚的聚乙烯塑料薄膜袋内，每袋 25kg 左右。折口或松扎袋口，在较适低温下贮藏，保鲜效果比较明显。

## 八、马铃薯贮藏

### （一）贮藏特性

马铃薯的食用部分是肥大的块茎，收获后有明显的生理休眠期。马铃薯的休眠期一般在 2～4 个月。休眠期的长短同品种、成熟度、气候、栽培条件等多种因素有关。早熟种，或在寒冷地区栽培，或秋作马铃薯休眠期长，对贮藏有利。贮藏温度也影响休眠期长短。在适宜的低温条件下贮藏的马铃薯休眠期长，特别是初期低温对延长休眠期有利。

马铃薯富含淀粉和糖，而且在贮藏中淀粉与糖能相互转化。试验证明，当温度降至 $0℃$ 时，由于淀粉水解酶活性增高，薯块内单糖积累；如贮温提高单糖又合成淀粉。但温度过高淀粉水解成糖的量也会增多。所以贮藏马铃薯的适宜温度为 3～5℃，0℃ 反而不利。适宜的相对湿度为 80%～85%，湿度过高也不利，过低则失水增大，损耗增多。

光能促使萌芽，增高薯块内茄碱苷含量。正常薯块的茄碱苷含量不超过 0.02%，对人畜无害；但薯块照光后或萌芽时，茄碱苷急剧增高，能引起不同程度的中毒。

（二）采收和贮前处理

马铃薯收获后，可在田间就地稍加晾晒，散发部分水分，以利贮藏运输。一般晾晒 4h，就能明显降低贮藏发病率。晾晒时间过长，薯块将失水萎蔫不利贮藏。

夏季收获的马铃薯，正值高温季节，收后可将薯块放到阴凉通风的室内、窖内或荫棚下摊放预贮。薯堆一般不高于 0.5m，宽不超过 2m，在堆中放一排通风管，以便通风降温，并用草苫遮光。预贮期间要视天气情况，不定期的检查倒动薯堆以免热伤。倒动时要轻拿轻放和避免人为伤害。

南方各地夏秋季不易创造低温环境，薯块休眠期过后，萌芽损耗甚重，可采取药物处理，抑制萌芽。用 α-萘乙酸甲酯或乙酯处理，有明显的抑芽效果。每 10 000kg 薯块用药 0.4~0.5kg，加 15~30kg 细土制成粉剂撒在块茎堆中。大约在休眠的中期处理，不能过晚，否则会降低药效。在采前 2~4 周用浓度为 0.2% 的 MH（青鲜素）进行叶片喷施，也有抑芽作用。

用 8~15Gy 的 γ 射线辐射马铃薯，有明显的抑芽作用，是目前贮藏马铃薯抑芽效果最好的一种技术。试验证明，在剂量相同的情况下，剂量越高效果越明显。马铃薯贮藏中易因晚疫病和环腐病造成腐烂。较高剂量的 γ 射线照射能抑制这些病原菌的生育，但会使块茎受到损伤，抗性下降。这种不利的影响可因提高贮藏温度而得到弥补，因为在增高温度的情况下，细胞木栓化及周皮组织的形成加快，从而杜绝病菌侵染的机会。

（三）贮藏方式

1. 沟藏

辽宁大连在 7 月中下旬收获马铃薯，收后预贮在荫棚或空屋内，直到 10 月下沟贮藏。沟深 1~1.2m，宽 1~1.5m，长不限。薯块堆至距地面 0.2m 处，上覆土保温，覆土总厚度 0.8m 左右，要随气温下降分次覆盖。

2. 窖藏

西北地区土质黏重坚实，多用井窖和窑窖贮藏。这两种窖的贮藏量可达 3 000~5 000kg。由于只利用窖口通风调节温度，所以保温效果较好。但入窖初期不易降温，这种特点在井窖尤为明显。因此，产品不能装得太满，并注意窖口的启闭。只要管理得当，适于薯类贮藏，效果很好。

东北地区多用棚窖贮藏。窖的规模与贮大白菜的棚窖相似，但窖顶覆盖增厚，窖身加深，因为马铃薯的贮藏温度高于大白菜。窖内薯堆高度不超过 1.5m，否则入窖初期堆内温度增高易萌芽腐烂。窖藏马铃薯在薯堆表面易出汗，为此，严寒季节可在薯堆表面铺放草苫，以转移出汗层，防止萌芽与腐烂。

窖藏马铃薯入窖后一般不倒动，但在窖温较高、贮期较长时，可酌情倒动 1~2 次，去除病烂薯块以防蔓延。倒动时必须轻拿轻放，严防造成新的机械伤害。

3. 通风库贮藏

各城市菜站多用通风库贮藏马铃薯。薯堆高不超过 2m，堆内放置通风塔。有的将薯块装筐堆叠于库内，通风效果及单位面积容量都能提高。也有在库内设置木板贮藏柜的，通风好，贮量高，但需木材多，成本高。

不管采用哪种贮藏方式，薯堆周围都要注意留有一定空隙以利通风散热，以通风库的体积计算，空隙不得少于 1/3。

## 九、洋葱贮藏

（一）贮藏特性

洋葱，或称葱头、圆葱，以肥大的鳞茎为食用部分。洋葱为 2 年生蔬菜，具有明显的生理休眠期。洋葱在夏季收获后，即进入休眠期，1.5~2.5 个月（因品种不同而异），能安全度过炎热季节。休眠过后，遇适宜条件便萌芽生长。一般在9、10月间即将萌芽生长，养分由肉质鳞片转移到生长点，致使鳞茎发软中空，品质下降，乃至不堪食用。所以，怎样使洋葱长期处于休眠状态、阻止萌芽，是洋葱贮藏中需首要解决的问题。

洋葱适应冷凉干燥的环境。温度维持在0~1℃，相对湿度低于80%才能减少贮藏中的损耗。如收获后遇雨，或未经充分晾晒，以及贮藏环境湿度过高，都易造成腐烂损失。

（二）采前贮前处理

我国栽培的洋葱为普通洋葱。普通洋葱按皮色分为黄皮、红（紫）皮及白皮3类，按形状分扁圆、凸圆两类，其中以黄皮类型品种品质好、休眠期长、耐贮藏，栽培面积大，是各地主要的贮藏品种。从球形看，扁圆形耐贮。一般认为辣味淡均耐贮性差。

在叶片迅速生长阶段和鳞茎肥大期，要及时追肥灌水，并适当增施磷、钾肥，以增强抗性。为了防止洋葱在贮藏期间发芽，可在收获前10~15天，田间喷洒0.25%青鲜素（MH）水溶液，每亩（666.7m²）用配制好的药剂50kg，喷后3~5天不灌水，如果喷药后1天内遇雨，则药失效，应补喷。收获前10天停止灌水，否则不耐贮藏。

在近地面茎叶枯黄、假茎开始倒伏、鳞茎表皮干枯并呈现品种特有的颜色时，立即收获。在干燥向阳的地方，把洋葱植株整齐地以覆瓦状一排排铺在地上，后一排茎叶正好盖在前一排的鳞茎上，不让葱头暴晒。2~3天翻动一次，一般需6~7天。叶子发黄变软，能编辫子时即可。

经过晾晒的葱头再次挑选后，将发黄、绵软的叶子互相编成长约1m的"辫子"。两条结在一起成为一挂。编辫的洋葱，还需晾晒5~6天，晒至葱头充分干燥颈部完全变成皮质，鳞茎外皮"沙、沙"发响时为宜。洋葱贮藏时还可以不留辫子，经过挑选后直接盛放在容器内以备贮存。

（三）贮藏方式

有带叶编辫贮藏的，也有去叶贮藏葱头的。

1. 挂藏

选阴凉、干燥、通风的房屋或在荫棚下，将葱辫挂在木架上，不接触地面，四周用席子围上，防止淋雨或水浸，贮藏中不倒动。此法抑芽效果较差，休眠期过后便陆续萌芽，一般只能贮到国庆节上市供应，但通风好、腐烂少。这是家庭贮藏广泛采用的方式。

2. 垛藏

此法封垛要严密，防止日晒雨淋，保持干燥。封垛初期视天气情况倒垛 1~2 次，排出垛内湿热空气。每逢雨后要仔细检查，如有漏水应开垛晾晒。贮到 10 月后要加盖草帘保温，寒冷地区应转入库内贮藏以防受冻。实践表明，洋葱受冻后只要未冻透心部，解冻后仍可恢复原状。

3. 气调贮藏

可在常温窖（库）、荫棚或冷库进行。如为晾干的葱头，可装筐或箱，在荫棚内码垛，在脱离休眠期之前用塑料薄膜帐封闭，每垛 500~1 000kg。贮藏中采取自然降 $O_2$，维持 $O_2$ 在 3%~6%，$CO_2$ 在 8%~12%，抑制发芽效果很好。贮藏期间尽量不开帐检查，以免 $O_2$ 含量升高迅速引起发芽。$CO_2$ 浓度的大小对洋葱品质的影响不大，主要是外皮层对内部鳞片起了保护作用。$O_2$ 浓度影响却很大，浓度升高时，发芽率显著上升，但长期缺 $O_2$ 也会造成葱头根部发软、凹陷、鳞片呈青绿色，最终导致坏死。

采用塑料薄膜封闭贮藏时，常因贮藏环境温差大，造成帐内凝结水珠，因此洋葱易感染发霉。常用氯气防腐，用量为空气体积的 0.2%，每 5～7 天施药 1 次，过量易造成药害。

4. 冷库贮藏

冷藏库贮藏，是当前洋葱较好的贮藏方式。采用此法时，须在 8 月中下旬洋葱脱离休眠期之前入库贮藏。筐装码垛或架藏，或装入塑料袋内架贮或码垛贮藏。沈阳地区多放在蒜薹库一同贮放。维持 0℃左右的温度，可以较长时期贮藏。但一般冷藏湿度较高，鳞茎常会长出不定根。

### 十、姜贮藏

#### （一）贮藏特性

姜性喜温暖湿润，不耐低温，在 10℃以下易受冷害。受冷害的姜块在温度回升时容易腐烂，贮藏温度过高也易腐烂，适温约为 15℃。

各地栽培生姜，从清明至立夏间下种，到夏至就可陆续采收母姜和嫩姜，但这些都只能供即时消费；贮藏的生姜应收获充分成长的根茎，不能在地里受霜冻。一般是随收获随下窖贮藏，带土太湿的可稍晾晒，但不在田间过夜，最好不在晴天收获，以免日晒过度；雨天或雨后收获的不耐贮。

#### （二）贮藏方式

主要有两种贮藏方式：坑埋和井窖。土层深、土质黏重、冬季气温较低之处可用井窖贮藏：山东莱芜、泰安一带的姜窖深约 3m，在井底挖两个贮藏室，高约 1.3m，长宽各约 1.8m，贮藏量 750kg。浙江等地地下水位较高之处多用坑埋法。姜窖为圆形坑，贮 5 000kg 的窖底部直径 2m，窖口直径为 2.3m，地下部分深 0.8～1m，以不出水为原则；挖出的土围在窖口四周，使窖深共约 2.3m。地面上的土墙应拍实，防止漏风、崩塌。一般姜窖贮量不宜小于 2 500kg，否则冬季难以保温；超过 2 500kg 的太大，管理不便。窖坑内直立排列若干用芦苇或细竹捆成的直径约

10cm 的通风束，大约每 500kg 姜用 1 个通风束。姜块散堆坑内，直至窖口，中央高出呈馒头形，大窖有的可高出 1.5m，面上盖一层姜叶，四周覆一圈土。以后随气温下降分次添加覆土，并逐渐向中央收缩。覆土总厚度周缘 60 ~ 65cm，中央 12 ~ 16cm。窖顶用稻草做成圆尖形顶盖防雨，四周开排水沟，东、西、北 3 个方向设风障防寒。

贮藏中的管理要点是既防热又防冷。入贮初期根茎呼吸旺盛，窖内积聚的呼吸热多，温度容易上升，因此不能将窖顶全部封闭，要保持通风正常。初收获的姜脆嫩，易脱皮；下窖后约 1 个月，根茎逐渐老化不再脱皮，同时剥除茎叶的疤痕长平，顶芽长圆，称为"圆头"。这是一个加强生姜耐贮性的过程，要求保持稍高的窖温（约 20℃）。以后姜堆渐下沉，要随时将覆土层上的裂缝填没，防止透入冷空气，谨防窖温过低。姜窖必须严密，以保持内部良好的自发保藏条件。窖底不能积水。窖贮的姜可在第 2 年随时供应消费，但须一次出窖完毕。贮藏中要常检查姜块有无变化。

姜在产地经窖贮越冬后，调运至各地商业部门，还需长期贮藏以供周年消费。过去多用"浇姜法"，近来有改用在室内与沙层积保藏的。层积法堆高不超过 1m，注意夏季通风散热和冬季覆盖防寒，沙子太干可以浇水防止根茎干缩。浇姜法是选略带坡度的场地，上盖可略透阳光的阴棚，下设沿坡向顺排的垫木。姜块经挑选后倒立整齐排列在漏空筐内，筐码在床垫上，2 ~ 3 层高。荫棚四周设风障。视气温高低每天向姜筐浇凉水 1 ~ 3 次，必须全部浇透，渗下的水排出棚外。水温不能太低，防止姜块温度激变。浇水的目的是保持适当的低温，并维持高湿度，使姜块健康地发芽生长。浇姜期间茎叶可高达 0.5m，要使秧株保持葱绿色；如叶片黄萎，姜皮发红就是根茎行将腐烂的征兆，应及时处理。入冬时使秧子自然枯萎，原筐转入贮藏库，注意防冻，可再次越冬供应到春节以后。

　　浇姜是有意识地使之发芽生长，维持正常的代谢机能而使根茎基本不变质；在采取其他贮藏方法时，发芽则将引致变质损耗。

# 第五章 果蔬加工基础知识

## 第一节 概述

果蔬加工是以新鲜的果蔬为原料，根据它们的理化性质，采用不同的加工工艺处理，消灭或抑制果蔬中存在的有害微生物，保持或改进果蔬的食用品质，制成各种不同于新鲜果蔬的制品，这一系列过程称之为果蔬加工。其根本任务就是通过各种加工工艺处理，使果蔬达到在一定时间内得以保存、经久不腐、随时取用的目的。

### 一、果蔬加工的作用

果蔬加工作为一项产业，无论从社会经济发展层面，还是从加工产品层面都具有十分重要的意义。

首先，促进经济增长。果蔬产业是我国加入 WTO 后农产品中少数具有竞争优势的重要产业之一。果蔬加工业作为一个新兴产业，在中国农业和农村经济发展中的地位日趋重要，已经成为中国广大农村和农民最重要的经济来源和农村新的经济增长点，成为极具外向型发展潜力的区域性特色、高效农业产业和中国农业的支柱产业。

其次，减少采后损失。以我国果蔬产量和采后损失率为基准，将水果产后减损 15% 就等于增产约 1 000 万吨，扩大果园 2 000 万亩，蔬菜产后减损 10%，就等于增产 4 500 万吨。扩大菜园面积 2 000 万亩，若使果蔬采后损失降低 10%，就可获得约

550亿元的直接效益；而果蔬加工转化能力提高10%，则可增加直接经济效益300亿。

再次，促进西部发展。我国果蔬生产已经开始形成较合理的区域化分布，经过进一步的产业结构战略性调整，特别是通过加速西部大开发的步伐，我国果蔬产业"西移"已十分明显。如何紧紧抓住"果蔬产业转移"的机遇，积极推进西部地区果蔬加工业的发展，可较快地提高西部地区的造血功能，为西部大开发作出贡献。

果品、蔬菜是人们日常生活中不可缺少的食品之一，果蔬含有丰富的碳水化合物、有机酸、维生素及无机盐等多种营养成分，因而成为人类重要的营养源。果蔬还以其特有的香气与色泽刺激人们的食欲，促进消化，增强身体健康。但果蔬含有大量的水分，且采收以后仍不断地进行呼吸消耗，更极易感染微生物和遭受昆虫的侵害，从而造成极大的损失。据报道，由于我国保鲜加工产业落后，每年有8 000万吨的果蔬腐烂，损失总价值近千亿元。因此，开展果品蔬菜加工意义巨大，它是果品、蔬菜生产的一个重要环节，是保证果蔬丰产、丰收的重要步骤。

其作用具体表现在以下几方面：增加花色品种，更好地满足市场的需要；通过加工，改善果蔬风味，提高果蔬产品质量；可以变一用为多用，变废为宝，搞好综合利用，提高经济价值；可以更好地开发我国现有的野生资源，振兴农业；可以安排剩余劳动力，促进社会稳定和繁荣等等。

## 二、果蔬加工品分类

根据加工原料、加工工艺、制品风味的不同特点，可将果蔬加工品分为以下几类。

（一）罐制品

将新鲜的果蔬原料经预处理后装入罐内，利用无菌原理，经过排气、密封、杀菌冷却处理，创造罐内相对无菌的环境，制成加工品称为罐制品。此类食品既能长期保存、便于携带和运输，又方便卫生。是加工品中的主要产品之一。

（二）果蔬汁

经处理的新鲜果蔬，由压榨或提取所得汁液，经过调制、密封、杀菌而制成的制品。果蔬汁制品与人工配制的果蔬汁饮料在成分和营养功效上截然不同。前者是营养丰富的保健食品，而后者属嗜好性饮料。果蔬汁制品在我国虽然历史较短，但由于其营养丰富，食用方便，种类较多而发展迅速。

（三）糖制品

主要是利用糖的高渗透压保藏原理制成的。将新鲜的果蔬原料加糖煮浸，使制品内含糖量达到一定浓度，加入（或不加）香料或辅料，制成的加工品称为糖制品。糖制品采用的原料十分广泛，绝大部分果蔬都可以用做糖制原料，一些残次落果和加工过程中的下脚料，也可以加工成各种糖制品。此类制品有良好的保藏性和贮运性。

（四）干制品

是将新鲜的果蔬原料，通过人工或自然干燥的方法，脱出一部分水分，使可溶性物质的浓度提高到微生物难以利用的程度，并始终保持低水分，这样的制品称为果蔬干制品。干制品特点体积小，质量轻，携带方便，容易运输和保存。随着干制技术的不断提高，干制品的营养更加接近鲜果和蔬菜。

（五）腌制品

蔬菜腌制是一种成本低廉、风味多样，为大众所喜爱的大量保藏蔬菜的方法。蔬菜腌制是利用有益微生物活动的生成物以及各种配料来加强成品的保藏性；腌制原理是利用盐溶液的高渗透压抑制有害微生物生命活动。

（六）果酒类

果品通过酒精发酵或利用果汁调配而成的一种含酒精的饮料。果酒可分为：蒸馏酒、发酵酒、配制酒。此类制品是利用有益微生物抑制有害微生物的活动，所以酿造酒的关键是控制发酵条件，创造有益微生物生长的有利环境，使有益微生物形成群体优势，从而防止制品的腐败变质。例如果酒是以果实为主要原料制得的含醇饮料，营养丰富，有色、香、味等方面别具风韵，适量饮用既享受又有益身体健康。

（七）**果蔬的速冻制品**

果蔬的速冻制品是将经过预处理的新鲜果蔬置于冻结器中，在 −40℃ ~ −25℃ 温度条件下，在有强空气循环库内快速冻结而制成的制品。其产品需放在 −18℃ 库内保存直至消费。是在低温（−25℃）条件下，使果蔬内的水分迅速形成细小的冰晶体，然后在低温（−18℃）下贮存的一类加工品。速冻技术是我国近代食品工业中兴起的一种加工新技术。速冻制品的营养和质量能够最大限度地保存，可与新鲜果蔬相媲美深受人们的喜爱。

（八）**副产品**

利用果蔬的下脚料（如残果、落果、果皮、种仁等）经加工制成或提取出来的产品。是对果蔬进行综合利用而生产的果胶、芳香物质、有机酸等副产物。这些副产物的提取，大大提高了果蔬原料的利用率，提高了经济效益，目前已经受到果蔬加工企业的重视。

## 第二节　果蔬加工对原辅料的基本要求及处理

### 一、果蔬加工对果蔬的要求及预处理

（一）果蔬加工对原料的要求

原料选择的根本目的在于选择那些加工适应性优良的原料。加工适应性是指原料适应于某种加工工艺的特性，它与原料本身的特性和加工工艺有关。在加工工艺和设备条件一定的情况下，原料的好坏就直接决定着制品的质量。果蔬加工对原料总的要求是要有合适的种类、品种，适当的成熟度和良好、新鲜完整的状态。

1. 依据不同的加工工艺选择相应的果蔬种类和品种

果品蔬菜的种类和品种繁多，但不是所有的种类和品种都适合于加工，更不是都适合加工同一种类的加工品。就果蔬原料的加工特性而言，除果品构造上有较大差别外，供加工的部分一般都是果实；而蔬菜则相对较复杂，因为所应用的器官或部位不同，其结构与性质也相差很大。因此，正确选择适合于加工的种类品种是生产品质优良的加工品的首要条件。而如何选择合适的原料，就要根据各种加工品的制作要求和原料本身的特性来决定。

果汁类的产品对原料要求：一般选汁液丰富、取汁容易、可溶性固形物含量高、酸度适宜、风味芳香独特、色泽良好及果胶含量较少的种类和品种为原料。例如理想的果蔬原料有葡萄、柑橘、苹果、梨、菠萝、番茄、黄瓜、芹菜、大蒜等。然而有的果蔬汁液含量并不丰富，如胡萝卜及山楂等，但它们具有特殊的营养价值及风味色泽，可以采取特殊的工艺处理而加工成澄清或浑浊型的果汁饮料。

干制品的原料要求是：干物质含量较高，水分含量较低，可食部分多，粗纤维少，风味及色泽好的种类和品种。果蔬较理想的原料有：枣、柿子、山楂、苹果、龙眼、杏、胡萝卜、马铃薯、辣椒、南瓜、洋葱、姜及大部分的食用菌等。但某一适宜的种类中并不是所有的品种都可以用来加工干制品，例如脱水胡萝卜制品，新黑田五寸是一最佳加工品种，而有的胡萝卜品种则不宜用于加工。

用于罐藏、果脯及冷冻制品的原料，要求选肉厚、可食部分大、质地紧密、糖酸比适当、色香好的种类和品种、一般大多数的果蔬均可适合此类加工制品。

对于果酱类的制品，其原料要求含有丰富的果胶物质、较高的有机酸含量、风味浓、香气足。例如水果中的山楂、杏、草莓、苹果等就是最适合加工这类制品的原料种类。而蔬菜类的番茄加工对番茄红素的要求甚为严格。因此，目前认为最好的番茄加工新品种有红玛瑙 140、新番 4 号等品种。

蔬菜腌制对原料的要求不太严格，一般应以水分含量低、干物质较多、肉质厚、风味独特、粗纤维少为好。优良的腌制原料有芥菜类、根菜类、白菜类、榨菜类、黄瓜、茄子、蒜、姜等。

2. 果蔬的成熟度和采收期

原料的成熟度和采收期适宜与否，将直接关系到加工成品质量高低和原料的损耗大小。

在果蔬加工学上，一般将其成熟度分为 3 个阶段，即可采收熟度、加工成熟度和生理成熟度。可采成熟度是指果实充分膨大长成，但风味还未达到顶点、这时采收的果实，适合于贮运并经后熟后方可达到加工的要求，如香蕉、西洋梨等水果，一般工厂为了延长加工期常在这时采收进厂入贮，以备加工。

加工成熟度是指果实已具备该品种应有的加工特征，分为适当成熟与充分成熟。根据加工类别不同而要求成熟度也不同。如制造果汁类，要求原料充分成熟，色泽好，香味浓，糖酸适中，榨汁容易，吨耗率低；制造干制品类，果实也要求充分成熟，否则缺乏应有的香味，制成品质地坚硬，而且，有的果实如杏，若青绿色未褪尽，干制后会因叶绿素分解变成暗褐色，影响外观品质；制造果脯、罐头类，则要求原料成熟适当，这样果实因为果胶类物质较多，组织比较坚硬，可以经受高温煮制；而果糕、果冻类加工时，则要求原料具有适当的成熟度，其目的是利用原果胶含量高，使制成品具有凝胶特性。

生理成熟度是指果实质地变软，风味变淡，营养价值降低，一般称这个阶段为过熟。这种果实除了可做果汁和果酱外（因不需要保持形状），一般不适宜加工其他产品。即使要做上述制品，也必须通过添加一定的添加剂或在加工工艺上进行特别处理，方可制出比较满意的加工制品。这样势必要增加生产成本，因此，任何加工品均不提倡这个时期进行加工。但制作葡萄的加工品时，则应在这时采收，因此时果实含糖量高，色泽风味最佳。

不同的加工品对果蔬原料的成熟度和采收期要求不同。

（1）加工工艺对果蔬成熟度和采收期的要求 果品蔬菜的成熟度是表示原料品质与加工适应性的指标之一。原料成熟度不同，所含化学物质及其组织结构特性也不尽相同，加工适应性有很大的差异，不同的加工品，对原料的成熟度要求亦不同。

一般地，原料只要达到本品种固有的性状时，即可采收用于腌制；制造果脯或罐藏的原料，则要求成熟度适中，果实果胶含量高，组织硬，耐煮制，若用充分成熟或过熟的原料，则在煮制或杀菌过程中容易软烂（七八成熟为宜）；制造果汁果酒则要求原料充分成熟，色泽好，香气浓，榨汁容易，若用较生的原料，则制品风味淡薄，榨汁不易，且澄清困难；制造干制品的原料，有的要求充分成熟，有的则要求适度采收。

（2）加工果蔬原料对成熟度和采收期的要求 蔬菜原料的

成熟度选择与果品有较大差异，因其多为变态器官，生长过程存在着机械组织的强烈发育，收获太晚，则组织老化。纤维增多，品质降低，其采收标准难以统一，有的以完全成熟为宜，有的在达到本品种固有性状时采收，有的则在幼嫩时采收。如蘑菇若采收过晚，加工过程易开伞，而番茄，采收过早则其风味、色泽皆不能形成（只有腌制酸泡菜才在白熟期采收）；金针菜以花蕾充分膨大还未开放做罐头和干制品为优，花蕾开放后，易折断，品质变劣。蘑菇子实体在 1.8～4.0cm 时采收作清水蘑菇罐头为优，过大、开伞后的蘑菇，菌柄空心，外观欠佳，只可作蘑菇干。

叶菜类一般要在生长期采收，此时粗纤维少，品质好，对于某些果菜类如进行酱腌的黄瓜，则要求选择以幼嫩的乳黄瓜或小黄瓜进行采摘。

3. 原料的新鲜度

加工原料越新鲜，加工的品质越好，损耗率也越低。因此，从采收到加工应尽量缩短时间。果品蔬菜多属易腐农产品，某些原料如葡萄、草莓及番茄等，不耐重压，易破裂，极易被微生物侵染，给以后的消毒杀菌带来困难。这些原料在采收、运输过程中，极易造成机械损伤，若及时进行加工，尚能保证成品的品质，否则这些原料严重腐烂，导致其失去加工价值或造成大量损耗。如蘑菇、芦笋要在采收后 2～6h 内加工，蒜薹、莴苣等不得超过 1～2 天；大蒜、生姜等如采后 3～5 天，表皮干枯，去皮困难；甜玉米采后 30h 就会迅速老化，含糖量下降近 1 倍，淀粉含量增加近 50%，水分也大大下降，势必影响到加工品的质量。因此，在自然条件下，从采收到加工不得超过 6h。而水果如桃采后若不迅速加工，果肉会迅速变软，因此，要求其采后 1 天内进行加工；葡萄、杏、草莓及樱桃等必须在 12h 内进行加工；柑橘；中晚熟梨及苹果应在 3～7 天内进行加工。

总之，果品蔬菜要求从采收到加工的时间尽量短，新鲜原料一般要求 12h 内加工完毕。如果必须放置或进行远途运输，则应有一系列的保藏措施。如蘑菇等食用菌要用盐渍保藏；甜玉米及叶菜类最好立即进行预冷处理；桃子、李、番茄、苹果等最好入冷藏库贮存。同时在采收、运输过程中防止机械损伤、日晒、雨淋及冻伤等，以充分保证原料的新鲜。

（二）原料的预处理

果蔬加工原料的预处理，对其加工成品的影响很大，如处理不当，不但会影响产品的质量和产量，而且会对以后的加工工艺造成影响。为了保证加工品的风味和综合品质，避免降低原料消耗定额，以获得最大经济效益，必须认真对待加工前原料的预处理。

果蔬加工原料的预处理是指各类加工工艺在未进行后续工艺前，各类加工产品都有一段共同的工艺，叫原料的预处理，它包括选别、分级、洗涤、去皮、修整、切分、烫漂（预煮）、护色、半成品保存等工序。尽管果蔬种类和品种各异，组织特性相差很大，加工方法也有很大的差别，但加工前的预处理过程却基本相同。其中重点是果蔬原料碱液去皮、烫漂及护色等主要原料预处理的原理、条件及方法。

1. 原料的选别与分级

剔选时，将进厂的原料进行粗选，剔除虫蛀、霉变和伤口大的果实，对残、次果和损伤不严重的则先进行修整后再应用。

进行加工的原料绝大部分含有杂质，且大小、成熟度有一定的差异。首先，剔除不合乎加工要求的果蔬，包括未熟或过熟的，已腐烂或长霉的果蔬。还有混入果蔬原料内的沙石、虫卵和其他杂质，从而保证产品的质量。其次，将原料按大小、成熟度及色泽进行预先的剔选分级，有利于以后各项工艺过程的顺利进行，如将柑橘进行分级，按不同的大小和成熟度分级后，有利于指定出最适合于每一级的机械去皮、热烫、去囊衣的工艺条件，

保证以后工艺处理的一致性，使其具有良好的产品质量和数量，同时也降低能耗和辅助材料的用量。

果蔬的分级方法有按大小分级、按成熟度分级和按色泽分级几种，视不同的果蔬种类及这些分级内容对果蔬加工品的影响而分别采用一种或多种分级方法。

在我国，按成熟度分级常用目视估测的方法进行。在果蔬加工中，桃、梨、苹果、杏、樱桃、豆类、黄瓜、芦笋、竹笋等常先按成熟度分级。大部分目视分成低、中、高3级，以便能合理地制定后续工序。豆类中的豌豆等在国内外也常用盐水浮选法进行分级，因为成熟度高的含有较多的淀粉，故相对密度较大，在特定相对密度的盐水中利用其上浮或下沉的原理即可将其分开。在美国，将能在比重1.04的盐水中上浮的规定为特级，下沉的为标准级，再用比重为1.07的盐水浮选，上浮的为标准2级，下沉者次之。此种分级方法受豆粒内空气含量的影响，故有时将此分级步骤改在烫漂后装罐前进行。速冻酸樱桃常用灯光法进行色泽和成熟度分级。

按色泽分级与按成熟度分级在大部分果蔬中是一致的，一般按色泽的深浅分开。除了在预处理以前分级外，大部分罐藏果蔬在装罐前也要按色泽分级。

按大小分级是分级的主要方法，几乎所有的加工果蔬均需按大小分级。其方法有手工分级和机械分级两种。

（1）手工分级　在生产规模不大或机械设备较差时常用手工分级，同时可配备简单的辅助工具，如圆孔分级板（图5-1）、蘑菇大小分级尺等。分级板由长方形板上开不同孔径的圆孔制成，孔径的大小视不同的果蔬种类而定。通过每一圆孔的算一级，但不应往孔内硬塞下去，以免擦伤果皮。另外，果实也不能横放或斜放，以免大小不一。

这种分级同样适合于圆形的蔬菜和蘑菇。

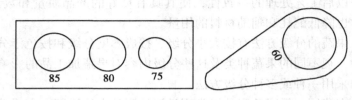

**图 5 – 1　圆孔分级板**

除分级板外，有根据同样原理设计而成的分级筛。适用于豆类、马铃薯、洋葱及部分水果，分级效率高，比较实用。

（2）机械分级　采用机械分级可大大提高分级效率，且分级均匀一致，目前常用的机械有：

①滚筒式分级机（如图 5 – 2）。主要部件为滚筒，实际上是一个圆柱形的筒状筛，用 1.5～2.0mm 的不锈钢板冲孔后卷成。其上有不同孔径的几组漏孔，原料从进口至出口，后组的孔径逐渐比前组增大。每组滚筒下装有集料斗。当果蔬进入时，小于第一组孔径的果实，从第一级筒筛落入料斗，为一级，余类推。为使原料从筒内向出口处运动，整个滚筒装置一般有 3°～5°的倾角。滚筒分级机适用于山楂、蘑菇、杨梅及豆类。

②振动筛（如图 5 – 3）。是常用的果蔬分级机械，多数水果可利用此机分级，本身为带有孔的金属板，用铜或不锈钢制成，操作时，机体沿一定方向作往复运动，出料口有一定的倾斜度。因机体摆动和倾斜角的作用，筛面上的果蔬以一定速度向前移动，在移动过程中进行分级。小于第一层筛孔的果实，从第一层筛子落入第二层筛子，余类推。大于筛孔的果实，从各层的出料口挑出，为一级，每级筛子的出料口都可得到一级果实。

此机适用于一些圆形果实，苹果、梨、李、杏、桃、柑橘、番茄等都可用。使用和购买时应注意筛孔的大小与果实是否相符。

图 5 - 2　滚筒式分级机

图 5 - 3　振动筛

　　③分离输送机。为一种皮带分级机，其分级部分是由若干组成对的长橡皮带构成，每对橡皮带之间的间隙由始端至末端逐渐加宽，形成"V"形。果实进入输送带始端，两条输送带以同样的速度带动果实往末端动，带下装有各档集料斗，小的果实先落下，大的后落下，以此分级。此种设备简单，效率高，适合于大多数果品。缺点是调整较费时，分级不太严格。

除了各种通用机械外，果蔬加工中还有许多专用的分级机械，如蘑菇分级机、橘瓣分级机和菠萝分级机等。

2. 原料的洗涤

果蔬原料清洗目的在于洗去果蔬表面附着的灰尘、泥沙和大量的微生物以及部分残留的化学农药，保证产品的清洁卫生，从而保证制品的质量。果蔬原料在生产过程中常有许多来自土壤和植物器官的微生物，某些有伤口的果蔬也同样含有大量的微生物。洗涤对于减少物料的带菌数，特别是耐热性芽孢，具有十分重要的意义。另外，现代农业常大量使用农药，洗涤对于除去果蔬表面的农药残留也有一定的意义。

洗涤用水应符合饮用水标准，清洗时常在水中加入盐酸、氢氧化钠、漂白粉、高锰酸钾等化学试剂，既可减少或除去农药残留，还可除去虫卵，降低耐热芽孢数量。近年来，更有一些脂肪酸系的洗涤剂如单甘油酸酯、磷酸盐、糖脂肪酸酯、柠檬酸钠等应用于生产。

果蔬的清洗方法可分为手工清洗和机械清洗两大类。

（1）手工清洗　简单易行，设备投资省，适用于任何种类的果蔬，但劳动强度大，非连续化作业，效率低。但对于一些易损伤的果品如杨梅、草莓、樱桃等，此法较适宜。

（2）机械清洗　果蔬清洗的机械种类较多，有适合于质地比较硬和表面不怕机械损伤的李、黄桃、甘薯、胡萝卜等原料的滚筒式清洗机，番茄酱、柑橘汁等连续生产线中常应用的喷淋式清洗机，适合于胡萝卜、甘薯、芋头等较硬物料的桨叶式清洗机以及用途广泛的压气式清洗机等多种类型。应根据生产条件、果蔬形状、质地、表面状态、污染程度、夹带泥土量以及加工方法而选用适宜的清洗设备。清洗用水应符合饮用水标准。

3. 果蔬的去皮

除叶菜类外，大部分果蔬外皮较粗糙、坚硬，虽有一定的营养成分，但口感不良，对加工制品有一定的不良影响。如柑橘外皮含有精油和苦味物质；桃、梅、李、杏、苹果等外皮含有纤维素、果胶及角质；荔枝、龙眼的外皮木质化；甘薯、马铃薯的外皮含有单宁物质及纤维素、半纤维素等；竹笋的外壳高度纤维化，不可食用。因而，一般要求去皮。只有在加工某些果脯、蜜饯、果汁和果酒时，因为要打浆、压榨或其他原因才不用去皮。加工腌渍蔬菜也常常无需去皮。

去皮时应注意：只要求去掉不可食用或影响制品品质的部分，不可过度，否则会增加原料的消耗，且产品质量低下。

果蔬去皮的方法很多，应针对不同果蔬，不同的加工品，选用不同的去皮方法。

（1）手工去皮　手工去皮是应用特别的刀、刨等工具人工削皮，应用范围较广。其优点是去皮干净、损失率少，并兼有修整的作用，还可去心、去核、切分等同时进行。在果蔬原料质量较不一致的条件下能显示出其优点。但手工去皮费工、费时，生产效率低，不适合大规模生产。常用于柑橘、苹果、柿子、枇杷、芦笋、竹笋、瓜类等。

（2）机械去皮　主要用于规范且果型较大的果蔬原料，常用的去皮机主要有下述 3 种类型。

①旋皮机。主要原理是在特定的机械刀架下将果蔬皮旋去，适合于苹果、梨、柿、菠萝等大型果品。

②擦皮机。利用内表面有金刚砂，表面粗糙的转筒或滚轴，借摩擦力的作用擦去表皮。适用于马铃薯、甘薯、胡萝卜、荸荠、芋等原料，效率较高，但去皮后的表面不光滑。此种方法常与热力去皮法结合使用，如甘薯去皮即先行加热，再喷水擦皮。

③专用去皮机。青豆、黄豆等采用专用的去皮机来完成，菠萝也有专门的菠萝去皮、切端通用机。

机械去皮比手工去皮的效率高、质量好，但一般要求去皮前原料有较严格的分级。另外，用于果蔬去皮的机械，特别是与果蔬接触的部分应用不锈钢制造，否则会使果肉褐变，且由于器具被酸腐蚀而增加制品内的重金属含量。

（3）碱液去皮　碱液去皮是果蔬原料去皮中应用最广的方法。桃、李、杏、苹果、胡萝卜等果蔬，外皮为角质、半纤维素等组成，果肉为薄壁细胞组成，果皮与果肉之间为一层中胶层，富含果胶物质，将果皮与果肉连接。碱液去皮原理：当果蔬原料与碱液接触时，碱液的腐蚀性使果蔬表面中胶层溶解，果皮的角质、半纤维素易被碱液腐蚀而变薄乃至溶解，中胶层的果胶被碱液水解而失去胶凝性，从而使果皮分离。而果肉的薄壁细胞膜比较抗碱。因此，碱液处理能使果蔬的表皮剥落而保存果肉。

碱液去皮常用的碱为氢氧化钠，其腐蚀性强且价廉；也可用氢氧化钾或二者的混合液，但氢氧化钾较贵。有时也用碳酸氢钠等碱性较弱的盐。常在碱液中加入表面活性剂如 2 - 乙基己基磺酸钠，使碱液分布均匀以帮助去皮。碱液去皮时碱液的浓度、处理的时间和碱液温度，应视不同果蔬原料种类、成熟度、大小而定。

碱液去皮的处理方法有浸碱法和淋浸法两种。

①浸碱法。可分为冷浸与热浸，生产上以热浸较常用。将一定浓度的碱液装在特制的容器（热浸常用夹层锅）中，将果实浸泡一定的时间后取出搅动、摩擦去皮、漂洗即成。

简单的热浸设备常为夹层锅，用蒸汽加热，手工浸入果蔬、取出、去皮。大量生产可用连续的螺旋推进式浸碱去皮机或其他浸碱去皮机械。其主要部件均由浸碱箱和清漂箱两大部分组成。切半后或整果的果实，先进入浸碱箱的螺旋转筒内，经过箱内的碱液处理后，随即在螺旋转筒的推进作用下，将果实推入清漂箱的刷皮转筒内，由于螺旋式棕毛刷皮转笼在运动中边清洗、边刷皮、边推动的作用，将皮刷去，原料由出口输出。

②淋碱法。将热碱液喷淋于输送带上的果品上，淋过碱的果蔬进入转筒内，在冲水的情况下与转筒的边翻滚摩擦去皮。杏、桃等果实常用此法。

为了帮助去皮可加入一些表面活性剂和硅酸盐，因它们可降低果蔬的表面张力，使碱液分布均匀，促进碱液渗透，加强去皮效果。在甘薯、苹果、梨等较难去皮的果蔬常加用。有报道，番茄去皮时在碱液中加入0.3%的2-乙基己基磺酸钠或甲基萘磺酸盐，可降低用碱量，增加表面光滑性，减少清洗水的用量。

碱液去皮时碱液的浓度、处理的时间和碱液温度为3个重要参数，应视不同的果蔬原料种类、成熟度和大小而定（表5-1）。碱液浓度高、处理时间长及温度高会增加皮层的松离及腐蚀程度。

表5-1　不同果蔬碱液去皮

| 果蔬种类 | NaOH浓度（%） | 液温（℃） | 处理时间（h） | 备注 |
|---|---|---|---|---|
| 桃 | 1.5~3 | 90~95 | 0.5~2 | 淋碱或浸碱 |
| 杏 | 3~6 | 90以上 | 0.5~2 | 淋碱或浸碱 |
| 李 | 5~8 | 90以上 | 2~3 | 浸碱 |
| 苹果 | 20~30 | 90~95 | 0.5~1.5 | 浸碱 |
| 胡萝卜 | 3~6 | 90以上 | 4~10 | 浸碱 |
| 番茄 | 15~20 | 85~95 | 0.3~0.5 | 浸碱 |

生产中必须视具体情况灵活掌握，只要处理后经轻度摩擦或搅动能脱落果皮，且果肉表面光滑即为适度的标志。

经碱液处理后的果蔬必须立即在冷水中浸泡、清洗，反复换水。同时、淘洗除去果皮渣和黏附的余碱，漂洗至果块表面无滑腻感，口感无碱味为止。漂洗必须充分，如若不然有可能导致果蔬制品，特别是罐头制品的pH值偏高，导致杀菌不足，使产品败坏，同时口感也不良。为了加速降低pH值可进行清洗，可用

0.1%~0.2%的盐酸或0.25%~0.5%的柠檬酸水溶液浸泡，兼有防止变色的作用。盐酸比柠檬酸好，因盐酸解离的$H^+$和$Cl^-$对氧化酶有一定的抑制作用，而柠檬酸较难解离。同时，盐酸和余碱可生成盐类，抑制酶活性，更兼有价格低廉的优点。

碱液去皮优点甚多，首先是适应性广，几乎所有的果蔬均可应用碱液去皮，且对原料表面不规则、大小不一的原料也能达到良好的去皮效果；其次，碱液去皮掌握合适时，损失率较少，原料利用率较高；再次，此法可节省人工、设备等。但必须注意碱液的强腐蚀性，注意安全，设备容器等必须由不锈钢制成或用搪瓷、陶瓷，不能使用铁或铝。

（4）热力去皮　定义：果蔬先用短时间的高温处理，使之表皮迅速升温而松软，果皮膨胀破裂，与内部果肉组织分离，然后迅速冷却去皮。此法适用于成熟度高的桃、杏、番茄、甘薯等。

热力去皮的热源主要有蒸汽与热水。蒸汽去皮时一般采用近100℃的处理温度，这样可以在短时间内使外皮松软，以便分离。具体的蒸汽处理时间，可根据原料种类和成熟度而定。

用热水去皮时，小量的可用夹层锅内加热的方法。大量生产时，采用带有传送装置的蒸汽加热沸水槽进行。果蔬经短时间的热水浸泡后，用手工剥皮或高压水冲洗。如番茄即可在95~98℃的热水中烫10~30s，取出冷水浸泡或喷淋，然后手工剥皮；桃可在100℃的蒸汽下处理8~10h，然后边喷淋冷水边用毛刷辊或橡皮辊刷洗。

除上述两种热处理方法外，科研上还有研究用火焰进行加温的火焰去皮法、红外线加温去皮法等。据报道，将番茄在1 500~1 800℃的红外线高温下受热4~20s，用冷水喷射即可除去外皮，效果较好。

热力去皮原料损失少，色泽好。但只适用于皮层易剥离、充分成熟的原料，对成熟度低的原料不适用。

（5）酶法去皮　柑橘的囊瓣，在果胶酶（主要是果胶酯酶）的作用下，可使果胶水解，脱去囊衣。如将橘瓣放在1.5%的703果胶酶溶液中，在35～40℃，pH值1.5～2.0的条件下处理3～8h，可达到去囊衣的目的。酶法去皮条件温和，产品质量好。其关键是要掌握酶的浓度及酶的最佳作用条件如温度、时间、pH值等。

（6）冷冻去皮　将果蔬在冷冻装置内达到轻度表面冻结，然后解冻，使皮层松弛后去皮，此法适用于桃、杏、番茄等。有报道，番茄在液氮为介质的冷冻机内冻5～15s，然后浸入热水中解冻、去皮。此法无蒸煮过程；去皮损失率5%～8%，质量好，但费用高，目前仍处于试验阶段，尚未投入商业应用。

（7）真空去皮　将成熟的果蔬先行加热，使其升温后果皮与果肉易分离，接着进入有一定真空度的真空室内，适当处理，使果皮下的液体迅速"沸腾"皮与肉分离，然后破除真空，冲洗或搅动去皮。此法适用于成熟的果蔬如桃、番茄等。

综上所述，果蔬去皮的方法很多，且各有其优缺点，应根据实际的生产条件、果蔬的状况而采用。而且许多方法可以结合在一起使用，如碱液去皮时，为了缩短浸碱或淋碱时间，可将原料预先进行热处理，再行碱处理。

4. 原料的切分、破碎、去心（核）、修整

体积较大的果蔬原料在罐藏、干制、腌制及加工果脯、蜜饯时，为了保持适当的形状，需要适当地切分，切分的形状则根据产品的标准和性质而定。制果酒、果蔬汁等制品，加工前需破碎，使之便于压榨或打浆，提高取汁效率。核果类加工前需去核、仁果类则需去心。有核的柑橘类果实制罐时需去种子。枣、金柑、梅等加工蜜饯时需划缝、刺孔。

罐藏或果脯、蜜饯加工时为了保持良好的外观形状，需对果

块在装罐前进行修整，以便除去果蔬碱液未去净的皮，残留于芽眼或梗洼中的皮，部分黑色斑点和其他病变组织。全去囊衣橘瓣罐头则需除去未去净的囊衣。

小量生产或设备较差时一般手工完成，常借助于专用的小型工具完成以上操作。如山楂、枣的捅核器；匙形的去核心器；金柑、梅的刺孔器等。

规模生产常有多种专用机械，主要有以下几种。

（1）劈桃机　用于将桃切半，主要原理为利用圆盘锯将其锯成两半。

（2）多功能切片机　为目前采用较多的切分机械，可用于果蔬的切片、切块、切条等。设备中装有可换式组合刀具架，可根据要求选用刀具。

（3）专用的切片机　在蘑菇生产中常用蘑菇定向切片刀，除此之外，还有菠萝切片机、青刀豆切端机、甘蓝切条机等。

果蔬的破碎常由破碎打浆机完成。刮板式打浆机也常用于打浆、去籽。制造果酱时果肉的破碎也可采用绞肉机进行。果泥加工还用磨碎机或胶体磨。

葡萄的破碎、去梗、送浆联合机为葡萄酒厂的常用设备，成穗的葡萄送入进料斗后，经成对的破碎辊破碎、去梗后，再将果浆送入发酵池中，自动化程度很高。

5. 烫漂

已切分的或经其他预处理的新鲜果蔬原料放入沸水或热蒸汽中进行短时间的热处理。这是许多加工品制作工艺中的一个重要工序，该工序的作用不仅是护色，而且还有其他许多重要的作用。因此，烫漂处理的好坏，将直接关系到加工制品的质量。

（1）烫漂处理的作用

①钝化活性酶、防止酶褐变。果蔬受热后氧化酶类等可被钝化，从而停止其本身的生化活动，防止品质的进一步败坏，这在

速冻与干制品中尤为重要。一般认为抗热性较强的氧化还原酶可在 71 ~ 73.5℃、去氧化酶可在 80 ~ 95℃ 的温度下一定时间内失去活性。

②软化或改进组织结构。烫漂后的果蔬体积适度缩小，组织变得适度柔韧，罐藏时，便于装罐。同时由于部分脱水，易保证有足够的固形物含量，干制和糖制时由于改变了细胞膜的透性，使水分易蒸发，糖分易渗入，不易产生裂纹和皱缩，尤其干制时加碱液烫漂后更明显。热烫过的干制品复水也较容易。

③稳定或改进色泽。由于空气的排出，有利于罐头制品保持合适的真空度；对于含叶绿素的果蔬，色泽更加鲜绿；不含叶绿素的果蔬则变成所谓的半透明状态，更加美观。

④除去部分辛辣味和其他不良风味。对于苦涩味、辛辣味或其他异味重的果蔬原料，经过烫漂处理可适度减轻，有时还可以除去一部分黏性物质，提高制品的品质。

⑤降低果蔬中的污染物和微生物数量。果蔬原料在去皮、切分或其他预处理过程中难免受到微生物等污染，经烫漂可杀灭部分微生物，减少对原料的污染，这对于速冻制品尤为重要。

但是，烫漂同时要损失一部分营养成分，热水烫漂时，果蔬视不同的状态要损失相当的可溶性固形物。据报道，切片的胡萝卜用热水烫漂 1h 即损失矿物质 15%，整条的也要损失 7%。另外，维生素 C 及其他维生素同样也受到一定损失。果蔬烫漂常用的方法有热水和蒸汽两种。热水烫漂的优点是物料受热均匀，升温速度快，方法简便；缺点是可溶性固形物损失多。在热水烫漂过程中，其烫漂用水的可溶性固形物浓度随烫漂的进行不断加大，且浓度越高，果蔬中的可溶性物质开初损失较多，以后则损失逐渐减少，故在不影响烫漂外观效果的条件下，不应频繁更换烫漂用水。

（2）烫漂方法　果蔬烫漂常用的方法有热水和蒸汽两种。

热水法是在不低于90℃的温度下热烫2～5h。但是制作罐头的葡萄和制作脱水菜的菠菜及小葱则只能在70℃左右的温度下热烫几小时。蒸汽法是将原料装入蒸锅或蒸汽箱中，用蒸汽喷射数小时后立即关闭蒸汽并取出冷却。热水法的优点是物料受热均匀，升温速度快，但缺点是部分维生素及可溶性固形物损失较多，一般可损失10%～30%。蒸汽法可避免某些原料损失，但必须有较好的设备，否则加热不匀，热烫质量差。加工罐头用的果品也常用糖液烫漂，同时兼有排气作用。有些绿色蔬菜为了保持色泽，常在烫漂水中加入碱性物质，如碳酸氢钠、氢氧化钙等。但此种物质对维生素C损失影响较大，为了保持维生素C，有时也加亚硫酸盐类。

果蔬烫漂可用手工在夹层锅内进行，现代化生产常采用专门的连续化预煮设备，依其输送物料的方式，目前主要的预煮设备有链带式连续预煮机和螺旋式连续预煮机等。

（3）预煮判断标准　一般情况下，特别是罐藏时，应根据果蔬的种类、块形、大小、工艺要求等条件而定。

①从外表上看果实烫至半生不熟，组织较透明，失去新鲜果蔬的硬度，但又不像煮熟后那样柔软即被认为适度。烫漂程度也常以果蔬中最耐热的过氧化物酶的钝化作标准，特别是在干制和冷冻时更是如此。

②用过氧化物酶活性的检查法：可用0.1%的愈创木酚酒精溶液（或0.3%的联苯胺溶液）及0.3%的过氧化氢溶液作试剂。方法是将试样切片后，随即浸入愈创木酚或联苯胺溶液中或在切面上滴几滴上述溶液，再滴上0.3%的过氧化氢数滴，数小时后，愈创木酚变褐色、联苯胺变蓝色即说明酶未被破坏，烫漂程度不够，否则即说明酶被钝化，烫漂程度已够。

烫漂后的果蔬要及时浸入冷水中冷却，防止过度受热，组织变软。近年来，对果蔬的热烫研究甚多，美国有些厂家20世纪

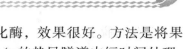

70 年代应用热风加蒸汽的方法钝化酶，效果很好。方法是将果蔬置于温度高达 150℃、风速 107m/s 的热风隧道中短时间处理。据认为，此法的优点是无常规烫漂所排入的大量废水，成本低 30%，且果蔬营养成分保存得很好。

6. 硬化处理

硬化处理是指一些果蔬制品要求具有一定的形态和硬度，而原料本身又较为柔软、难以成型、不耐热处理等，为了增加制品的硬度，常将原料中放入石灰、氯化钙等稀溶液中浸泡。因为钙、镁等金属离子可与原料细胞中的果胶物质生成不溶性的果胶盐类，从而提高制品的硬度和脆性。

一般进行石灰水处理时，其浓度为 1%～2%，浸泡 1～24h；用氯化钙处理时，其浓度为 0.1%～0.5%。经过硬化处理的果蔬，必须用清水漂洗 6～12h。

7. 工序间的护色

果蔬去皮和切分之后，与空气接触会迅速变成褐色，从而影响外观，也破坏了产品的风味和营养品质。这种褐变主要是酶促褐变，由于果蔬中的多酚氧化酶氧化具有儿茶酚类结构的酚类化合物，最后聚合成黑色素所致。其关键的作用因子有酚类底物、酶和氧气。因此采取护色措施。

一般护色措施均从排出氧气和抑制酶活性两方面着手，在果蔬加工预处理中所用的方法主要有下述几种。

（1）烫漂护色　将去皮切分的原料，迅速用沸水或蒸汽热烫 3～5min 从而达到钝化活性酶、防止酶褐变、稳定或改进色泽。

（2）食盐溶液护色　将去皮或切分后的果蔬浸于一定浓度的食盐溶液中可护色。原因是食盐对酶的活力有一定的抑制和破坏作用；使氧气在盐水中的溶解度比空气小，从而可抑制氧化酶系统的活性，故有一定的护色效果；食盐溶液具有较高的渗透压也可使细胞脱水失活。

果蔬加工中常用 1% ~ 2% 的食盐水护色，如再加入 0.1% 的柠檬酸，则护色效果更好。桃、梨、苹果及食用菌类均可用此法。但蘑菇也用近 30% 的高浓度盐渍并护色。用此法护色应注意漂洗净食盐，特别是对于水果尤为重要。

（3）亚硫酸盐溶液护色　亚硫酸盐既可防止酶褐变，又可抑制非酶褐变，效果较好。常用的亚硫酸盐有亚硫酸钠、亚硫酸氢钠和焦亚硫酸钠等。罐头加工时应注意采用低浓度，并尽量脱硫，否则易造成罐头内壁产生硫化斑。但干制等可采用较高的浓度。

（4）有机酸溶液护色　有机酸溶液既可降低 pH 值、抑制多酚氧化酶活性，又可降低氧气的溶解度而兼有抗氧化作用，大部分有机酸还是果蔬的天然成分，所以优点甚多。常用的有机酸有柠檬酸、苹果酸或抗坏血酸，但后两者费用较高，故除了一些名贵的果品或速冻果品时加入外，生产上一般都采用柠檬酸，浓度为 0.5% ~ 1%。

（5）抽空护色　某些果蔬如苹果、番茄等，组织较疏松，含空气较多，对加工特别是罐藏不利，易引起氧化变色，需进行抽空处理。所谓抽空是将原料置于糖水或无机盐水等介质里，在真空状态下，使内部的空气释放出来。果蔬的抽空装置主要由真空泵、气液分离器、抽空罐等组成。果蔬抽空的方法有干抽和湿抽两种方法，分述如下。

①干抽法。将处理好的果蔬装于容中，置于 90kPa 以上的真空罐内抽去组织内的空气，然后吸入规定浓度的糖水或水等抽空液，使之淹没果面 5cm 以上，当抽空液吸入时，应防止真空罐内的真空度下降。

②湿抽法。将处理好的果实，浸没于抽空液中，放在抽空罐内，在一定的真空度下抽去果肉组织内的空气，抽至果蔬表面透

明为度。果蔬所用的抽空液常用糖水、盐水、护色液 3 种，视种类、品种、成熟度而选用。原则上抽空液的浓度越低，渗透越快；浓度越高，成品色泽越好。

**二、果蔬加工对水质的要求及处理**

（一）果蔬加工对水质的要求

果蔬加工用水量远大于其他食品加工的用水，除日常锅炉用水和场地、设备的清洁用水外，大量的是直接加工产品用水，如原料清洗、烫漂、硬化、护色、制浆等用水。加工直接用水是许多果蔬加工产品中的主要成分，水质的好坏直接影响到加工产品的品质，因此，水的质量控制是果蔬加工过程中一个很重要的环节。果蔬加工用水，前提是必须符合国家规定的《生活饮用水卫生标准》，即完全透明、无杂物、无异味、无致病菌、无耐热性微生物及寄生虫卵、不含对人体有害的物质等。水的硬度由水中钙、镁盐的含量来衡量，我国常用 CaO 含量表示（硬度 1° ＝ 1L 水中含 10mgCaO）。8° 以下为软水，8° ~ 16° 为中度硬水，16° 以上为高度硬水。

硬度对加工的影响：a. 浑浊或沉淀，如水的硬度过大，钙、镁离子能与蛋白质一类的物质结合，使罐头汁液或果汁发生浑浊沉淀。b. 果肉表面粗糙、发硬（果胶酸钙）。c. 苦味（镁盐过高）。不同加工品的要求：硬水（果脯蜜饯、蔬菜腌制品及半成品的保存）；中度硬水（脱水干制品）；软水（罐头制品、速冻制品、果蔬汁、果酒；锅炉用水）除此以外，为提高加工产品的质量，不同的生产厂家对不同的加工产品，对水质采用不同的再处理。

（二）用水处理

深井水和自来水可直接使用。处理目的：a. 保持水质的稳定性和一致性。b. 除去水中悬浮物和胶体。c. 去除有机物、异味、异臭、脱色。d. 使碱度降低到标准。e. 去除微生物。f. 根据需要去除铁、锰化合物和水溶气体。处理方法如下。

### 1. 澄清过滤法

目的是除去水中的悬浮杂质和胶体杂质，采用最新的过滤技术，还能除去水中引起异味、颜色的物质及铁、锰盐类和微生物，从而获得品质优良的水。常用的过滤设备有砂石过滤器（图5-4）和砂棒过滤器（图5-5）。

图5-4 砂石过滤器

图5-5 砂棒过滤器

常用方法有以下几种。

（1）自然澄清　将水静置于贮水池中，待其自然澄清。主要是除去水中的粗大悬浮物质。

（2）过滤　即将水通过颗粒状介质分离不溶性杂质的过程。

（3）加混凝剂澄清　主要除去水中细小悬浮物和胶体物质。混凝剂在水中可水解产生异性电荷，与胶体物质发生电荷中和而凝集下沉。常用的混凝剂为铝盐和铁盐。如明矾和三氯化铁。

2. 软化

目的是降低水的硬度，以适应加工用水要求。

（1）加热法　可降低暂时硬度，其反应为：

$$Ca(HCO_3)_2 = CaCO_3 \downarrow + H_2O + CO_2 \uparrow$$
$$Mg(HCO_3)_2 = MgCO_3 \downarrow + H_2O + CO_2 \uparrow$$

（2）加石灰与碳酸钠法　加石灰可使暂时硬水软化。

先向硬水中加入石灰，再加入纯碱，充分搅拌静置后过滤即可。其基本原理是：先向硬水中加入石灰乳［$Ca(OH)_2$］

$$Ca(HCO_3)_2 + Ca(OH)_2 = 2CaCO_3 \downarrow + 2H_2O$$
$$Mg(HCO_3)_2 + 2Ca(OH)_2 = 2CaCO_3 \downarrow + Mg(OH)_2 \downarrow + 2H_2O$$

再加入纯碱（$Na_2CO_3$），以除去过量的氢氧化钙以及造成永久硬度的钙离子。

$$Ca(OH)_2 + Na_2CO_3 = CaCO_3 \downarrow + 2NaOH$$
$$MgCl_2 + Ca(OH)_2 = CaCl_2 + Mg(OH)_2 \downarrow \quad（将由镁离子引起$$
的硬度转化为由钙离子形成的硬度）

$$CaCl_2 + Na_2CO_3 = CaCO_3 \downarrow + 2NaCl$$
$$CaSO_4 + Na_2CO_3 = CaCO_3 \downarrow + Na_2SO_4$$
$$MgSO_4 + Na_2CO_3 = MgCO_3 \downarrow + Na_2SO_4$$

石灰先配成饱和溶液，再与碳酸钠一同加入水中搅拌。碳酸盐类沉淀后，再过滤除去沉淀物。

（3）离子交换法　硬水通过离子交换器内的离子交换树脂时，水中的阴阳离子可以和树脂上的离子进行交换，使水得到软化，即得到饮水。

用来软化硬水的离子交换剂：钠离子交换剂、氢离子交换剂。

（4）电渗析法与反渗透法　电渗析法作用原理：是一种膜分离技术，它是利用具有选择透过性和良好导电性的离子交换膜，在外加直流电场的作用下，根据异性相吸，同性相斥原理，使水分别通过离子阴阳交换膜而达到水的净化。

反渗透作用原理：溶液在一定压力下，通过反渗透膜，将其中溶剂分离出来，从而使水分离或溶液浓缩。

3. 消毒

消毒处理，即指杀灭水中的病原菌及有害微生物，防止因水中的致病菌导致消费者产生疾病，并非将全部微生物杀死。目前，常用的方法有氯化消毒法，臭氧消毒、紫外线消毒。

（1）氯化消毒　简单有效，目前使用最广泛的方法。常用药剂有漂白粉、氯胺、次氯酸钠等。

（2）臭氧消毒　臭氯是特别强烈的氧化剂，其瞬时灭菌能力强于氯。臭氧的使用一般要随时制取随时使用，对细菌及其孢子都有很好的灭菌作用。

（3）紫外线消毒　以波长 265～266nm 杀菌力最强。目前有专门的高压汞灯用于紫外线消毒。但紫外线消毒没有持续杀菌能力，且对水质要求高。

### 三、果蔬加工对其他辅料的要求

食品添加剂是指为改善品质和色、香味及为防腐和加工工艺的需要加入食品中的化学合成物或天然物质。食品添加剂的发展大大促进了食品工业的发展，之所以如此，是因为食品添加剂具有以下作用。

（一）食品添加剂作用

①增加食品的保藏性，防止腐败变质。

②改善食品的感观性状。

③有利于食品加工操作，适应生产的机械化和连续化。

④保持或提高食品的营养价值。

⑤满足其他特殊需要。

（二）食品添加剂的类别

食品添加剂按用途不同可分为：防腐剂抗氧化剂、着色剂、发色剂、漂白剂、香精香料、调味剂、增稠剂、乳化剂、膨化剂、酶制剂、食品加工助剂、强化剂等。常用有以下几种。

1. 防腐剂

防腐剂是指能防止由微生物引起的腐败变质，延长食品保藏的食品添加剂，按其作用可分为抑菌剂和杀菌剂。抑制微生物活动。常用的有山梨酸及山梨酸钾、对羟基苯甲酸乙酯，苯甲酸和苯甲酸钠等；杀菌剂有漂白粉、漂白精、过氧醋酸等氧化性杀菌剂，还原性杀菌剂有亚硫酸及其盐类。

2. 抗氧化剂

抗氧化剂是指能阻止或延长食品氧化变质，提高食品稳定性和延长贮存期的食品添加剂。按其来源可分为两类：天然抗氧化剂和人工合成抗氧化剂。按溶解度可分为：油溶性抗氧化剂，如丁基羟茴香醚、二丁基羟甲苯、没食子酸、甲苯、生育酚混合浓缩物。水溶性抗氧化剂，L－抗坏血本酸、L－抗坏血酸钠。

3. 发色剂与漂白剂

发色剂又叫护色剂，是加工制品中能使呈色物质。在食品加工，保藏等过程中不致分解、败坏，呈现良好色泽的物质。发色剂具有发色、抑菌和增强风味作用，常用的有亚硝酸钠、硝酸钠等。漂白剂有二氧化硫、亚硫酸钠等，它能破坏、抑制食品的发色因素，使色素退色或使食品免于褐变的添加剂，称为漂白剂。

### 4. 调味剂

调味剂在食品中的重要作用，它不仅可改善食品的感官性质，使食品更加美味可口，而且能促进消化液的分泌和增进食欲。此外，有些调味剂还具有一定的营养价值。包括3种类型。

（1）甜味剂　给予产品甜味，有天然甜味剂和合成甜味剂。

（2）酸味剂　给予产品酸味。天然的有机酸味剂如柠檬酸、酒石酸、苹果酸、醋酸、乳酸等。

（3）鲜味剂　即风味增强剂，可给予产品鲜味，常用的有谷氨酸钠、5 - 肌苷酸钠等。

### 5. 食用色素

食用色素是以使食品着色和改善食品色泽为目的的食品添加剂，具有鲜艳的色彩，有促进食欲的作用。按色素来源和性质，可分为食用天然色素和食用合成色素两大类：食用天然色素有红曲色素、紫胶色素、甜菜红、姜黄、β - 胡萝卜素、叶绿素铜钠、焦糖等；我国允许使用的合成色素主要有：苋菜红、柠檬黄、胭脂红、赤藓红、靛蓝、亮蓝等。

### 6. 香辛辅料

香辛辅料可增加制品的风味。主要有辣椒、丁香、桂皮、八角、茴香、花椒、生姜、大蒜等。

### 7. 增稠剂和乳化剂

（1）增稠剂　可以改善食品物理性质，增加食品的黏度，赋予食品以黏滑适口的舌感。

（2）乳化剂　是一种分子中具有亲水基和亲油基的物质。它可以介于油和水的中间，使一方很好地分散于另一方的中间而形成稳定的乳浊液。

### （三）食品添加剂使用的一般要求

①进入人体后参与人体正常物质代谢，正常解毒后全部排出

体外，或不能被消化吸收而全部排出体外，不能在人体内分解或与食品作用形成对人体有害物质。

②应有严格的质量标准，有毒杂质不得检出或不能超过允许限量。

③经一定工艺功效后，若能在以后的加工烹调中消失或破坏，避免进入人体，则更安全。

④应经过充分毒理学鉴定，证明有使用限量范围内对人体无毒。

⑤对食品的营养成分不应有破坏作用，也不应影响食品的质量和风味，应有助于保持食品营养，增强感官性状，提高产品质量，在较低使用量时有显著效果。

⑥食品添加剂要有助于食品的生产、加工、制造和贮藏等过程，具有保持食品营养、防止腐败变质，增强感官性状、提高产品质量等作用，并应在较低使用量的条件下有显著效果。

⑦来源充足，价格低廉，使用方便，易于贮存、运输与处理。添加到食品中能在以后的分析中检测出来。

⑧食品添加剂添加于食品中后应能被分析鉴定出来。

# 第六章　果蔬加工生产技术

## 第一节　果蔬罐藏

### 一、罐藏原理

#### （一）罐藏概述

罐藏食品简称罐头，是新鲜原料经过预处理，装罐及加罐液，排气，密封，杀菌和冷却等工序加工制成的产品。

罐藏技术是法国人尼古拉·阿培尔发明的。1806 年世界上第一批罐藏食品问世。1862 年，法国生物学家巴斯德揭示了腐败与微生物的关系，为罐头的保藏及杀菌建立了科学的依据，发明了"巴斯德杀菌法"。

随着科学技术的发展，罐头生产在原料品种选育、加工工艺、机械设备、包装装潢、检测技术等各方面都取得了很大的进步，罐头工业已发展成为大规模的现代化工业部门。中国是世界上最早使用陶器罐藏食品的国家，早在 7 世纪颜师的《大业拾遗记》中就有记载。我国的第一家罐头厂是由外国人在上海开设的，当时的年产量只有几十吨。罐头生产近一二十年发展很快，生产技术有了很大的改进，品种多，产量大，在国际上已占有一定的地位。

#### （二）罐藏中的微生物

微生物是引起果蔬罐头败坏的主要因素，引起罐藏食品变质的微生物类型有以下几种。

（1）需氧性芽孢杆菌　包括兼厌氧芽孢杆菌。可分为嗜热性芽孢杆菌和嗜温性芽孢杆菌，引起罐头食品的平酸败坏。

（2）厌氧性芽孢杆菌　包括嗜热性解糖状芽孢杆菌、致黑梭状芽孢杆菌。引起罐头食品的胖听型败坏。

（3）非芽孢细菌　包括大肠杆菌，液化链球菌、嗜热链菌等，种类多，污染食品机会多，如罐头密封不良，极易污染。

（4）酵母菌　当介质 pH 值在 4.5 以下时，会引起果酱、果汁败坏，使汁液混浊、风味变劣。

（5）霉菌　介质 pH 值在 4.5 以下时，霉菌会使罐头食品败坏。

（三）罐藏杀菌理论

细菌学杀菌是指绝对无菌。罐头食品杀菌是指商业无菌，即罐头杀菌之后，不含有致病微生物和通常温度下能在其中繁殖的非致病微生物。

控制杀菌温度和杀菌时间是保证食品质量极其重要的措施。罐头工业中杀菌条件常以 F 值表示，即在恒定的加热标准温度下（100℃或121℃）杀灭一定数量的细菌营养体或芽孢所需的时间（min）。

1. 细菌热致死时间的测定

抗热力是指罐头内细菌在某一温度下需要多少时间才能致死。杀菌温度必须是对食品内有害细菌起致死效应的温度。

2. 杀菌温度与时间的关系

用杀菌公式表示：

$$杀菌式 = \frac{t_1 - t_2 - t_3}{T℃}$$

$T℃$——表示所需杀菌温度

$t_1$——表示从料温达到杀菌温度所需的时间（min）

$t_2$——表示维持杀菌温度所需时间（min）

$t_3$——表示降压降温所需要的时间（min）

3. 罐头的初温与中心温度

初温是指在杀菌器中开始加热升温前罐头内部的温度。温度就是罐头内最迟加热点的温度。杀菌所需时间必须从中心温度达到杀菌所需温度时算起。

4. 食品的热传导方式

流动的食品以对流传热为主，固态食品以传导加热为主。测定不同传热方式的罐头中心传热曲线是提高杀菌效率极为重要的基础资料，传导加热的速度较对流加热慢。两种传热方式经常是同时进行的。罐头的转动有利于热传导，缩短杀菌时间，提高杀菌效率，保证产品质量。

（四）影响杀菌的因素

1. 微生物

食品中微生物及芽孢数越多，抗热力越大。外界环境条件能改变芽孢的抵抗力。干燥可增加芽孢的抗热力，而冷冻有减弱抗热力的趋势。

2. 食品原料

（1）原料的酸度　绝大多数能形成芽孢的细菌在中性基质中有最大的抗热力，随着食品 pH 值的下降，抗热力减弱。

根据 pH 值的不同，食品可分为：

低酸性食品（pH 值≥5.3），如鱼、肉、家禽、蔬菜。

中酸性食品（pH 值为 4.5～5.3），如芦笋。

酸性食品（pH 值为 3.7～4.5），如菠萝、梨、番茄。

高酸性食品（pH 值≤3.7），如柠檬汁等。

（2）含糖量的影响　糖对孢子有保护作用。所以罐装食品和填充液中糖的浓度愈高，则需要的杀菌时间越长。

（3）无机盐的影响　低浓度的食盐溶液，对孢子有保护作用，高浓度的食盐溶液则降低孢子的抗热力。

（4）淀粉、蛋白质、油脂　　阻碍热对孢子的作用，对孢子有保护作用；果胶也能使传热显著减缓。

（5）酶的作用　　酶在较高温度下失去活性。在酸性罐头食品中，过氧化物酶系统的钝化作为杀菌的指标。

## 二、罐藏容器

### （一）罐藏容器的选择

罐藏容器对罐头食品的长期保存有重要作用，而容器材料又是关键。供作罐头食品容器的材料，要求对人体无毒害，不与食品中的成分发生不良的化学反应；具有良好的密封性，使罐内食品与外界隔绝，防止外界微生物的污染；具有良好的耐高温、高压和耐腐蚀性能；耐搬运，物美价廉，轻便易开等，适合于工业化生产。

### （二）空罐选择

现在使用的容器有金属罐和非金属罐之分。非金属罐主要有玻璃瓶和软罐，金属罐又有铁罐和铝罐之分。

#### 1. 玻璃罐

玻璃罐性质稳定，不与食品起化学变化，容器透明，消费者可以直接看到食品的外观，容器可重复使用。但其缺点是玻璃瓶质脆易破，不耐机械运输操作，自重大，比同容积的铁罐重4～5倍，而且热传导慢，膨胀系数小，在杀菌及冷却中易破碎。

#### 2. 软罐（蒸煮袋）

软罐（蒸煮袋）是用复合薄膜材料制成的容器，无毒、卫生，不与食品发生化学反应，能密封，耐热性强，不透水或空气，又能避光。食品装入后经抽空密封、加热杀菌后，便能长期保存。软罐重量轻，体积小，柔软，包装美观，开启方便，耐高机械强度，是罐头包装较为理想的包装容器。

### 3. 金属罐

机械化程度较高的大型食品厂的主要包装容器均为金属罐，金属罐具有轻便、传热快、抗机械力强、能完全密封、便于包装运输等优点。其缺点是一次性使用，常会与内容物发生作用，不透明等。常用的金属罐为马口铁罐，此外还有铝合金罐。

无论何种容器，原料装罐前，先检查是否符合要求。玻璃罐要求：外形整齐、罐口平整、光滑、无缺口、正圆、厚度均匀、玻璃内无气泡裂纹；金属罐要求：罐形整齐、缝线标准、焊接完整均匀、罐口罐盖无缺口和变形，马口铁锈斑和脱锡现象。

### （三）空罐清洗和消毒

选择好包装容器后，应检查空罐的清洁情况。无论新罐和旧罐，使用前均需进行彻底清洗和消毒。无论是新罐还是旧罐，使用前均需进行彻底清洗。金属罐先用热水冲洗，后用清洁的100℃沸水或蒸汽消毒 $30\sim60s$，然后倒置沥干备用。必要时可用5%的碱液或 $0.5\%\sim1\%$ 的高锰酸钾清洗。有的金属罐还要放在重铬酸钠或氢氧化钠中进行化学溶液"钝化"处理，在马口铁表面产生一层氧化锡薄膜，锡就变得迟钝起来，就于空罐内壁穿了一层外衣，使其抗腐蚀力增强。

玻璃瓶的清洗有人工清洗和机械清洗两种。玻璃瓶先用清水（热水）浸泡，具一定生产能力的工厂则多用洗瓶机清洗。常用的有喷洗式洗瓶机、浸喷组合式洗瓶机等。喷洗式洗瓶机，洗瓶时先以具有一定压力的高压热水进行喷射冲洗，然后再以蒸汽消毒，倒置沥干备用。瓶盖也进行同样处理，或用前用75%酒精消毒。经清洗消毒的容器应立即使用，以免搁置时间太久重新污染。

### 三、罐制品加工工艺

空罐→清洗、消毒→检验
　　　　　　　↓
原料→预处理→分选装罐→排气密封→杀菌→冷却→保温检验→包装→入库→成品
　　　　　↑
　　　罐液配制

### （一）原料选择和预处理

果蔬原料对果蔬罐藏制品的品质有很大的影响，因此，罐藏原料的选择是保证制品质量的关键。罐藏对果蔬原料的要求比较严格，要生产出优质低耗的果蔬罐头产品，必须用适于罐藏要求的新鲜优质原料和合理的加工工艺。还要对选择的原料进行预处理。

根据罐藏的要求选择原料，按品种特点选择色泽艳丽、果形大小一致、形态饱满、组织致密、细嫩、耐煮制、纤维少、无不良风味、可溶性固形物含量高、可利用部分比例大、成熟度八九成熟的原料。目前，果蔬中长用的原料为柑橘、黄桃、荔枝、苹果、梨、蘑菇、青刀豆、甜玉米等。要严格工艺，以减少带菌量。根据本厂的具体条件采用最有效和经济的去皮方法，使原料吨耗低，且去皮后品质好。

采用预煮或药剂处理方法进行原料的护色。在果品或蔬菜罐头的制作中，果品预煮是为了护色，而蔬菜进行预煮，对制罐还有更大的意义，蔬菜柔嫩多汁，脱水率高，除番茄外一般的原料均需预煮，这样可以使原料中的氧气排出，组织软化，便于装罐，此外还可以排出原料中的一些不良风味。在预煮中应注意，由于原料中可溶性固形物的流失，应尽量少更换预煮水或只更换一部分。对于一些护色或需降低 pH 值的原料，和蘑菇、石刁柏（芦笋）等可以在预煮水中加入 0.05% ~ 0.1% 的柠檬酸。原料和预煮水的比例通常为 1 : 1.5 。

（二）罐液配制、分选装罐

经预处理整理好的果蔬原料应迅速装罐，不应堆积，停留时间过长，否则易受微生物污染，影响其后的杀菌效果；同时应趁热装罐，可提高罐头中心温度，有利于杀菌。水果及蔬菜类等块状罐头多用手装罐，一般流体、颗粒或半流体用机械装罐。果蔬罐藏时除了液态食品（果汁、菜汁）和黏稠食品（如番茄酱、果酱等）外，一般都要加注液汁，又可称为罐液或汤汁。果品罐头一般是糖液，蔬菜罐头多为盐水。所以，装罐之前是进行罐液配制。

1. 罐液的配制

（1）糖水　糖水配制所用糖为白砂糖，要求纯度在99%以上。配好的糖水应趁热过滤使用，保证糖水在85℃以上的温度装罐，是罐头具有较高的出温，提高杀菌效率。

糖水类罐头要求开罐后糖水浓度为14%～18%。由于每种原料在不同的成熟度其含糖量不相同，所以在糖液灌入前必须先测定预处理后原料中可溶性固形物的含量（以糖量计）按应加入的糖液量计算出相应加糖的浓度。可根据公式计算：

$$Y = (W_3 Z - W_1 X)/W_2$$

式中：$W_1$——每罐装入果肉重（g）

$W_2$——每罐加入糖液重（g）

$W_3$——每罐净重（g）

$X$——装罐时果肉可溶性固形物含量（%）

$Z$——要求开罐时的糖液浓度（%）

$Y$——需配制的糖液浓度（%）

糖液浓度常用白利（Brix）糖度计测定测量。生产中亦有直接用折光仪来测定糖液的浓度，但在使用时应先用同温度的蒸馏水加以校正至0刻度时再用。

糖液的配制方法有两种：一是直接法，即按照所需要的糖液浓度直接称取糖和水在溶糖锅内加热搅拌溶解并煮沸过滤待用；一是稀释法，是先配制高浓度的母液，再根据要求的浓度稀释。一般母液浓度为65%，且应当天用完，否则应低温贮藏，次日再用。

糖液配制时要煮沸过滤，因为使用硫酸法生产的砂糖中或多或少会有二氧化硫残留，糖液配制时若煮沸一定时间（5~15h），就可使糖中残留的二氧化硫挥发掉，以避免二氧化硫对果蔬色泽的影响。煮沸还可以杀灭糖中所含的微生物，减少罐肉的原始菌数。糖液必须趁热过滤，滤材要选择得当。另外，对于大部分糖水水果罐头而言都要求糖液维持一定的温度（65~85℃），以提高罐头的初温，确保后续工序的效果。而个别生产品如梨等罐头所用的糖液，加热煮沸过滤后应急速冷却到40℃以下再进行装罐，以防止果肉红变。糖液中需要添加酸时，注意不要过早加入，应在装罐前添加为好，以防止或减少蔗糖转化而引起果肉色变。

（2）盐水 盐液的配制必须使用精盐，配制时常用直接法，按比例称取食盐，加水煮沸后过滤备用。一般蔬菜罐头所用盐液中盐的含量为1%~4%。按生产要求对盐分进行浓度配制，蔬菜的清渍类罐头盐水浓度一般为1.5%~2.0%。盐液中是否加糖，视品种而定。由于蔬菜柔软多汁，为了保证其脆度，可在盐液中添加适量的氯化钙，加入的浓度依各种菜类质地不同而定，为了护色和降低pH值，还可加入柠檬酸0.05%~0.1%。盐液配成后过滤使用。盐水浓度可采用波美比重计进行测量。

（3）调味液配制 调味液的种类很多，但配制的方法主要有两种：一种是将香辛料先经一定的时间熬煮制成香料水，然后香料水再与其他调味料按比例制成调味液；另一种是将各种调味料、香辛料（可用布袋包裹，配成后连袋去除）一起一次配成调味液。

2. 装罐时注意事项

（1）装罐的外形要求　玻璃容器中原料外形的整齐一致、色泽美观，对于商品化有重要意义，所以对各种准备装罐的原料要进一步地整修、分级，以达到要求。

（2）原料与罐液的比例　应按照规定量装入固形物及罐液。固形物量过多，成本增高，装量过少，消费者吃亏，一般要求开罐时固形物装量在 50%～65%。需要注意的是在杀菌中固形物失水有多、有少，应在开罐要求的基础上多装 5%～10%。罐液一般应淹没原料。总净重的误差只能是 ±3%。装罐后要把罐头倒过来倾水 10s 左右，以沥净罐内水分，保证开罐时的固形物含量和开罐糖度符合规格要求。

（3）装罐要留有一定的顶隙　顶隙是罐液面至罐顶盖的垂直距离，要求为 3～4mm，顶隙在生产上是有积极作用的。有利于在杀菌中受热膨胀，而不影响罐头的密封性；顶隙的真空度的高低是通过"打检"检验罐头质量好坏的标志；顶隙是否适度也是检验装量的标志，顶隙小，装量多，使密封性降低，顶隙大装量少，原料易氧化，一般对于易氧化的蔬菜原料罐液应淹没原料。

（4）保证内容物在罐内的一致性　同一罐内原料的成熟度、色泽、大小、形状应基本一致。搭配合理，排列整齐。有要求的产品应按要求装罐。

（5）保证产品符合卫生要求　装罐时要注意卫生、严格操作，防止杂物混入罐内，保证罐头质量。

3. 装罐方法

装罐方法分为人工装罐和机械装罐两种。人工装罐适用于块状物料，原料的差异较大，装罐时需进行挑选，合理搭配，并按要求进行排列装罐。机械装罐一般适用于颗粒状、糜状、流体状或半流体状等产品的装罐，如各种果酱、果汁等。机械装罐具有速度快、效率高、均匀、卫生等特点。

大多数食品装罐后都要向罐内加注汁液如清水、糖液、调味料、盐水等。罐注液的加入对于保证产品质量安全具有很重要的意义，具体表现在：改进食品风味、提高产品质量、提高食品杀菌的初温、促进对流传热、提高杀菌效果，而且可以排出罐内部分空气、降低罐内加热杀菌时罐内压力、减轻罐内壁腐蚀、减少内容物的氧化和变色等。

生产上一般采用自动注液机或半自动注液机添加罐注液。

4.装罐的步骤

固态食品即糖水或清渍罐头人工装罐步骤为：

原料装入滤水板滤水→按规定称取应装重量→装罐（注意外形的排列）→加罐液→称净重→清洁罐口

（三）排气密封

1.排气

食品在装罐后，在罐内顶隙间存在的空气、装罐时带入的空气和原料组织细胞内的空气，在密封前都要尽可能的除去，从而使密封后罐头顶隙内形成部分真空的过程。排气是罐头食品生产中维护罐头的密封性和延长贮藏期的重要措施。

（1）排气的目的 可以阻止好氧性微生物的生长，减少可能致污的微生物种类；防止在热力杀菌中，因罐内空气的膨胀而造成对密封性能的影响；减少罐内壁或罐盖因气过多而造成的氧化；减少罐内食品的氧化变质；便于检查罐头是否腐败，良好的罐头其罐面的平坦稍内陷的，如果罐面凸出尤其是易产气的罐头即表示产品已腐败。

（2）排气的方法

①热力排气法。利用空气、水蒸气和食品受热膨胀的原理将罐内空气排出。目前常用的方法有两种：热装罐密封排气法和食品装罐后加热排气法。

②真空排气法。常采用真空封罐机对装有食品的罐头在真空环境中进行排气密封的方法。因排气时间短，所以主要是排出顶隙内的空气，而食品组织及汤汁内的空气不易排出。故对果蔬原料和罐液事先进行脱气处理。

③喷射蒸汽排气法。是在封罐前向罐头顶隙内喷射具有一定压力的高压蒸汽，用蒸汽置换顶内的空气，然后迅速密封。冷却后顶隙内的蒸汽冷凝，使罐内形成一定的真空度。顶隙的大小将直接影响罐头的真空度，没有顶隙将不会形成真空度；顶隙过小罐头的真空度也会降低；顶隙较大时，就可以获得较高的真空度。因此采用蒸汽密封排气时，通常在封罐前增加一道顶隙调整处理，一般应留 8mm 的顶隙。此外，这种方法只能排出顶内的空气，而不能排出食品组织内部的气体。所以组织内部气体含量高的食品原料及表面不允许湿润的食品，均不适合此法排气。

2. 密封

密封主要是靠封罐机的操作过程来完成，为保持罐内食品与外界完全隔绝，必须将罐身和罐盖的边缘紧密卷合。封罐的严密性如果不能达到一定要求，则罐头食品就不能达到一定要求，则罐头食品就不能长期保藏的目的。

（1）金属罐的密封　金属罐的密封是指罐身的翻连长罐盖的圆边在封口机中进行密封，使罐身和罐盖相互卷合形成紧密重叠的二重卷边的过程。封罐机基本上是由 4 个部件组成：压头（用来固定和稳定罐头，不让其发生滑动）、托底板（升起罐头使压头嵌入罐盖内部）、第一道辊轮（将罐盖的圆边卷入罐身的翻边下面，形成不紧密的钩和状态）和第二辊轮（将初步卷合好的卷边压紧平和，形成二重卷边）组成。

（2）玻璃罐的密封　玻璃瓶瓶口型多种多样，其密封方法也各不相同。玻璃瓶的命名，常根据其密封方法来进行。如卷边式玻璃瓶和旋转式玻璃瓶。卷边式密封采用卷边密封法密封，与

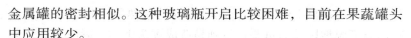

金属罐的密封相似。这种玻璃瓶开启比较困难，目前在果蔬罐头中应用较少。

（3）旋转式玻璃瓶的密封　这种玻璃瓶上有 3 条、4 条或 6 条螺纹线，瓶盖上有相应数量的盖爪，密封时将盖爪和螺纹线始端对准、拧紧即可。密封操作可以手工完成也可以由机械完成。如橘子罐头、辣椒酱、果酱等均采用这种方法密封包装。

（四）杀菌

根据其原料品种的不同、包装的不同等而采用不同的杀菌方法。罐头的杀菌可以在装罐前进行，也可以在装罐密封后进行。装罐前进行杀菌，即需对待装罐的食品和容器都进行杀菌处理，然后在无菌的环境下装罐、密封。这是罐藏工艺的关键工序，目的是杀死罐内有害微生物、致病菌，防止食品败坏。

热杀菌基本可分为 70～80℃ 杀菌的巴氏杀菌法和 100℃ 以上的高温杀菌法，超过 1 个大气压力的杀菌为高压杀菌。

冷杀菌是不需要提高产品温度的杀菌方法，如紫外线杀菌法、超声波杀菌法、放射线杀菌法等。为了最大限度的保存营养成分，现采用高温瞬时灭菌法和不提高产品温度的冷杀菌法。

（五）冷却

罐头食品加热杀菌后应当迅速冷却，冷却实际上是散热的过程，罐头杀菌后要求在 5～15h 内快速冷却到 35～40℃。但玻璃罐的冷却速度不宜太快，常采用分段冷却，以免爆裂受损。

1. 冷却的目的

主要在于不使食品的色泽风味和组织结构产生明显的变化，因为热杀菌结束后食品仍处于高温状态，还在继续对它进行加热作用，会使果蔬色泽变暗、风味变差、组织变软烂，食品质量受到严重影响。此外，冷却慢时，在高温阶段（50～55℃）停留时间过长，还能促进一些残留微生物尤其是嗜热菌的活动造成的腐败；而长时间的高温易使罐壁受腐蚀。但冷却温度并非越低越好，只需冷却到 35~40℃，此时罐内的余热能干燥罐面，尤其在南方高温地区尤为重要，否则易造成罐头生锈，影响外观。因此，罐头杀菌后冷却越快越好。

2. 冷却方法

常压杀菌的罐头杀菌后即可转到另一冷却水池中进行冷却，玻璃罐耐急冷温差只有 40℃，所以冷却时一定要分段冷却，杀菌后放入 70℃水中 5h，再放入 40℃水中 10h。金属罐头则可直接进入冷水中冷却；在高压杀菌的罐头则需要在加压的条件下进行冷却，即称反压冷却。目前常用的是用压缩空气打入来维持外压，然后放入冷水，随着冷却水的进入，杀菌锅压力降低。冷却水进锅的速度，应使蒸汽冷凝时的降压量能及时地从同时进锅的压缩空气中获得补偿，直至蒸汽全部冷凝后，可停止进压缩空气，使冷却水充满全锅，调整冷水进出量，直至罐温降低到 40~50℃。

（六）罐头产品的检验

将冷却后的罐头在保温仓库内保持 38~40℃下贮存 7 天左右之后，进行检验。

糖水罐头、果酱、果泥、咸菜、糖醋渍品用 20℃、7 天或 25~28℃、5 天；清渍类蔬菜罐头用（37±2）℃、7 天进行保藏实验。

商业无菌检验法

①审查生产操作记录。如空罐检验记录、杀菌记录、冷却水的余氯量等。

②抽样。每杀菌锅抽两罐或 1/1 000。

③称重。

④保温。低酸性食品在（36±1）℃下保温 10 天，酸性食品在（30±1）℃下保温 10 天。预定 40℃以上热带地区的低酸性食品在（55±1）℃下保温 10 天。

⑤开罐检查。开罐后留样、涂片、测 pH 值、进行感官检查。此时如发现 pH 值、感官质量有问题即进行革兰氏染色，镜检。显微镜观察细菌染色反应、形态、特征及每个视野菌数，与正常样品对照，判别是否有明显的微生物增殖现象。

⑥结果判定。通过保温发现胖听或泄漏的为非商业无菌，通过保温后的正常罐开罐后的检验结果可参照（表 6－1）进行。

表 6－1　正常罐保温后的结果判定

| pH 值 | 感官检查 | 镜检 | 培养 | 结果 |
|-------|----------|------|------|------|
| － | － |  |  | 商业无菌 |
| ＋ | ＋ |  |  | 非商业无菌 |
| ＋ | － | ＋ | ＋ | 非商业无菌 |
| ＋ | － | ＋ | － | 商业无菌 |
| － | ＋ | ＋ | ＋ | 非商业无菌 |
| － | ＋ |  |  | 商业无菌 |
| － | ＋ |  |  | 商业无菌 |
| ＋ | － |  |  | 商业无菌 |

注：＋代表不正常；－代表正常

### 四、常见问题及控制措施

果蔬罐头在生产过程中由于原料处理不当、加工不合理、操作不谨慎或成品储藏不恰当等原因，常会使罐头发生败坏。罐头败坏会引起两种后果：一是失去食用价值，不能食用；二是失去商品价值，即罐头外形失去正常状态，色泽改变，内容物质量变化不大，还能食用，但不能被消费者接受，只能作为次品罐头来处理。引起罐头败坏的原因总体上归纳为物理性、化学性、生物性 3 类。

（一）果蔬罐头常见的败坏现象

1. 胀罐

从罐头的外形看，可分为软胀和硬胀，软胀包括物理性胀罐及初期的氢胀罐或初期的微生物胀罐。硬胀主要是微生物胀罐，也包括严重的氢胀罐。

（1）胀罐的原因

①物理性胀罐。产生的原因是内容物充填过多、顶隙小，消压快、排气不足，或者是储藏温度过高引起的。这种胀罐内容物并未败坏，仍可食用。

②化学性胀罐。主要表现是氢胀罐，原因是有机酸与内壁反应产生氢气造成的。外形上也为一种胖罐。因其不是腐败菌引起，轻度胀罐对产品影响不大，无异味，尚可食用；严重时能使制品产生金属味，并且会使金属含量超标。这类败坏常出现在高酸性果蔬罐头中。

③细菌性胀罐。这类胀罐产生的原因往往是杀菌不彻底或密封不严，二次污染而导致微生物生长繁殖所致。尤其是产气微生物的生长，产生大量的气体而使罐头内部压力超过外界气压而出现胀罐。这种胀罐除产生气体外，一般还常伴有恶臭味和产生毒素。

（2）果蔬罐头败坏的主要防止措施

①物理性胀罐主要的防止措施。严格控制装罐量，切勿过多。注意装罐时，罐头的顶隙距离要适宜，要控制在 3～8mm。提高排气时罐内的中心温度，排气要充分，封罐后能形成较高的真空度，即达 39 990～50 650Pa。加压杀菌后的罐头减压速度不能太快，使罐内外的压力保持平衡，切勿差距过大。控制好罐头制品适宜的储藏温度，一般为 0～10℃。

②化学性胀罐的主要防止措施。防止空罐内壁受机械损伤，以防出现露铁现象。空罐宜采用涂层完好的抗酸涂料钢板制罐，以提高对酸的抗腐蚀性能。

③细菌性胀罐主要的防止措施。对罐藏原料应充分清洗或消毒，严格控制加工过程中的卫生管理，防止原料及半成品的污

染。在保证罐头食品质量的前提下，对原料的热处理（如预煮、杀菌等）必须充分，以消灭产毒致病微生物的存在。在预煮水或糖液中加入适量的有机酸（如柠檬酸等），降低罐头内容物的pH值，以提高杀菌效果。严格控制封罐质量，防止密封不严而造成泄漏，冷却水应符合产品卫生要求，最好采用经氯化处理的冷却水。罐头生产过程中，及时抽样、保温处理，发现带菌问题及时处理。

### 2. 罐壁的腐蚀

罐壁的腐蚀主要指的是马口铁罐，可分为罐内壁的腐蚀和罐外壁的锈蚀。罐内壁的腐蚀情况比较复杂，主要可分为均匀腐蚀、集中腐蚀、局部腐蚀、异常脱锡腐蚀、硫化腐蚀等。罐外壁锈蚀主要是由于储藏环境中湿度过高而引起铁与空气中的水分、氧气发生作用而形成黄色锈斑，严重时既会影响商品外观，还会促使罐壁腐蚀穿孔导致食品变质和腐败。

（1）引起罐壁腐蚀的因素　包括氧气、酸、硫及含硫化合物、环境相对湿度，以及食品原料（有机酸、低甲氧基果胶、脱氢抗坏血酸、花色素类色素、硝酸盐、硫和硫化物、食盐等）。

（2）防止罐壁腐蚀的措施

①对采前喷过农药的果实，加强清洗及消毒，可用0.1%盐酸浸泡5~6min，再冲洗，以脱去农药。

②对含空气较多的果实，最好采取抽空处理，尽量减少原料组织中空气（氧）的含量，进而降低罐内氧的浓度。

③加热排气要充分，适当提高罐内真空度。

④对于含酸或含硫高的内容物，容器内壁一定要采用抗酸或抗硫涂料。

⑤罐头制品储藏环境相对湿度不应过大，以防罐外壁锈蚀，罐头制品储藏环境的相对湿度应保持在70%~75%。

⑥要在罐外壁涂防锈漆。

（二）变色和变味

1. 变色

（1）变色的原因　罐头食品变色有水果中固有化学组分引起的变色（单宁物质、色素物质、含氮物质），抗坏血酸的氧化引起的变色，加工操作不当引起的变色，罐头成品储藏温度不当引起的变色等。

①色素物质引起变色：水果中含有的无色花色素在酸性条件下由于热作用而产生红色物质使它呈现出玫瑰红或红褐色，如白桃、梨的变红。不同的花色素在不同的酸性条件下呈不同的红色；花色素遇铁变成灰紫色，遇锡变成紫色，如杨梅的变色；花色素在光、热作用下会变色，在 $SO_2$、花色素酶作用下会褪色。花黄素遇铁会变色，花黄素遇铝色泽变暗，如芦笋、洋葱用铝锅加工时会变色；花黄素在碱性下变黄，如芋头、芦笋在碱性条件下的变黄。叶绿素在酸性条件下变黄。胡萝卜素、叶绿素等在光作用下氧化褪色等。

②含氮物质引起的变色：水果中含有的氨基酸与糖类发生美拉德反应（羰氨反应）而导致果实变色，如桃子的变色；水果中含有的单宁与氨基酸、仲胺类物质结合生成红褐色至深紫红色物质，如荔枝的变色。

③抗坏血酸氧化引起的变色：罐头中适量的抗坏血酸或 D - 异抗坏血酸钠对一些糖水罐头有防止变色的效果，但若在加工、储藏中使抗坏血酸或 D - 异抗坏血酸钠发生氧化，则将引起非酶促褐变。

④加工操作不当引起的变色：采用碱液去皮时果肉在碱液中停留时间过长或冲碱不及时、不彻底都会引起变色，如桃子在碱液中停留过久会使花青素和单宁的氧化变色加剧。果肉在加工过程中的过度受热将加深果肉变色。

⑤罐头成品储藏温度不当引起的变色：罐头长期在高温下储

藏，加速罐内一些成分的变化。原因是果蔬中的某些化学物质在酶或罐内残留氧的作用下，或长期储温偏高在罐内发生的酶促褐变或非酶促褐变引起的变色。

（2）变色的防止措施

①选用含花青素及单宁低的原料制作罐头。

②加工过程中，对某些易变色的品种如苹果、梨等，去皮、切块后，迅速浸泡在稀盐水（1%～2%）或稀酸中护色。此外，果块抽空时，防止果块露出液面。

③装罐前根据不同品种的制罐要求，采用适宜的温度和时间进行热烫处理，破坏酶的活性，排出原料组织中的空气。

④加注的糖水中加入适量的抗坏血酸，对苹果、梨、桃等有防止变色的效果，但需注意抗坏血酸脱氢后，存在对空罐腐蚀及引起非酶促褐变的缺点。

⑤苹果酸、柠檬酸等有机酸的水溶液，既能对半成品护色，又有降低罐头内容物的 pH 值，从而降低酶促褐变的速率。因此，原料去皮、切分后应浸泡在 0.1%～0.2% 柠檬酸溶液中，另外糖水中加入适量的柠檬酸有防褐变作用。

⑥配制的糖水应煮沸，随配随用。如需加酸，但加酸的时间不宜过早，避免蔗糖的过度转化，否则过多的转化糖遇氨基酸等易产生非酶促褐变。

⑦加工中，防止果实（果块）与铁、铜等金属器具直接接触，所以要求用具要用不锈钢制品，并注意加工用水的重金属含量不宜过多。

⑧杀菌要充分，以杀灭产酸菌之类的微生物，防止制品酸败。

⑨橘子罐头，去除橘瓣上的橘络及种子，防止制品酸败。

⑩控制仓库的储藏温度，温度低，褐变轻；高温则加速褐变。

## 2. 变味

罐头变味的情况比较多，主要表现在以下几个方面。

（1）微生物引起的变味　这种变味会导致罐头不能食用，如罐头内产酸菌（如嗜热性芽孢杆菌）的残存，导致食品变质后呈酸味。

（2）热处理过度　加工过程中热处理过度会使内容物产生蒸煮味。

（3）罐壁的腐蚀　罐壁的腐蚀会使食品产生金属味，即铁腥味。

（4）原料品种　原料品种不合适，会给内容物带来异味，如杨梅的松脂味、柑橘制品中由于橘络及种子的存在而带有的苦味。针对上述变味现象及原因，应严格执行卫生管理制度，掌握热处理的条件，选择合适的罐藏原料和采用适当的预处理，以及避免内容物与铜等材料的接触等。

（三）罐内汁液的浑浊和沉淀

引起此类现象产生的原因有多种：加工用水中钙、镁金属离子的含量过高（水的硬度大），原料成熟度过高，热处理过度，罐头内容物软烂，制品在运输和销售过程中震荡过剧而使果肉碎屑散落，微生物分解罐内的食品等，应针对上述原因，采取相应措施。

## 五、罐制品生产实例

糖水梨罐头加工

### 1. 材料用具

梨、白糖、柠檬酸、纯净白砂糖、食盐、玻璃瓶、不锈钢刀、水果刨、汤匙、杀菌锅、排气锅、手持折光仪、温度计、粗天平、台秤、电磁炉、封罐机等。

2. 工艺流程

原料→清洗→去皮→切分、去籽巢→护色→排气→装罐→灌糖液→封罐→灭菌→保温→检验→成品。

3. 操作要点

（1）原料要求 果实应完全成熟；无病疤、虫蛀；不腐败、变质；果料直径不小于50mm。原料采摘、运输、装卸均要轻拿轻放，避免机械损伤。防止果实受伤而被污染。

（2）清洗 清洗除去附着在表面的泥沙及杂物。清洗水要保持清洁不混浊，以流动水清洗为宜。

（3）去皮 用小刀削去里的外皮，剜除伤、病部分。

（4）切分、去籽巢 漂洗后的果实即可切分，纵切2~4瓣，可根据果实大小来确定，以大小均匀一致为宜。切分的果瓣采用剜果核刀去掉籽巢。

（5）护色 修整成形的果瓣迅速放入护色液中护色。护色液是0.05%的亚硫酸钠水溶液，既能护色漂白，又能够抑制微生物的污染。

（6）排气

①真空预抽罐内灌入水，添加0.05%的亚硫酸钠。亚硫酸钠先用少许热水溶解，再加入真空桶内混合均匀。

②将原料置入真空预抽罐内全部淹没，上面压上耐腐蚀、不污染的算子，防止果实上浮裸露，否则，影响排气效果。

③密封真空预抽罐，拧开真空气阀，开启真空机，如果是使用水环式真空泵，还应接通水源。真空度要求达到600mmHg以上，真空时间20h。

④真空排气时间结束后应先关闭气阀再停机，然后捞出原料用温水（水温50~60℃）漂洗，即可装罐。

（7）装罐 装罐是采用500ml玻璃罐，装罐的梨片的大小应大致均匀，装罐量为净重（510g以上）的50%以上，即每罐的固形物应不低于 255g。

（8）灌糖液　开罐糖水浓度为 12%～16%，糖液温度为 50℃，要灌满，顶隙度约为 10mm，然后迅速盖上罐盖。由于"糖水苹果梨"罐头的标准规定其滋味应酸甜适口，因此，在配制糖液时，还应准确配入适量的柠檬酸，要求 ph 值 3.7～4.2，加酸量一般为糖液的 0.2%。

（9）封罐　采用真空封罐机封罐，首先开启真空泵，接通水源，真空度达到 600mmHg 以上的稳定值后，真空封罐机方可工作。

（10）灭菌　升温至 100℃ 不超过 15h，100℃ 恒温 20min，冷却降温至 40℃ 时需 15h。

（11）保温　保温库的恒温≥20℃，时间为 7 昼夜；夏天气温达到 25℃ 以上时，时间应为 5 昼夜。

（12）检验、包装　产品经检验合格后，即完成。

## 第二节　果蔬制汁

果蔬汁有"液体果蔬"之称，较好地保留了果蔬原料中的营养成分。随着人们生活水平的不断提高，讲健康、吃营养已成为消费市场的时尚。我国果蔬年产量多年来一直居世界第一位。但果蔬是鲜嫩食品，不宜久藏。因而，果蔬汁加工具有较大的市场发展空间。

果蔬汁是指天然的从果蔬中直接压榨或提取而得到的汁液，人工加入其他成分的称为果汁或菜汁饮料或软饮料。天然的果蔬汁与人工配制的果蔬汁饮料在成分和营养功效上截然不同，前者为营养丰富的保健食品而后者纯属嗜好性饮料。

## 一、果蔬汁分类

**（一）依其形状和浓度不同**

大致分成天然果汁、浓缩果汁、果饴和果汁粉4大类。天然果汁是从新鲜水果中浸出的原果汁，商品果汁经加工时可略加调整或调配，未经浓缩。浓缩果汁系由天然果汁经浓缩而成，有较高的糖分和酸分。果饴是在原果汁中加用多量食糖或在糖浆中加入一定比例的果汁而配成的产品。果汁粉是浓缩果汁或果汁糖浆加用一定的干燥剂脱水干燥的产品，含水量1%～3%常见的有橙汁粉。

**（二）天然果汁按透明度不同**

可分成透明果蔬汁和混浊果蔬汁。透明果蔬汁体态澄清、无悬浮颗粒，制品的稳定性好，但营养损失较大，常见的产品有苹果汁、梨汁、葡萄汁和一些浆果等。混浊果蔬汁的外观呈混浊均匀的液态，是由果汁中存在大量的果肉微粒或色粒，同时又保留了一定数量的植物胶质所致。常见的有橙汁、番茄汁、胡萝卜汁等。此外，所谓有带肉果汁或果肉饮料是指含有果浆而质地均匀细致的一类果蔬汁。

**（三）按产品中果蔬汁加入的比例**

分成果汁和果蔬汁饮料两大类，我国 GB 10790—1996 规定果汁及其饮料有9类，分别是果汁、果浆、浓缩果汁、浓缩果浆、果肉饮料（果浆含量不低于10% m/V，果粒不低于5% m/V）、果汁饮料（果汁含量不低于10% m/V）、果粒果汁饮料（果汁含量不低于10% m/V，果粒不低于5% m/V）、水果饮料浓浆（以稀释复原后果汁含量不低于5% m/V）、水果饮料（果汁含量不低于5%）。蔬菜汁及蔬菜汁饮料类包括蔬菜汁、蔬菜汁饮料、复合果蔬汁、发酵蔬菜汁饮料、食用菌饮料、藻类饮料、蕨菜饮料。

## 二、果蔬汁加工工艺

### (一) 工艺流程

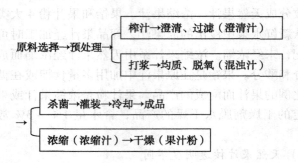

### (二) 果蔬汁加工技术要点

### 1. 原料选择

为了保证果汁的质量，原料必须进行挑选，挑选的要求注意以下3点。

①应有良好的风味和芳香、色泽稳定、糖酸比适中，并在加工和贮存过程中仍然保持这些优良品质，无明显的不良变化。

②汁液丰富，取汁容易，出汁率较高。

③果蔬汁加工对原料形状和大小虽无严格要求，但对成熟度要求较严，未成熟或过熟均不合适，特别强调原料新鲜，无烂果，采用干果原料时，干果应无霉烂或虫蛀果。

### 2. 原料的预处理

制果蔬汁的预处理主要包括：清洗、破碎、热处理、酶处理等。原料的洗涤是减少农药，微生物污染的重要措施。一般先浸泡后喷淋或流动水冲洗，注意洗涤水的清洁，不用重复的循环水洗涤。对于农药残留较多的果实，洗涤时可加用稀盐酸溶液或脂肪酸系洗涤剂进行处理。

3. 破碎

为了获得最大出汁量，许多果蔬榨汁前常需要破碎，特别是皮和果肉致密的果蔬，更需要破碎来提高出汁率。这是因为果实的汁液均存于细胞质中，只有打破细胞壁才可取出汁液。果实破碎必须适度，过度细小，使肉质变成糊状，造成压榨时外层的果蔬汁很快地被压出，形成一厚饼，使内层的果蔬汁反而不易出来，造成出汁率降低。

破碎程度视种类品种不同而异。苹果、梨以破碎 0.3 ~ 0.4cm 较好，葡萄只需压破果皮。番茄可用打浆破碎取汁，打浆是广泛应用于加工带肉果汁和带肉鲜果汁的一种破碎工序果蔬破碎采用机械破碎、冷冻破碎、超声波破碎、电质壁分离等。机械如：破碎机、磨碎机、有辊压式、锤磨和打浆机、绞肉机等。不同的果蔬种类采用不同的机械。如番茄、梨、杏采用辊式破碎机；葡萄采用破碎、去梗送浆联合机；桃、杏、胡萝卜等制取带肉果汁可采用绞肉机。

4. 加热

使细胞原生质中的蛋白质凝固，改变细胞结构，同时使果肉软化，果胶部分水鲜，降低了果汁黏度；另外，加热抑制多种酶类，如果胶酶、多酚氧化酶、脂肪氧化酶、过氧化氢酶等，从而不使产品发生分层、变色、产生异味等不良变化；再者，对于一些含水溶性色素的果蔬，加热有利色素提取。所以，许多果蔬破碎后、取汁前需行热处理，目的就在于提高品质和出汁率。

5. 酶处理

果胶酶和纤维素、半纤维素酶可使果肉组织分解，提高出汁率。使用时，应注意与破碎后的果蔬组织充分混合，根据原料品种控制其用量，根据酶的性质不同掌握适当的 pH 值、温度和作用时间。相反，酶制剂的品种和用量不适合，有时同样会降低果蔬汁品质和产量。果胶酶制剂的添加量一般为果蔬浆重量的

$0.01\% \sim 0.03\%$，酶反应的最佳温度为 $45 \sim 50℃$，反应时间为 $2 \sim 3h$。苹果浆在 $40 \sim 50℃$ 条件下用果胶酶处理 $50 \sim 60min$，可使出汁率从 $75\%$ 增加到 $85\%$ 左右。

6. 榨汁、打浆

经过预处理的原料就可以取汁了。果蔬取汁有压榨和浸提两种方法，制取带肉果汁或浑浊果汁采用打浆法。大多果蔬含有丰富汁液，故以压榨法为多用；仅在只有汁液较少的果实如山楂、李、干果、乌梅等果干采用浸提法，杨梅、草莓等浆果有时也用浸提法来改善色泽和风味。压榨法是通过挤压将汁液从原料中分离出去。压榨压力增加过快反会降低出汁率，所以压榨时常加入一些疏松剂以提高出汁率。

出汁率是衡量取汁方法、评价果蔬原料和取汁设备的重要指标。计算方法有：

（1）重量法　出汁率 = 汁液重量/果蔬重量 ×100%

（2）可溶性固形物重量法　出汁率 = 果汁中的总可溶性固形物重量 ÷ 果实中的总可溶性固形物含量 ×100%

一般要求：苹果 $77\% \sim 80\%$，梨 $78\% \sim 82\%$，葡萄 $76\% \sim 85\%$，树莓 $66\% \sim 70\%$，甜橙 $40\% \sim 45\%$。

7. 澄清、过滤

（1）澄清　果蔬汁中含有细小的果肉粒子，胶态或分子状态及离子状态的溶解物质，这是果蔬汁混浊的主要原因。在澄清汁生产中，它们影响到产品的稳定性，必须除去。

常用的果蔬汁澄清方法有以下几种。

①明胶-单宁法：像苹果、梨、葡萄、山楂等果汁中单宁含量较多。而单宁与明胶、鱼胶、干酪素等蛋白质，形成明胶单宁酸盐络合物。随着络合物的沉淀，果汁中的悬浮颗粒被包裹和缠绕而随之沉降。在生产中，利用此原理，为加速澄清，也常加入单宁。明胶和单宁在果汁中的用量取决于果汁种类、品种及成熟

度和明胶质量。

②加酶澄清法：果蔬汁中普遍含有果胶物质，而果胶物质在其中主要是以胶体形式存在的，将粒子包裹在其内并悬浮在果蔬汁中。该法是在果蔬汁中加入酶制剂来水解果胶质，使果汁中其他胶体失去果胶的保护作用而共聚沉淀，达到澄清目的。

③加热凝聚澄清法：果汁中的胶体物质因加热而凝聚沉淀出来。方法是在 80 ~ 90s 内将果汁加热到 80 ~ 82℃，然后在同样短的时间内迅速冷却至室温，使果汁中的蛋白质和胶体物质变性而沉淀析出，从而达到澄清。不足之处：不能达到完全澄清且损失部分芳香物质。

④冷冻澄清法：果汁在急速冷冻的条件下胶体完全或部分转变成不定型沉淀，解冻后可滤去。冷冻使胶体浓缩和脱水，这样就改变了胶体的性质，故而在解冻后聚沉。此法特别适用于雾状混浊的果汁，苹果汁用该法澄清效果特别。

⑤自然澄清法：长时间静置，果胶质逐渐发生缓慢水解，使悬浮物沉淀出来。另外，果汁中的蛋白质和单宁在静置中反应生成沉淀物。

另外还有皂土法、酶 – 明胶联合澄清法等其他方法。

（2）过滤　是澄清后必须过滤将果蔬汁中的混浊物除去，以得到澄清透明且稳定的果蔬汁。

常使用的方法有：

①板框式过滤机：是目前最常用的分离设备之一。特别是近年来经常作为苹果汁进行超滤澄清的前处理设备，对减轻超滤设备的压力十分重要。

②硅藻土过滤机：是在过滤机的过滤介质上覆上一层硅藻土助滤剂的过滤机。该设备在小型苹果汁生产企业中应用较多。它具有成本低廉，分离效率高等优点。但由于硅藻土等助滤剂容易混入果蔬汁给以后的作业造成困难。

③膜分离技术：在果蔬汁澄清工艺中所采用的主要是超滤技术，用超滤膜澄清的苹果汁无论从外观上还是从加工特性上都优于其他澄清方法制得的果蔬澄清汁，是该产业发展的方向。超滤分离由于其材料、断面物理状态的不同在苹果汁生产中的应用也不尽相同。使用超滤技术不但可以澄清果蔬汁，同时，因在处理过程中无需加热，无相变，设备密闭，减少了空气中氧的影响，对保留维生素C及一些热敏性物质是非常有利的，另外超滤还可除去一部分果蔬汁中的微生物。超滤法是果蔬汁澄清过滤的方向。

④纸板过滤（深过滤）：尽管有许多过滤工艺，但深过滤过滤片是至今为止，在各个应用范围使用最广泛、效率最高和最经济的产品过滤工艺。它的应用范围包括食品工业、生物技术、制药工业等，可用于粗过滤、澄清过滤、细过滤及除菌过滤等。利用深过滤过滤片所分离物质的范围可以从直径为几微米的微生物到分子大小的颗粒。

8. 调整、混合

为了改进产品风味、增加营养、色泽，果蔬汁加工常需要进行调整和混合，包括加糖、加酸、维生素C和其他添加剂，或将不同果蔬汁进行混合，或将果蔬汁进行稀释。

除了番茄、苹果等常以100%原果汁饮用外，大多数果蔬汁加糖水稀释制成直接饮用的制品。进行的步骤如下。

①确定最低果汁的含量。

②确定糖酸比。在确定最低果汁的含量后，即可依所要求的固酸比确定配方，固酸比来源于市场调查、各级标准、果蔬汁的固酸比一般比饮料为低。

③进行糖、酸调整。这样可制得混合果汁，例如：葡萄萝卜汁等。

9. 均质、脱气

（1）均质　生产混浊果蔬汁或带果肉果汁时，为了防止产生固液分离影响品质，需将果蔬汁通过一定的设备使其中的细小颗粒进一步细微化，使果胶和果蔬汁亲和，保持果蔬汁均一的外观。在原料的以上操作过程中混入大量的空气，果汁中含有大量的氧气、二氧化碳、氮气等，需要对果蔬汁采用机械或化学方法进行脱气处理。

（2）均质的设备

①高压均质机：是最常用的设备，其工作原理是物料通过柱塞泵，在高压作用下通过阀座和阀杆之间的空间，由低速增到290m/s，同时压力下降，引起颗粒的空穴效应，在空穴效应产生的强大剪切力作用下，颗粒变得更细且均匀分散。

②超声破均质机：液体通过一个长形的喷嘴，以较高的速度流向振动设备，振动设备可产生高频率的振动，这种振动可对颗粒产生极大的空穴效应，使颗粒产生良好的分散作用。

③胶体磨：由快速转动转子和狭腔的摩擦作用，使进入狭腔的果蔬汁受到强大的离心力作用，颗粒在转齿和定齿之间的狭腔中摩擦、撞击而分散细小颗粒。

（3）脱气的目的

①脱去果蔬汁内的氧气，防止维生素等营养成分的氧化，减轻色泽的变化，防止挥发性物质的氧化及异味的出现。

②脱去吸附在果蔬汁悬浮颗粒上的气体，防止带肉果蔬汁装瓶后固体物的上浮，保持良好的外观。

③减少瓶装和高温瞬时杀菌时起泡，影响装罐和杀菌效果，防止浓缩时过分沸腾。

④减少罐内壁的腐蚀。

（4）脱气的方法

①真空脱气：原理是气体在液体内的溶解度与该气体在液面

上的分压成正比，果蔬汁进行真空脱气时，液面上的压力逐渐降低，溶解在果蔬汁中的气体不断逸出，直至总压降到果蔬汁的蒸汽压时，已达平衡状态，此时几乎所有气体已被排出。真空脱气设备由真空泵、脱气罐和螺杆泵组成。真空脱气机的喷头有喷雾式、离心式和薄膜式 3 种。

②置换法：吸附的气体通过氮气、二氧化碳等气体的置换被排除。

③化学脱气法：利用一些抗氧化剂或需氧的酶类作为脱气剂，效果甚好。如对果蔬汁加入抗坏血酸即可起脱气作用，但应注意此药品不适合含花色苷丰富的果蔬汁中应用。在果蔬汁中加入葡萄糖氧化酶也可起良好的脱气作用。

10. 浓缩

对澄清果蔬汁进行脱水浓缩后可制得浓缩果蔬汁。它容量小，可溶性固形物可高达 65% ~ 75%，可节省包装和运输费用，便于贮运。

浓缩汁的优点是节省包装和运输费用，便于贮运；保藏性增强，因糖、酸含量提高；用途广泛；提高加工能力。

浓缩方法如下。

①真空浓缩法：生产中基本采用真空脱气，通过真空泵创造一定的真空条件使果蔬汁在脱气机中以雾状形式喷出，脱除氧气；没有脱气机的生产企业可以使用加热脱气，但脱气不彻底。可以避免压浓缩时因温度高而导致的芳香物质挥发、损失多，营养成分破坏多，风味、色泽受影响较大的缺点。真空浓缩的设备有很多种，如：强制循环式、降膜蒸发式、离心薄膜蒸发式、平板蒸发式、膨胀流动式等。

②冷冻浓缩法：就是用冷冻的方法，使果汁中的水分逐渐以冰晶的形式而除去，使果汁浓度提高。果蔬汁冷冻包括结晶、重结晶、分离及果蔬汁回收 4 个步骤。结晶过程以两种形式进行：

一种为在管式、板式、转鼓式及带式设备中进行；另一种为搅拌的冰晶悬浮液中进行悬浮冻结。冰晶的分离主要有离心法、压榨法、过滤法等几种，果汁的回收则主要有喷水清洗法、反渗透法等。这种方法的缺点：浓缩程度不太高，第一次冻结分离出来的果蔬浓度一般在 25% ~ 30%，第二次可达到 40% ~ 45%；损失的部分果汁，是由冰晶带走的。

③膜浓缩法：也叫反渗透浓缩，是一种现代膜分离技术，与传统的蒸发浓缩相比，它的优点是品质变化较少，无加热产生的不良反应。与密封回路中操作，不受氧气影响。在不发生状态变化下操作，芳香成分的损失相对较少。节能，所需能量约为蒸发浓缩的 1/17，是冷冻浓缩的 1/2。反渗透的原理是利用膜的选择性筛分，以压力差为推动力，水分透过，而其他成分不透过，从而可达到浓缩的目的。

11. 芳香物质的回收

无论是真空浓缩，还是冷冻浓缩，只要回热浓缩，芳香成分会随着水分的蒸发而逸出，都会造成芳香成分的损失。这会使得果蔬汁在很大程度上失去天然、柔和的风味，所以需要将芳香成分进行回收，再回加到浓缩汁中。

其技术路线有两种：一是在浓缩前，首先将芳香成分分离回收，然后加到浓缩果汁中；另一种是将浓缩罐中蒸发的蒸汽进行分离回收，然后回加到果蔬汁中。

12. 干燥

果蔬汁中含有 85% 的水分，通过采用一定方法的干燥脱水对其干制，可制成果汁粉或菜汁粉。

干燥的方法有以下 2 种。

（1）真空干燥　在高真空的条件下，将产品置于烘箱内，使其升温达到干燥，常用于果汁和麦乳精。制品具有多孔性和较好的溶解性。

（2）喷雾干燥　果蔬汁喷布于热空气或温暖低湿的热空气流中，水分被蒸发而被气流带走，剩下的固体粒子因重力下坠，穿过气流被气流收集。喷雾干燥相由空气加热器、喷雾品、干燥室、收集系和鼓风机等组成。

13. 杀菌和包装

制得的各类果蔬汁可以进行包装了，为了达到长期保藏，杀菌和包装就很关键。现代工艺是先杀菌后灌装，亦有大量采用无菌灌装方法进行加工。

（1）果蔬汁杀菌的目的　目的在于消灭微生物，以免饮料败坏；钝化酶的活性，避锡各种不良的变化。果蔬汁杀菌的微生物对象是酵母和霉菌。酵母在66℃下1h，霉菌在80℃下20h即可被杀灭。

杀菌主要采用热杀菌，方法有以下几种。

①高温或巴氏杀菌。将果蔬汁灌装密封后置于蒸汽或水浴中加热杀菌，温度一般在60～100℃10～30h，然后迅速放入冷水中冷却至37℃，此法适用于pH值在4.5以下的果汁。一般的巴氏杀菌条件为80℃下30h。

②高温短时杀菌。对于混浊果蔬汁，此杀菌温度和时间并不合适，很易导致品质变化，因此有必要采用高温短时间杀菌。一般高温短时杀菌条件（93±2）℃保15～30s，但对于低微性的蔬菜汁，均采用106～121℃的高温处理5～20s，然后迅速冷却至37℃。此法营养物质损失小，适宜于热敏性果汁。

③超高温瞬时灭菌　大都采用超高温120～135℃，时间控制在2～10s内的瞬间灭菌，冷却后在无菌条件下灌装密封。由于加热时间短，对于果蔬汁的色、香、味及营养成分保存非常有利。

（2）灌装方式

①传统灌装法：将果蔬汁加热到85℃以上，趁热装罐或瓶

密封，在适当的温度下进行杀菌，之后冷却。此法产品的加热时间长，品质下降明显。

②热灌装：将果蔬汁在高温短时或超高温瞬时杀菌，之后趁热灌入已预先消毒的洁净瓶内或罐内，趁热密封，之后倒瓶处理，冷却。此法较常用于高酸性的果汁及果汁饮料，亦适合于茶饮料。目前较通用的果汁灌装条件为杀菌135℃下3～5s，85℃以上热灌装，倒瓶10～20s，冷却到38℃。

③无菌灌装：是指果蔬汁经加热杀菌后，在无菌的环境条件下灌装，产品在常温下流通，可贮存6个月以上。它包括产品的杀菌和无菌充填密封两部分。适用于能连续杀菌或分别杀菌后再混合的液态食品，固液混合食品。

### 三、常见问题分析与控制措施

（一）果蔬汁败坏

为避免果蔬汁败坏，必须采用新鲜、无霉烂、无病害的果蔬做榨汁原料，注意原料榨汁前的洗涤消毒，尽量减少果实外表的微生物，严格车间、设备、管道、容器、工具的清洁卫生，防止半成品积压等。

（二）果蔬汁风味的变化

风味的变化与非酶褐变形成的褐色物质有关。柑橘类果汁风味变化与温度有关，4℃下贮藏，风味变化缓慢。

（三）果蔬汁营养成分的变化

要有适宜的低温，贮藏期不宜过长，避光，隔氧，采用不锈钢设备，管道工具和容器，防止有害金属的污染。

（四）罐内腐蚀

果汁一般为酸性、腐蚀性食品，它对镀锡箔板有腐蚀作用。提高罐内真空度，采用软罐包装（塑料包装），降低贮藏温度等可防止罐内腐蚀。

### 四、果蔬汁生产实例

（一）柑橘汁加工

柑橘类水果甜橙、宽皮橘、葡萄柚、柠檬、来檬等均为主要的制汁原料，其制品为典型的混浊果汁。

1. 工艺流程

原料→清洗和分级→压榨→过滤→均质→脱气去油→巴氏杀菌→灌装→冷却。

2. 操作要点

①橙子、柠檬、葡萄柚严格分级后用压榨机和布朗锥汁机取汁。

②果汁经 0.3mm 筛孔进行精滤，要求果汁含果浆 3%～5%。

③精滤后的果汁按标准调整，一般可溶性固形物 13%～17%，含酸 0.8%～1.2%。

④均质是柑橘汁的必须工艺，高压均质机要求在 10～20MPa 下完成。

⑤柑橘汁经脱气后应保持精油含量在 0.025%～0.15% 之间，脱油和脱气可设计成同一设备。

⑥巴氏杀菌条件为在 15～20h 内升温至 93～95℃，保持 15～20h，降温至 90℃，趋热保温在 85℃ 以上灌装于预消毒的容器中。

⑦装罐（瓶）后的产品应迅速冷却至 38℃。

（二）草莓汁加工

1. 工艺流程

原料→清洗→加热→取汁→滤汁→混合调配→杀菌、灌装。

2. 操作要点

①草莓有冷榨新鲜浆果、冷榨解冻草莓和热榨 3 种，以冷榨新鲜草莓莓汁得率较高。草莓汁常用果胶酶处理，除去果汁中果

胶以增加稳定性。

②杨梅是我国南方某些省份的特产，其果汁有压榨、糖浸2种，据试验以后者为好，果汁果胶物质含量不太多，色泽稳定。以冷冻澄清为最好，产品须装于抗酸涂料罐中避光保藏。

③樱桃采用热榨或冷榨，以热榨和冷榨解冻果实色泽较好，榨出的果汁应迅速加热至87.7~93.3℃以钝化酶，之后加果胶酶澄清，产品应装入玻璃瓶中。

# 第三节　果蔬糖制

果蔬糖制是以果蔬为原料，与糖或其他辅料配合加工而成，利用高糖防腐保藏制成果蔬糖制品，是我国古老的食品加工方法之一。早在西周人们就利用蜂蜜熬煮果品蔬菜制成各种加工品，并冠以"蜜"字，称为蜜饯。甘蔗糖的发明和应用，大大促进糖制品加工的迅速发展。

果蔬糖制品具有高糖（蜜饯类）或高糖高酸（果酱类）的特点，有良好的保藏性和贮运性，是保藏果蔬的一种有效方法。

## 一、果糖制品分类

糖制品按其加工方法和状态分为两大类，即果脯蜜饯类和果酱类。果脯蜜饯类属于高糖食品，保持果实或果块原形，大多含糖量在50%~70%；果酱类属高糖高酸食品，不保持原来的形状，含糖量多在40%~65%，含酸量约在1%以上。

（一）蜜饯类

1. 按产品形态及风味分类

蜜饯由鲜果菜或果坯经糖渍或糖煮而成，其含糖量一般为60%，个别的含糖量较低，不经过烘干或呈半干态、干态的制品，带有原料的固有风味。此类可分3种。

（1）湿态蜜饯　果蔬原料糖制后，按罐藏原理保存于高浓度糖液中，果形完整、饱满，质地细软、味美，呈半透明。如蜜饯海棠、蜜饯樱桃、蜜金橘等。

（2）干态蜜饯　糖制后晾干或烘干，不黏手，外干内湿，半透明，有些产品表面裹一层半透明的糖衣或结晶糖粉。如橘饼、蜜李子、冬瓜条等。

（3）凉果　指用咸果坯为主原料的甘草制品。果品经盐腌、脱盐、晒干，加配料蜜制，再晒干而成。制品含糖果量不超过35%，属低糖果制品，外观保持原果形，表面干燥，皱缩，有的品种表面有层盐霜，味甘美、酸甜，略咸，有原果风味。如陈皮梅、话梅等。

2. 产品传统加工方法分类

（1）京式蜜饯　主要代表产品是北京果脯，又称"北蜜""北脯"。据传从明代永乐十八年明成祖迁都北京时，就被列为宫廷贡品。如各种果脯、山楂糕、果丹皮等。

（2）苏式蜜饯　主产地苏州。历来选料讲究，制作精细，形态别致，色泽鲜艳，风味清雅。

（3）广式蜜饯　以凉果和糖衣蜜饯为代表产品。主产地广州、潮州、汕头。

①凉果。甘草制品，味甜、酸、咸适品，回味悠长，如陈皮梅、甘草杨梅等。

②糖衣蜜饯。产品表面干燥，有糖霜，原果风味浓，如糖莲子、糖明姜、冬瓜条等。

（4）闽式蜜饯　主产地福建漳州、泉州、福州，以橄榄制品为主产品。已有1 000多年历史，制品远销东南亚和欧美，是我国别树一帜的凉果产品。制品最大特点是果肉细腻，添加香味突出，爽口而有回味。

（5）川式蜜饯　以四川内江地区为主产区，始于明朝，有

名传中外的橘红蜜饯等。

（二）果酱类

1. 果酱

呈黏稠状，也可以带有果肉碎块，如杏酱、草莓酱等。果品原料经处理后，打碎或切成块状，是加糖（含酸及果胶低的原料可适理加酸和果胶）而浓缩而成的凝胶制品。制品呈黏糊状，带有细小果块，含糖量 55% 以上，含酸 1% 左右。倾倒在平面上要求"站得住，不流汁，展得开"，甜酸适口，口感细腻。如苹果酱等。

2. 果菜泥

可以是单种或数种果菜泥的混合，原料经软化、打浆、筛滤后得到细腻的果肉浆液，加入适量砂糖（或不加糖），经加热浓缩而成。制品呈酱糊状，糖酸含量稍低于果酱，口感细腻。如枣泥、胡萝卜泥等。

3. 果膏

以果汁加糖浓缩制成。含糖在 60% 以上，呈浓稠浆状。如梨膏、山楂膏等。这类制品多数作为疗效食品。

4. 果冻

选用含果胶丰富的果实原料，将果实软化、榨汁、过滤后，加糖、酸以及适量果胶（酸或果胶含量高时可以不加），经加热浓缩而制成。该制品应具有光滑透明的形状，切割时有弹性，其切面柔滑而有光泽。如山楂冻、苹果冻等。

5. 果糕

在果泥中加入预先搅拌成泡沫状的蛋白，注入容器成型、烘干，呈多孔性而柔软的果糕。或将果泥摊成薄层成型或在果泥中加入粉碎的或切成丝的橘皮、苹果皮或山楂皮等摊成薄层成型，再于 50～60℃ 下烘干至不粘手，切成小块，用玻璃纸包装。或在果肉浆液中加入糖、酸、果胶浓缩后浇盘、烘制、包装而成。

如胡萝卜糕、山楂糕等。

6. 果丹皮

是果泥干燥成皮状的糖制品。在果泥中加糖搅拌、刮皮、烘干、成卷或切片，果玻璃纸包装的制品。如苹果果丹皮等。

## 二、糖制原理

### (一) 原料糖的种类及其与糖有关的特性

1. 原料糖的种类

包括白砂糖、饴糖、淀粉糖浆、蜂蜜。

2. 果蔬糖制加工中所用食糖的特性

(1) 糖的溶解度与晶析　食糖的溶解度是指在一定的温度下，一定量的饱和糖液内溶解的糖量。糖的溶解度随温度的升高而逐渐增大。

当糖制品中液态部分的糖，在某一温度下其浓度达到过饱和时，即可呈现结晶现象，称为晶析，也称返砂。

(2) 糖的转化　蔗糖、麦芽糖等双糖在稀酸与热或酶的作用下，可以水解为等量的葡萄糖和果糖，称为转化糖。酸度越大 (pH 值越低)，温度愈高，作用时间愈长，糖转化量也愈多。

(3) 糖的吸湿性　糖制品吸湿以后降低了糖浓度和渗透压，削弱了糖的保藏作用，引起制品败坏和变质。

(4) 糖的甜度　食糖是食品的主要甜味剂，食糖的甜度影响着制品的甜度和风味。甜度是以口感判断，即以能感觉到甜味的最低含糖量——"味感阈值"来表示，味感阈值越小，甜度越高。

(5) 糖液的浓度和沸点　糖液的沸点随糖液浓度的增大而升高。

（二）食糖的保藏作用

1. 高渗透压糖

溶液都具有一定的渗透压，糖液的渗透压与其浓度和分子量大小有关，浓度愈高，渗透压愈大。而大多数微生物细胞的渗透压只有 $0.355 \sim 1.692MPa$，糖液的渗透压远远超过微生物的渗透压。当微生物处于高浓度的糖液中，其细胞里的水分就会通过细胞膜向外流出，形成反渗透现象，微生物则会因缺水而出现生理干燥，失水严重时可出现质壁分离现象，从而抑制了微生物的生长。

2. 降低糖制品的水分活性

大部分微生物要求适宜生长的 Aw 值在 0.9 以上。当食品中可溶性固形物增加，游离含水量则减少，即 Aw 值变小，微生物就会因游离水的减少而受到抑制。

3. 抗氧化作用

主要作用由于氧在糖液中溶解度小于在水中的溶解度，糖浓度愈高，氧的溶解度愈低。由于糖液中氧含量的降低，有利于抑制好氧型微生物的活动，也利于制品色泽、风味和维生素的保存。

4. 加速糖制原料脱水吸糖

高浓度糖液的强大渗透压，亦加速原料的脱水和糖分的渗入，缩短糖渍和糖煮时间，有利于改善制品的质量。

## 三、糖制品加工工艺

（一）蜜饯类加工

蜜饯生产工艺流程：原料选择→去皮、切分、切缝、刺孔→盐腌→保脆和硬化→硫处理→染色→漂洗和预煮→糖制→烘干与上糖衣。

1. 原料选择

原料质量优劣主要在于品种、成熟度和新鲜度等几个方面。蜜饯类因需保持果实或果块形态，则要求原料肉质紧密，耐煮性强的品种。在绿熟－坚熟时采收为宜。另外，还应考虑果蔬的形态、色泽、糖酸含量等因素，用来糖制的果蔬要求形态美观、色泽一致、糖酸含量高等特点。

2. 原料前处理

（1）去皮、切分、切缝、刺孔　对果皮较厚或含粗纤维较多的糖制原料应去皮，常用机械去皮或化学去皮等方法。

（2）盐腌　用食盐或加用少量明矾或石灰腌制的盐胚（果胚），常作为半成品保存方式来延长加工期限。盐胚腌渍包括盐腌、曝晒、回软和复晒 4 个过程。盐腌有干腌和盐水腌制两种。干腌法适用于果汁较多或成熟度较高的原料，用盐量依种类和贮存期长短而异，一般为原料重的 14% ~ 18%。腌制时，分批拌盐，拌匀，分层入池，铺平压紧，下层用盐较少，由下而上逐层加多，表面用盐覆盖隔绝空气，便能保存不坏。腌渍程度以果实呈半透明为度。

（3）保脆和硬化　为提高原料耐煮性和酥脆性，在糖制前对某些原料进行硬化处理，即将原料浸泡于石灰（CaO）或氯化钙（$CaCl_2$）、明矾 [$Al_2(SO_4)_3 \cdot K_2SO_4$]、亚硫酸氢钙 [$Ca(HSO_3)_2$] 等稀溶液中，使钙、镁离子与原料中的果胶物质生成不溶性盐类，细胞间相互粘结在一起，提高硬度和耐煮性。用 0.1% 的氯化钙与 0.2% ~ 0.3% 的亚硫酸氢钠（$NaHSO_3$）混合液浸泡 30 ~ 60h，起着护色兼硬化的双重作用。硬化剂的选用、用量及处理时间必须适当，过量会生成过多钙盐或导致部分纤维素钙化，使产品质地粗糙，品质劣化。

（4）硫处理　在糖煮之前进行硫处理，既可防止制品氧化变色，又能促进原料对糖液的渗透。使用方法有两种：一种是用按原料重量的 0.1% ~ 0.2% 的硫黄，在密闭的容器或房间内点燃硫黄进行熏蒸处理。另一种是预先配好含有效 $SO_2$ 为 0.1% ~ 0.15% 浓度的亚硫酸盐溶液，将处理好的原料投入亚硫酸盐溶液中浸泡数小时即可。常用的亚硫酸盐有亚硫酸钠（$Na_2SO_3$）、亚硫酸氢钠（$NaHSO_3$）、焦亚硫酸钠（$Na_2S_2O_5$）等。

（5）染色　樱桃、草莓等原料，在加工过程中常失去原有的色泽；因此，常需人工染色，以增进制品的感官品质。

（6）漂洗和预煮　凡经亚硫酸盐保藏、盐腌、染色及硬化处理的原料，在糖制前均需漂洗或预煮，除去残留的 $SO_2$、食盐、染色剂、石灰或明矾，避免对制品外观和风味产生不良影响。

另外，预煮可以软化果实组织，有利于糖在煮制时渗入，对一些酸涩、具有苦味的原料，预煮可起到脱苦、脱涩作用。预煮可以钝化果蔬组织中的酶，防止氧化变色。

3. 糖制

糖制是蜜饯类加工的主要工艺，是果蔬原料排水吸糖过程。糖制方法有蜜制（冷制）和煮制（热制）两种。

（1）蜜制　此法的基本特点在于分次加糖，不用加热，可采用下列蜜制方法：

①分次加糖法。

②一次加糖多次浓缩法。

③减压蜜制法。

（2）煮制　分常压煮制和减压煮制两种。常压煮制又分一次煮制、多次煮制和快速煮制三种。减压煮制分减压煮制和扩散法煮制两种。

4. 烘干晒与上糖衣

除糖渍蜜饯外，多数制品在糖制后需进行烘晒，除去部分水分，使表面不黏手，利于保藏。

在干燥快结束的蜜饯表面，撒上结晶糖粉或白砂糖，拌匀，

筛去多余糖粉，即得晶糖蜜饯。

5. 整理、包装

干态蜜饯在干燥过程中常出现收缩变形，甚至破碎，须经整形和分级之后，使产品外观整齐一致、形态美观再进行包装。蜜枣是在烘干过程中进行整形操作的。许多品种则是在烘干之后进行整形的。在整形的同时可以剔除在制作工艺中被遗漏而留在制品上的疤痕、残皮、虫蛀品以及其他杂质。在整形的同时按产品规格质量的要求进行分级。

干态蜜饯的包装主要应防止吸湿返潮、生露，湿态蜜饯则以罐头食品的包装要求进行。

（二）果酱类加工工艺

原料选择及前处理→加热软化→取汁过滤→配料→浓缩→装罐密封（制盘）→杀菌冷却

1. 原料选择及前处理

原料要求含果胶及酸量多，芳香味浓，成熟度适宜。生产时，首先剔除霉烂变质、病虫害严重的不合格果，经过清洗、去皮（或不去皮）、切分、去核（心）等处理。

2. 加热软化

加热软化的目的主要是：破坏酶的活性，防止变色和果胶水解；软化果肉组织，便于打浆或糖液渗透；促使果肉组织中果胶的溶出，有利于凝胶的形成；蒸发一部分水分，缩短浓缩时间；排除原料组织中的气体，以得到无气泡的酱体。

3. 配料

按原料的种类和产品要求而异，一般要求果肉（果浆）占总配料量的40%～55%，砂糖占45%～60%。必要时添加适量柠檬酸、果胶或琼脂。

4. 浓缩

排出果肉中大部分水分，使砂糖、酸、果胶等配料与果肉煮至渗透均匀，提高浓度，改善酱体的组织形态及风味。加热浓缩的方法，目前主要采用常压和真空浓缩两种方法。果酱类熬制终点的测定可采用下述方法。

（1）折光仪测定　当可溶性固形物达66%～69%时即可出锅。

（2）温度计测定　当溶液的温度达103～105℃时熬煮结束。

（3）挂片法　用搅拌的木片从锅中挑起浆液少许，横置，若浆液呈现片状脱落，即为终点。

装罐、密封、杀菌、冷却工艺详见罐藏有关内容。

### 四、常见问题分析及控制措施

（一）返砂与流汤

1. 返砂

返砂即糖制品经糖制、冷却后，成品表面或内部出现晶体颗粒的现象，使其口感变粗，外观质量下降。

2. 流汤

流汤即果蔬糖制品在包装、贮存、销售过程中吸潮，表面发黏等现象。

果蔬糖制品出现的返砂和流汤现象，主要原因是成品中蔗糖和转化糖之间的比例不合适造成的。正常果脯成品含水量为17%～19%，总糖含量为68%～72%，其中还原糖含量为43%。当还原糖占总含糖量的60%以上时，不会发生成品表面或内部蔗糖结晶现象（返砂）和葡萄糖的结晶现象（返糖），这时制成品的质量最佳。当还原糖含量为30%，占总糖量的50%以下时，干制后成品会不同程度地出现返砂现象。失去正常产品的光泽，容易破损，严重影响成品的外观和质量。当还原糖含量在30%～40%时，成品干制后，可暂不返砂，但贮藏后有可能产生轻微返砂现象。其"返砂"程度将随还原糖含量增多而降低，如还原糖含量过高，达到 90% 以上，遇高温多湿季节易发生"返糖"现象。防止糖制品返砂和流汤，最有效的办法是控制原料在糖制时蔗糖转化糖之间的比例。影响转化的因素是糖液的 pH 值及温度。pH 值 2.0~2.5，加热时就可以促使蔗糖转化提高转化糖含量。

（二）煮烂与皱缩

采用成熟度适当的果实为原料，是保证果脯质量的前提。此外，采用经过前处理的果实，不立即用浓糖液煮制，先放入煮沸的清水或 1% 的食盐溶液中热烫几小时，再按工艺煮制。也可在煮制时用氯化钙溶液浸泡果实，也有一定的作用。另外，煮制温度过高或煮制时间过长也是导致蜜饯类产品煮烂的一个重要原因。

果脯的皱缩主要是"吃糖"不足，干燥后容易出现皱缩干瘪。克服的方法，应在糖制过程中掌握分次加糖，使糖液浓度逐渐提高，延长浸渍时间。真空渗糖是重要措施之一。

（三）成品颜色褐变

果蔬糖制品颜色褐变的原因是果蔬在糖制过程中发生非酶褐变和酶褐变反应，导致成品色泽加深。

非酶褐变包括羰氨反应和焦糖化反应，在糖制和干燥过程中，适当降低温度，缩短时间，可有效阻止非酶褐变，采用低温真空糖制就是一种最有效的技术措施。

酶褐变主要是果蔬组织中酚类物质在多酚氧化酶的作用下氧化褐变，一般发生在加热糖制前。使用热烫和护色等处理方法，抑制引起褐变的酶活性，可有效抑制由酶引起的褐变反应。

**五、糖制品生产实例**

（一）蜜枣加工

1. 生产工艺流程

原料选择 → 切缝 → 熏硫 → 糖煮 → 烘干。

2. 操作要点

（1）原料选择 选用果形大、果肉肥厚、疏松、果核小、皮薄而质韧的品种，果实由青转白时采收，过熟则制品色泽较深。

（2）切缝 用排针或机械将每个枣果划缝80~100条，其深度以深入果肉的1/2为宜。划缝太深，糖煮时易烂，太浅糖液不易渗透。

（3）熏硫 北方蜜枣切缝后将枣果装筐，入熏硫室。

（4）糖煮 先配制浓度为30%~50%的糖液35~45kg，与枣果50~60kg同时下锅煮沸，加枣汤（上次浸枣剩余的糖液）2.5~3kg，煮沸，如此反复3次加枣汤后，开始分次加糖煮制。第1~3次，每次加糖5kg和枣汤2kg左右，第4~5次，每次加糖7~8kg，第6次加糖约10kg。每次加糖（枣汤）应在沸腾时进行。最后一次加糖后，续煮约20h，而后连同糖液倒入缸中浸渍48h。全部糖煮时间约需1.5~2.0h。

（5）烘干 沥干枣果，送入烘房，烘干温度60~65℃，烘至6~7成干时，进行枣果整形，捏成扁平的长椭圆形，再放入烘盘上继续干燥（回烤），至表面不粘手，果肉具韧性即为成品。

3. 产品质量要求

色泽呈棕黄色或琥珀色，均匀一致，呈半透明状态；形态为椭圆形，丝纹细密整齐，含糖饱满，质地柔韧；不返砂、不流汤、不粘手，不得有皱纹、露核及虫蛀；总糖含量为68%~72%，水分含量为17%~19%。

（二）草莓酱加工

1. 生产工艺流程

原料选择→洗涤→去梗去萼片→配料→加热浓缩→装灌与密封→杀菌及冷却。

2. 操作要点

（1）原料选择　应选含果胶及果酸多、芳香味浓的品种。果实八九成熟，果面呈红色或淡红色。

（2）洗涤　将草莓倒入清水中浸泡 3~5h，分装于竹筐中，再放入流动的水中或通入压缩空气的水槽中淘洗，洗净泥沙，除去污物等杂质。

（3）去梗去萼片　逐个拧去果梗、果蒂，去净萼片，挑出杂物及霉烂果。

（4）配料　草莓 300kg，75% 的糖液 412kg，柠檬酸 714g，山梨酸 240kg，或采用草莓 40kg，砂糖 46kg，柠檬酸 120g，山梨酸 30g。

（5）加热浓缩　浓缩可采用两种办法。其一，将草莓倒入夹层锅内，并加入一半的糖液，加热使其充分软化，搅拌后，再加余下的糖液和柠檬酸、山梨酸，继续加热浓缩至可溶性固形物达 66.5%~67.0% 时出锅。其二，采用真空浓缩。将草莓与糖液置入真空浓缩锅内，控制真空度达 46.66~53.33kPa，加热软化 5~10h，然后将真空度提高到 79.89kPa，浓缩至可溶性固形物达 60%~63%，加入已溶化好的山梨酸和柠檬酸，继续浓缩至浆液浓度达 67%~68%，关闭真空泵，破除真空，并把蒸气压力提高到 250kPa，继续加热，至酱温达 98~102℃，停止加热，而后出锅。

（6）装罐与密封　果酱趁热装入经过消毒的罐中，每锅酱须在 20h 内装完。密封时，酱体温度不低于 85℃，放正罐盖旋紧。

（7）杀菌及冷却　封盖后立即投入沸水中杀菌 5~10h，然后逐渐用水冷却至罐温达 35~40℃ 为止。

3. 产品质量要求

要求色泽呈紫红色或红褐色，有光泽，均匀一致；味甜酸，无焦煳味及其他异味；酱体胶黏状，可保留部分果块；总糖量不低于57%（以转化糖计）；可溶性固形物达65%（按折光计）。

# 第四节　果蔬干制

果蔬干制也称干燥、脱水，是指在自然或人工控制的条件下促使食品中水分蒸发，脱出一定水分，而将可溶性固形物的浓度提高到微生物难以利用的程度的一种加工方法。一般而言，干制包括自然干制和人工干制。

## 一、果蔬干制概述

1. 干制定义

自然干制指利用自然条件如太阳、热风等使果品、蔬菜干燥。将原料直接用日光曝晒至干称为晒干或日光干燥；用自然风力干燥称为阴干、风干或晾干。

人工干制指在人工控制的条件下使食品水分蒸发的工艺过程，如烘房烘干、滚筒干燥、隧道干燥、热空气干燥、真空干燥、冷冻升华干燥、喷雾干燥、远红外干燥、微波干燥等。果蔬干制在果蔬加工业中占有重要地位，尤其脱水蔬菜、果蔬脆片已是果蔬加工品的两大热点。

2. 干制意义

果蔬干制在果蔬加工业中占有重要地位，尤其脱水蔬菜、果蔬脆片已是果蔬加工品的两大热点。果蔬干制具有以下优点。

①果蔬干制后，质量大为减轻，体积显著缩小，便于运输，减少运输、贮藏的成本，便于外贸出口及勘探、航海、旅行、军需等携带。

②果蔬干制后，可延长货架期，产品便于长期保存。

③与新鲜或冷冻果蔬相比，可减少冷链成本。

④干制果蔬可与粉体技术等结合，产品成为复合食品的很好添加成分。

⑤可以调节果蔬生产淡旺季，有利于满足消费者的周年需要。

⑥干制的设备可简可繁，生产技术较易掌握，因此，干制在广大农村应用比较普遍，已成为开发山区资源、振兴山区经济的有效途径之一。

⑦丰富果蔬产品的花色品种，有利于满足人们的生活快节奏的需求。

## 二、干制机理

果蔬干制的目的是减少新鲜果蔬中所含水分，提高原料中可溶性物质的浓度，降低其水分活性，迫使微生物不能生长发育，同时抑制果蔬中酶的活性，从而使果蔬干制品得以保存。

### （一）果蔬中水分的存在状态

果蔬中所含的水分状态，对控制水分蒸发极为重要。新鲜果品含水量为 70% ~ 90%，蔬菜 75% ~ 90%。果品蔬菜中的以游离水、胶体结合水和化合水 3 种状态存在如表 6 - 2 所示。

表 6 - 2    几种果蔬中不同形态的水分含量

| 名称 | 总水量（%） | 游离水（%） | 结合水（%） |
|---|---|---|---|
| 苹果 | 88.70 | 64.60 | 24.10 |
| 甘蓝 | 92.20 | 82.90 | 9.30 |
| 马铃薯 | 81.50 | 64.00 | 17.50 |
| 胡萝卜 | 88.60 | 66.20 | 22.40 |

### 1. 游离水

游离水存在于果蔬众多的毛细管中，占果蔬水分总量的绝大部分。游离水的特点是在组织中呈游离状态，对可溶性固形物起溶剂的作用，流动性大，不仅易从表面蒸发，而且可借毛细管作用和渗透作用可以向外或向内移动，因此在干燥时容易被排除。

2. 胶体结合水

胶体结合水是指和细胞原生质、淀粉等结合成为胶体状态的水分。由于胶体的水合和溶胀作用的结果，围绕着胶粒形成一层水膜。结合水对游离水中易溶解的物质不表现溶剂的作用，在低温下不易结冰，甚至在 -40℃ 以下也不结冰。这部分水比重大（1.02～1.45），相当于受 750 个大气压的水的密度，热容量比小（为 0.7）。干燥时，组织中的游离水被干燥后，胶体结合水才少量被排除。

3. 化合水

化合水是指存在于果蔬化学物质中，与物质分子呈化合状态的水，极稳定，不能因干燥作用而被排除。

（二）平衡水分和水分活度

1. 基本概念

果品蔬菜中的水分，还可根据干燥过程中可被除去与否而分为平衡水分与自由水分。

（1）平衡水分　某一种原料与一定温度和湿度的干燥介质相接触，排出或吸收水分，当原料中排出的水分与吸收的水分相等时，只要干燥介质的情况不发生变化，那么，原料中所含水分保持不变，并不会因与干燥介质接触的时间延长而发生改变。此时，果蔬组织所含的水分，即为该干燥介质条件下的平衡水分或平衡湿度。在任何情况下，如果干燥介质的温度、湿度不变，那么相对于这个条件下，原料的平衡水分就是这种原料可以干燥的极限。

（2）自由水　在干燥作用中能排除去的水分，是果蔬所含有的大于平衡水分的水，这一部分水称为自由水。自由水主要是果蔬中的游离水，也有很少一部分胶体结合水。

水分活度 $Aw$：又称水分活性，它是溶液中水的蒸汽压与同温度下纯水的蒸汽压之比。公式如下：

$$A_W = \frac{P}{P_0} = \frac{ERH}{100}$$

$A_W$——水分活度

$P$——溶液或食品中水蒸气分压

$P_0$——纯水的蒸汽压

$ERH$——平衡相对湿度干制果蔬的保藏性和水分的关系，不是取决于果蔬中的水分总含量，而是它的有效水分——水分活度 $A_W$。

2. 水分活度与微生物关系

①纯水中加入溶质后，溶液分子之间引力增加，沸点上升，冰点下降，蒸汽压下降，水的流动速度降低。

②游离水中的糖类、盐类等可溶性物质多了，溶液的浓度增大，渗透压增高，造成微生物细胞质壁分离而死亡。

③通过降低水分活度来抑制微生物，保存食品。虽然食品有一定的含水量，但由于水分活度低，可利用的有效水分少，微生物亦不能利用。

④不含任何物质的纯水 $A_W = 1$，如食品中没有水分，水蒸气压为 0，$A_W = 0$。$A_W$ 值高到一定值时，酶活性才能激活，并随着 $A_W$ 值增高，酶活性增强。$A_W$ 为 0.2 时脂肪氧化反应速度最低。

⑤$A_W$ 值太大时，叶绿素变成脱镁叶绿素，蔗糖水解，花青素被破坏，维生素 C、维生素 B 损失速度加快。

各种微生物都有其生长最适水分活度，水分活度下降时，它们的生长率也下降，直至下降至某一水分活度时，微生物便停止生长。各种微生物保持生长所需的最低 $A_W$ 各不相同（表6-3）。

表6-3　食品中重要微生物类群生长的最低$A_W$值

| 类群 | 最低$A_W$值 | 类群 | 最低$A_W$值 |
|---|---|---|---|
| 细菌 | 0.90 | 嗜热性细菌 | 0.75 |
| 酵母 | 0.88 | 耐渗透压酵母 | 0.61 |
| 霉菌 | 0.80 | 耐干性霉菌 | 0.65 |

　　大多数新鲜食品的水分活度在0.99以上，这类食品中最先引起变质的微生物是细菌。当$A_W$为0.80~0.90时，霉菌和酵母都能旺盛生长。当$A_W$为0.80~0.85时，几乎所有食品还会在1~2周内迅速腐败变质，此时霉菌成为常见腐败菌。若将$A_W$降低到0.65以下时，能生长的微生物种类极少，食品可贮藏1~2年。干制食品的水分活度在0.60~0.75。一般认为，在0.70的水分活度下，霉菌仍能缓慢生长，因此霉菌为干制食品中常见的腐败菌。

　　（三）果蔬中干物质

　　1. 干物质

　　果蔬中除了水分以外的物质。按能否溶解于水，分为可溶性物质和不溶性物质。

　　2. 可溶解于水的物质

　　果蔬中大部分物质都溶解于水中，组成了果蔬的汁液，称为可溶性物质或可溶性固形物。如糖、有机酸、果胶、多元醇、多缩戊糖、单宁物质、酶、某些含氮物质、部分色素、部分维生素以及大部分无机盐类。

　　3. 不溶于水的物质

　　果蔬中还有一部分干物质不溶于水，组成了果蔬的固体部分，称为不溶性物质。如纤维素、半纤维素、原果胶、淀粉、不溶于水的含氮物质、某些色素、脂肪、部分维生素、某些无机物质以及某些有机酸盐类等。

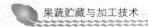

主要果实的相关物质含量见表 6-4。

表6-4 几种果实的可溶性与不溶性物质的含量

| 名称 | 可溶性物质（%） | 不溶性物质（%） |
| --- | --- | --- |
| 苹果 | 15.53 | 3.03 |
| 梨 | 15.43 | 5.24 |
| 杏 | 11.50 | 2.65 |
| 桃 | 14.21 | 3.00 |
| 李 | 14.20 | 2.17 |
| 樱桃 | 15.19 | 2.08 |
| 草莓 | 7.60 | 1.90 |

（四）果蔬干燥过程（图6-1）

1. 干燥过程

干燥过程中物料的温度和湿度变化情况可用干燥曲线、干燥速率曲线和物料温度曲线来加以描述。

（1）初期加热阶段 初期加热阶段中，其温度迅速上升至热空气的湿球温度，物料水分则沿曲线逐渐下降，而干燥速率则由零增至最高值。

（2）恒速干燥阶段 在此阶段的干燥速度稳定不变，故称恒速干燥阶段，水分按直线规律下降，向物料提供的热量全部消耗于水分蒸发，此时物料温度不再升高。

（3）减速干燥阶段 当物料干燥到一定程度后，干燥速率逐渐减少，物料温度上升，直至达到平衡水分，干燥速度为零，物料温度则上升到与热空气干球温度相等。

2. 水分外扩散与水分内扩散

物料在干燥过程中，水分从新鲜原料表面蒸发，果蔬内部水分向表面移动，干燥介质-空气与果蔬之间发生热能互换。干燥时果蔬水分的蒸发依靠水分外扩散作用与水分内扩散作用。

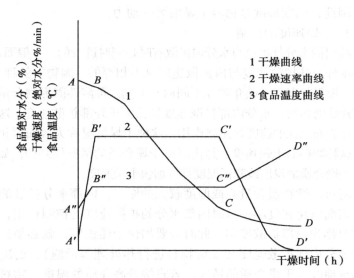

图 6 - 1　食品干制过程曲线

（1）水分外扩散　是水分在果蔬表面的蒸发，表面愈大，空气流动愈快、温度愈高以及空气相对湿度愈小，则水分从果蔬表面蒸发的速度越快。

（2）水分内扩散　当表面水分低于内部水分时，造成原料内部与表面水分之间的水蒸气分压差，水分由内部向表面转移进行水分内扩散，这种扩散作用的动力是借助湿度梯度使水分在原料内部移动，由含水分高的部位向含水分低的部位移动。湿度梯度差异愈大，水分内扩散速度就愈快。所以，湿度梯度是物料干燥的动力之一。

在干燥过程中，有时采用升温、降温、再升温、再降温的方法，使温度上下波动。即先将温度升到一定程度，使物料内部受热，然后再降低物料表面的温度，这样物料内部温度高于表面温度，形成温度梯度，水分借助温度梯度沿热流方向向外移动而蒸发。因此，温度梯度是物料干燥的另一动力。

3. 干燥速度的控制

物料的水分外扩散与水分内扩散有时是同时进行的。一般而言，物料水分的外扩散速度与内扩散速度是不相等的，因物料的种类、品种、原料状态、干燥介质等不同而有差别。可溶性固形物含量低和薄片状的物料，水分内部扩散速度往往大于外部扩散速度。这时水分在表面汽化的速度起控制作用，这种干燥情况称为表面汽化控制。这种物料的干燥速度，是由周围干燥介质的情况控制的，如果提高干燥介质的温度或降低湿度都可加快干燥速度。

对可溶性物质含量高或厚度较大的原料，内部水分扩散的速度较表面汽化速度小，这时内部水分的扩散速度起控制作用，这种情况称为内部扩散控制。此时若要加快干燥速度，就必须设法加快水分内部扩散速度（如对物料进行热处理等措施），而决不能单纯地改变干燥介质的情况。若直接升高介质的温度，物料表面就会首先被加热，使外面水分很快蒸发，导致物料表面过干而结成硬壳，阻碍水分的继续蒸发，反而延缓干燥进程，造成外干内湿。

（五）影响干燥过程的因素

干燥速度的快慢对于成品的品质起决定性的作用。当其他条件相同时，干燥越快越不容易发生不良变化，干制品的品质就越好。干燥速度与下列因素有关。

1. 干燥介质的温度和相对湿度

果蔬干制时，广泛应用热空气作为干燥介质。干燥介质的绝对湿度不变时，温度越高则空气湿度饱和差越大，干燥速度就越快；温度越低，空气湿度饱和差越小，干燥速度就越慢。但在果蔬干制时，特别是初期，一般不宜采用过高的温度，否则因骤然高温，水分含量很高的果蔬组织中汁液迅速膨胀，易使细胞壁破裂，内容物流失；原料中糖分和其他有机物常因高温而分解或焦化，有损成品外观和风味；初期的高温低湿还易造成"结壳"现象，反而影响水分的扩散。但温度过低，干燥时间延长，产品易于褐变甚至霉烂。在空气温度不变的情况下，相对湿度越低，空气的湿度饱和差越大，相对湿度每减少10%，饱和差增加100%，原料干燥速度就越快。当升高温度同时又降低相对湿度时，不但干燥迅速，而且制品含水量可降低至更低的程度。

2. 空气流速

增加空气流速，能将聚集在果蔬表面附近的饱和湿空气带走，还能及时将干热空气不断地接触果蔬，使与果蔬表面接触的热空气量增加，从而显著加速果蔬水分的蒸发。因此，空气流速越快，果蔬干燥也越迅速。

3. 大气压力或真空度

气压越低，水的沸点越低。若温度不变，气压降低，则水的沸腾加剧。因此，在真空室内加热干制时，就可以在较低的温度下进行。如采用与正常大气压下干燥时相同的加热温度，则将加速果蔬的水分蒸发，还能使干制品具有疏松的结构。对热敏性果蔬采用低温真空干燥，可保证其产品具有良好的品质。

4. 果蔬种类和状态

果蔬种类不同，所含化学成分及其组织结构不同，即使是同一种果品，因品种不同，其成分及结构也有差异，因而干燥速度也各不相同。原料切分的大小与干燥速度也有直接关系。物料切分成片状或小颗粒后，缩短了热量向物料中心传递和水分从物料中心向外扩散的距离，增加了比表面积，从而干燥速度也愈快。

5. 原料的装载量

装载量的多少及厚薄以不妨碍空气流通为原则。装载原料的数量与厚薄，对原料的干燥速度有影响。烘盘上原料装载量多，则厚度大，不利于空气流通，影响水分蒸发。干燥过程中可以随着原料体积的变化，改变其厚度，干燥初期薄些，干燥后期可以厚些。

（六）果蔬在干燥过程中的变化

**1. 体积缩小、重量减轻**

一般干制后制品体积约为鲜品的 20% ~ 30%，重量约为原鲜重的 10% ~ 30%。

**2. 色泽的变化**

果蔬在干制过程中或在干制品贮藏中，易发生褐变，常常变成黄色、褐色或黑色，原因是发生了酶褐变或非酶褐变。果蔬透明度有所变化，干制过程中，原料受热，细胞间隙中的空气被排除，使干制品呈半透明状态。空气越少制品越透明，干制品外观美，而且降低氧含量的程度，增加制品的保藏性。

**3. 营养成分的变化**

干制过程总的是水分大量减少，糖分及维生素损失较多，而矿物质和蛋白质则较稳定。

干燥进行的速度可用水分率表示，即 1 份干物质中所含水分的份数。当干燥作用进行时，1 份干物质所含水分的份数逐渐减少，即可显示出水分的变化。在干制中，用干燥率表示原料与成品间的比例关系。干燥率即一份干制品与所需新鲜原料份数的比例（表6－5）。

表6－5　几种果蔬的干燥率

| 名称 | 干燥率 | 名称 | 干燥率 |
|---|---|---|---|
| 苹果 | 6 ~ 8 : 1 | 马铃薯 | 5 ~ 7 : 1 |
| 梨 | 4 ~ 8 : 1 | 洋葱 | 12 ~ 16 : 1 |
| 桃 | 3.5 ~ 7 : 1 | 南瓜 | 14 ~ 16 : 1 |
| 李 | 2.5 ~ 3.5 : 1 | 辣椒 | 3 ~ 6 : 1 |
| 杏 | 4 ~ 7.5 : 1 | 甘蓝 | 14 ~ 20 : 1 |
| 荔枝 | 3.5 ~ 4.0 : 1 | 菠菜 | 16 ~ 20 : 1 |
| 香蕉 | 7 ~ 12 : 1 | 胡萝卜 | 10 ~ 16 : 1 |
| 柿 | 3.5 ~ 4.5 : 1 | 菜豆 | 8 ~ 12 : 1 |
| 枣 | 3 ~ 4 : 1 | 黄花菜 | 5 ~ 8 : 1 |

果蔬中所含的果糖和葡萄糖均不稳定而易于分解。干制时，干制时间越长，干制温度越高，糖分损失就越多，干制品的质量就越差（表6-6）。

表6-6 不同温度、时间大荔园枣的糖分损失率 （％）

| 温度（℃） | 10h | 20h | 34h |
|---|---|---|---|
| 45 | 0.1 | 0.7 | 1.8 |
| 65 | 1.5 | 3.2 | 5.6 |
| 70 | 12.3 | 15.4 | 16.4 |

### 三、果蔬品加工工艺

（一）果蔬干制工艺流程

原料→拣选、分级→清洗→去皮→切分→烫漂或硫处理→干燥→包装→成品。

（二）原料要求

干制原料的基本要求是：干物质含量高，风味色泽好，不易褐变，可食部分比例大，肉质致密，粗纤维少，成熟度适宜，新鲜完整。但不同果蔬干制的原料要求和适宜干制的品种差别较大（表6-7）。

表6-7 不同果蔬干制的原料要求和适宜干制的品种

| 果蔬 | 原料要求 | 适宜干制品种 |
|---|---|---|
| 苹果 | 大小中等，肉质致密，皮薄心小，单宁含量小，干物质含量高，充分成熟 | 国光、金帅、金冠、红星等 |
| 梨 | 肉质细致，含糖量高，香气浓郁，石细胞少，果心小 | 巴梨、茌梨、茄梨等 |
| 杏 | 果大色深，含糖量高，水分少，纤维少，充分成熟，有香气 | 河北老爷脸、铁叭哒、新疆克孜尔苦曼提等 |

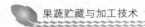

（续表）

| 果蔬 | 原料要求 | 适宜干制品种 |
| --- | --- | --- |
| 葡萄 | 皮薄，肉质柔软，含糖量 20% 以上，无核，充分成熟 | 无核白、秋马奶子等 |
| 马铃薯 | 块茎大，无疮痂病和其他疣状物，表皮薄，芽眼浅而少，肉色白或浅黄，修整损耗率低，干物质含量高，干制后复水率不低于 3 倍 | 白玫瑰、青山、卵圆等 |
| 洋葱 | 中等或大型鳞茎，结构紧密，颈部细小，皮色一致，干物质不低于 14%，无心腐病及机械伤 | 黄皮、白球等 |
| 蘑菇 | 色泽乳白或淡黄，形状整齐，无严重开伞，切口平，菇柄短，无病虫害 | 白蘑菇等 |

（三）原料处理

1. 拣选与分级

首先剔除霉烂及病虫害的果蔬，其次是畸形、品种不一、成熟度不一致、破碎或机械损伤的果蔬，然后按果蔬大小、质量、色泽等进行分级。

2. 洗涤

常用软水洗涤。用稀盐酸溶液、高锰酸钾溶液或漂白粉溶液在常温下浸泡 5~6h，用清水洗涤，除去残留的农药。洗时用流动水，或使果品震动摩擦，提高洗涤效果。

3. 去皮、去核、切分

用人工、机械、热力或碱液法去皮。去皮后再去核、去心，剔除不适宜干制的原料部分。再将大物料切分成适宜的尺寸。

4. 烫漂

热烫的作用：

①破坏果蔬的氧化酶系统。

②热烫可以使细胞内原生质发生凝固、失水和细胞壁分离，增加了膜的透性，促使细胞组织内水分蒸发加快干燥的速度，干制品复水时易重新吸水，并可使组织柔韧，不易破碎，同时因空

气被排除，含叶绿素的原料的色泽更加鲜艳，不含叶绿素的原料变成半透明状使成品美观。

③去除某些果蔬的不良味道。

④杀灭虫卵和部分微生物。

5. 硫处理

硫处理是用硫黄燃烧熏果蔬或用亚硫酸及其盐类配制成一定浓度的水溶液浸渍果蔬的工序。

（1）硫处理的作用

①因 $SO_2$ 具有强还原性与原料中的氧化合，可抑制原料氧化变色。

②提高营养物质，特别是维生素 C 的保存率。

③抑制微生物活动。

④可以加快干燥速度，因为硫处理能增强细胞膜透性，促进水分蒸发，因而缩短了干燥的时间。

（2）硫处理方法

①熏硫法：$1m^3$ 熏硫空间需用硫黄 200g 或每吨原料用硫黄 2kg。果肉内含 $SO_2$ 的浓度不低于 0.08% ~ 0.1%。

②浸硫法：1 000kg 果品原料加入 $H_2SO_3$ 液 400kg，要求 $SO_2$ 浓度为 0.15%，加入的亚硫酸盐中加入一定量柠檬酸，将溶液调节成微酸性。

（四）干制过程的管理

1. 升温烘烤

不同种类的果蔬分别采用不同升温方式。有前期低温、中期为高温、后期又为低温的升温方式，也有前期急剧升温，维持在 70℃。根据干燥的情况，再逐步降温的方式。还有干燥过程维持在 55 ~ 60℃，恒定水平的升温方式。

2. 通风排湿

一般当烘房内相对湿度达到 70% 以上，就要进行通风排湿工作。打开进气窗和排湿筒。通风排湿的方法和时间根据室内相对湿度的高低和外界风力的大小来决定。一般每次通风排温的时间 10～15h。人工干制红枣时，整个烘烤期间排湿 6 次。

3. 倒换烘盘

使烘房上下部、前后部、左右部的被烘烤的原料受热均匀，干燥程度一致。为了获得干燥程度一致的产品，应在干燥过程中及时倒换烘盘位置的同时，注意翻动烘盘内的物料。

4. 掌握干燥时间

何时结束干燥，取决于物料的干燥程度。要求烘至达到其标准成品含水量。

（五）干制品包装和贮藏

果蔬干制品包装前要经过回软、分级、压块等前处理。回软即均湿、发汗，经干燥所得的干制品之间的水分含量并不一致，即使同一块干制品内部及表面的含水量也不均匀，常需进行均湿处理，使产品含水量均匀一致，以便包装和贮存。分级应当根据不同干制品的不同等级标准要求进行，以充分体现优质优价。经过必要处理和分级后的果蔬干制品，宜尽快包装。

包装宜在低温、低湿、清洁和通风的环境中进行，应达到以下要求。

①选择适宜的包装材料，并且严格密封，能有效防止干制品吸湿回潮，已免结块和长霉。

②能有效防止外界空气、灰尘、昆虫、微生物及气味的入侵。

③不透光。

④容器经久牢固，在贮藏、搬运、销售过程中及高温、高湿、浸水和雨淋的情况下不易破损。

⑤包装的大小、形态及外观应有利于商品的推销。

⑥包装材料应符合食品卫生要求。

⑦包装费用应合理。

在低温 0~2℃，不超过 10~14℃ 的条件下，保存干制品为好。相对湿度约 30%。需避光保存。注意贮藏中环境清洁、防鼠、防虫。

（六）干制品复水

脱水食品在食用前一般都应当复水。复水就是将干制品浸在水里，经过相当时间，使其尽可能地恢复到干制前的状态。

脱水蔬菜的复水方法是：将干制品浸泡在 12~16 倍质量的冷水里，经半小时后，再迅速煮沸并保持沸腾 5~7h。复水以后，再烹饪食用。

干制品复原性是指干制品复水后在质量、大小、形状、质地、颜色、风味、成分、结构以及其他可见因素恢复到原来新鲜状态的程度。复水性是新鲜食品干制后能重新吸回水分的程度，常用复水率（或复水倍数）来表示。

复水率 = 复水后沥干质量/干制品试样质量

复水率大小依原料种类品种、成熟度、原料处理方法和干燥方法等不同而有差异（表 6-8）。

表 6-8　主要脱水蔬菜的复水率

| 蔬菜种类 | 复水率 | 蔬菜种类 | 复水率 |
|---|---|---|---|
| 胡萝卜 | 5.0~6.0 | 菜豆 | 5.5~6.0 |
| 萝卜 | 7.0 | 刀豆 | 12.5 |
| 马铃薯 | 4.0~5.0 | 甘蓝 | 8.5~10.5 |
| 洋葱 | 6.0~7.0 | 茭白 | 8.0~8.5 |
| 番茄 | 7.0 | 甜菜 | 6.5~7.0 |
| 菜豌豆 | 3.5~4.0 | 菠菜 | 6.5~7.5 |

## 四、干制品生产实例

苹果干制

1. 原料与设备

苹果、红外干燥箱，封口机等。

## 2. 工艺流程

工艺流程如图 6 - 2 所示。

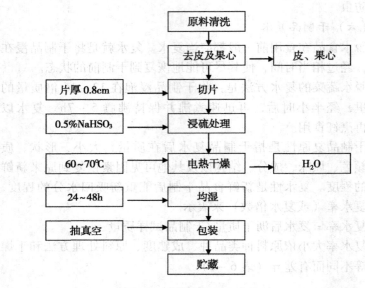

图 6 - 2　苹果干制工艺流程

### 3. 操作要点

（1）原料准备　洗净果实，削去果皮。切开挖除果心，投入 1% 食盐水中，以免变色。切片：将苹果切成桔囊形，片厚约 0.8cm，再投入盐水中。

（2）浸硫　配制 0.5% 亚硫酸氢钠溶液，将切好的苹果投入，浸泡约 10h（或原料量 0.2% ~ 0.4% 熏硫 10 ~ 30h）另取一部分苹果不经亚硫酸处理作对照。

（3）烘干　苹果浸泡完毕取出沥干后即可铺盘，果肉以不叠压为原则，装好后至烘干机烘干，温度 60 ~ 70℃ 之间，也可置日光下晒干，干燥适宜的苹果干，手紧握不相连粘而富弹性，含水量约20%，干燥率为（6~8）：1。

（4）均湿　干燥后的苹果干堆积在一起。经1~2天后，就可使成品含水量一致。

（5）包装贮藏　将苹果干分别装在玻璃瓶和塑料袋中并分别充入$CO_2$和$SO_2$另留部分果干散装，观察产品色泽变化。

# 第五节　蔬菜腌制

　　蔬菜腌制是一种成本低廉、风味多样，为大众所喜爱的大量保藏蔬菜的方法。蔬菜腌制是利用有益微生物活动的生成物以及各种配料来加强成品的保藏性；利用溶液的高渗透压抑制有害微生物生命活动。在蔬菜腌制品中，有不少名特产品。不但国内驰名，而且远销国外。低盐、增酸、适甜是蔬菜腌制品发展的方向。蔬菜腌制品种类很多，分为发酵性腌制品和非发酵性腌制品两大类。

## 一、腌制品分类

（一）发酵性腌制品

　　腌渍时食盐用量较低，在腌制过程中有显著的乳酸发酵现象，利用发酵产物乳酸、食盐和香辛料等的综合作用，来保藏蔬菜并增进其风味。根据腌渍方法和产品状态，可分为半干态发酵的和湿态发酵的两类。

　　1. 半干态发酵腌渍品

　　先将菜体经风干或人工脱去部分水分，然后进行盐腌，自然发酵后熟而成，如榨菜、冬菜。

　　2. 湿态发酵腌渍品

　　用低浓度的食盐溶液浸泡蔬菜或用清水发酵白菜而成的一种带酸味的蔬菜腌制品，如泡菜、酸白菜。

（二）非发酵性腌制品

腌渍时食盐用量较高，使乳酸发酵完全受到抑制或只能轻微地进行，主要高浓度的食盐和香辛料等的综合作用来保藏蔬菜并增进其风味。分4种。

1. 盐渍品

用较高浓度的盐溶液腌渍而成，如咸菜。

2. 酱渍品

通过制酱、盐腌、脱盐、酱渍过程而制成的，如酱菜。

3. 糖醋渍品

将蔬菜浸渍在糖醋液内制成，如糖醋蒜。

4. 酒糟渍品

将蔬菜浸渍在黄酒酒糟内制成，如糟菜。

## 二、腌制原理

（一）食盐的保藏作用

1. 食盐的保藏作用

食盐溶液具有高渗透压。一般细菌细胞液的渗透压仅有 $3.5 \sim 16.7$ 个大气压。10%的食盐溶液可以产生 6.1 个大气压的渗透压，15% ~20%的食盐溶液可以产生 90 ~120 个大气压的渗透压。食盐溶液中的一些 $Na^+$、$K^+$、$Ca^{2+}$、$Mg^{2+}$ 等离子在浓度较高时会对微生物发生生理毒害作用。

食盐具有离子水化作用，降低水分活度，从而抑制了有害微生物的活动，提高了蔬菜腌制品的保藏性。对酶活性破坏作用，$Na^+$ 与酶蛋白质分子中肽键结合，破坏了微生物蛋白质分解酶的能力。盐液中缺氧的影响，$O_2$ 很难溶解于盐水中，形成缺氧环境。

蔬菜腌制工艺中，确定腌制液中食盐的最佳浓度、掌握用盐量、控制蔬菜组织与腌渍液内可溶性固形物浓度达到渗透平衡所需的时间、采用合理的分批加盐方法是非常重要的，是保证腌制品质量的关键。

2. 食盐浓度的确定

（1）食盐溶液浓度 表6－9列出抑制几种微生物能耐受的最大食盐浓度。

表6－9 微生物能耐受的最大食盐浓度

| 菌种名称 | 食盐浓度（％） |
| --- | --- |
| 大肠杆菌 | 12 |
| 丁酸菌 | 13 |
| 变形杆菌 | 8 |
| 酒花酵母菌，一种假酵母菌 | 6 |
| 产生乳酸的一种霉菌 | 8 |
| 霉菌 | 10 |
| 酵母菌 | 25 |

（2）环境pH值 pH值为7时，抑制酵母菌活动所需的食盐浓度为25％，pH值降低到2.5时，14％的食盐溶液就可以抑制酵母菌活动。

（3）微生物的抗盐力 酵母菌、霉菌甚至能忍受饱和食盐溶液。

（4）蔬菜的质地和可溶性物质的含量 组织较细嫩、可溶性物质含量较少的蔬菜，用盐量要少。

（5）采用分批加盐 分批加盐可以使原料在腌制初期进行旺盛的发酵作用，迅速形成乳酸从而抑制其他有害微生物的活动，并有利于维持组织结构，保存维生素C。还有利缩短渗透平衡所需的时间。

（6）计算腌制的用盐量

公式：

$$S = \frac{P\ (Y + W)}{100 - P}$$

S——50kg 蔬菜原料中应加入干盐的重量（kg）；

P——预定使腌渍液与蔬菜组织汁液中食盐浓度所达到的百分数；

Y——原料含水量的百分率；

W——腌制 50kg 蔬菜预计加入清水的重量（kg）。

（二）微生物发酵作用

发酵是指微生物不需氧的产能代谢。蔬菜在腌渍过程中进行乳酸发酵，并伴随酒精发酵和醋酸发酵。各种腌制品在腌渍过程中的发酵作用都是借助于天然附着在蔬菜表面上的各种微生物的作用进行的。

1. 乳酸发酵

是乳酸细菌利用单糖或双糖作为基质积累乳酸的过程，它是发酵性腌制品腌渍过程中最主要的发酵作用。

2. 酒精发酵

酵母菌将蔬菜中的糖分解成酒精和二氧化碳。酒精发酵生成的乙醇，对于腌制品后熟期中发生酯化反应而生成芳香物质是很重要的。

3. 醋酸发酵

在蔬菜腌制过程中还有微量醋酸形成。制作泡菜、酸菜需要利用乳酸发酵，而制造咸菜酱菜则必须将乳酸发酵控制在一定的限度，否则咸酱菜制品变酸，成为产品败坏的象征。

（三）蛋白质的分解作用

在蔬菜腌制及制品后熟过程中，所含的蛋白质受微生物和蔬菜本身所含的蛋白水解酶的作用逐渐被分解为氨基酸。这一变化是腌制品具有一定光泽、香气和风味的主要原因。

1. 鲜味产生

蛋白质水解所生成的各种氨基酸都具有一定的风味。蔬菜腌制品鲜味的主要来源是由谷氨酸与食盐作用生成谷氨酸钠。

2. 香气产生

蛋白质水解生成氨基丙酸与酒精发酵产生的酒精作用，失去1分子水，生成的酯类物质芳香更浓。氨基酸种类不同，所生成的香质也不同，其香味也各不相同。

3. 色泽产生

蔬菜腌制品在发酵后熟期，蛋白质水解产生酪氨酸，在酪氨酸酶的作用下，经过一系列反应，生成一种深黄褐色或黑褐色的物质，称为黑色素，使腌制品具有光泽。腌制品的后熟时间越长，则黑色素形成越多。

（四）影响腌制的因素

影响腌制的因素有食盐、酸度、温度、气体成分、香料、蔬菜含糖量与质地等。

1. 食盐

食盐溶液具有高渗透压，其溶液中的一些 $Na^+$、$K^+$、$Ca^{2+}$、$Mg^{2+}$ 等离子在浓度较高时会对微生物发生生理毒害作用，食盐能降低水分活度，从而抑制了有害微生物的活动，提高了蔬菜腌制品的保藏性。食盐对酶活性破坏作用，盐液中缺氧的影响，$O_2$ 很难溶解于盐水中，形成缺氧环境。

2. 酸度

除霉菌外，其他有害微生物抗酸能力都不如乳酸菌和酵母菌。pH 值在 4.5 以下时，即能抑制有害微生物活动。

3. 温度

适宜的温度可以大大缩短发酵的时间。乳酸发酵适宜温度在 30～35℃ 范围内，一般不宜过高。因为有害的丁酸发酵适宜温度也在 35℃。

### 4. 气体成分

乳酸菌在厌气状况下能够正常地进行发酵作用。而酵母菌及霉菌均为好气性，通过绝氧措施可抑制有害微生物的活动。

### 5. 香料

香料与调味品的加入，可以改进腌制蔬菜风味，而且具有一定程度的防腐作用。

### 6. 原料含糖量

供腌制用蔬菜的含糖量应为 1.5% ~ 3%。采取揉搓、切分的方法适当破坏蔬菜表皮组织，促进可溶性物质外渗，加速发酵作用进行。

### 7. 卫生条件

原料要洗涤，腌制容器要消毒，盐液要杀菌，腌制场所要保持清洁卫生。

### 8. 原料品质

建设好腌制原料基地，生产符合腌制要求的原料品种是提高腌制品质量的重要保证。

### 9. 腌制用水

腌制用食盐应该纯净，所用水应呈微碱性，水的硬度一般在 12° ~ 16°。

### （五）腌制对蔬菜的影响

### 1. 糖酸比变化

含糖量大大降低，含酸量明显增高。

非发酵性腌渍品，含酸量没有变化。咸菜的含糖量降低，酱菜与糖醋制品含糖量增高。

### 2. 含氮物质明显减少

（1）发酵性腌制品 含氮物质被微生物分解消耗，部分含氮物质渗入发酵液中。

（2）非发酵性腌制品 咸菜类含氮物质含量因渗出而减少，

酱菜类则由于酱内蛋白质渗入而使制品的蛋白质含量有所增高。

3. 维生素的变化

腌渍组织中，维生素 C 被氧化破坏。腌渍时间愈长，维生素 C 损耗愈大。维生素 C 在酸性环境中较为稳定，乳酸发酵蔬菜维生素 C 含量比别的腌制品高。维生素 $B_1$、维生素 $B_2$、尼克酸、胡萝卜素等在腌制品中含量变化不大，酱渍品还会使某些维生素含量相对提高。

4. 水分含量的变化

湿态性腌制品，如酸黄瓜、酸白菜，含水量没有改变。半干态发酵制品中冬菜、腌萝卜干含水量明显减少（表 6 – 10）。

5. 矿物质含量变化

各种腌制品因渗入食盐，矿质含量增加。

表 6 – 10　腌制前后雪里蕻含水量和矿物质含量

| 成分 | 腌制前 | 腌制后 |
| --- | --- | --- |
| 含水量（%） | 91 | 84 |
| $Ca^{2+}$（mg/100g） | 235 | 250 |
| P（mg/100g） | 31 | 64 |
| Fe（mg/100g） | 3.1 | 3.4 |

6. 芳香物质形成

产品中的风味物质，有些是蔬菜原料和调味辅料本身具有的，有些是在加工过程中经过物理变化、化学变化、生物化学变化和微生物的发酵作用形成的。

（1）原料成分及加工过程中形成的　香气是由多种挥发性的香味物质组成，这些香味物质也叫呈香物质。腌制品产生的香气有些是来源于原料及辅料中的呈香物质，有些则是由呈香物质的前体在风味酶或热的作用下经水解或裂解而产生的。

（2）发酵作用产生的香气　蔬菜在腌制过程中，大多数经过微生物的发酵作用，腌制品的风味物质有些就是由于微生物作用于原料中的蛋白质、糖和脂肪等成分而产生的。

（3）吸附作用产生的香气　这是依靠扩散和吸附作用，使腌制品从辅料中获得外来的香气。由于腌制品的辅料依原料和产品不同而异，而且每种辅料呈香、呈味的化学成分不同，因而不同产品表现出不同的风味特点。

7. 色泽的变化

在发酵性腌制中，叶绿素在有机酸作用下失去绿色。腌制品渗入了腌渍原料而改变了色泽。酱菜因物理吸附作用而出现酱色、棕黄色、柠檬色、金黄色等。

### 三、腌制品加工工艺

（一）发酵性腌制品

1. 湿态发酵制品

在低浓度的食盐水中浸泡各种鲜嫩蔬菜而制成的一种带酸味的腌制加工品。其含盐量在 3% ~4%。主要是利用乳酸菌在低浓度食盐溶液中进行乳酸发酵。

（1）泡菜　泡菜含乳酸 0.4% ~0.8%，咸酸适度、味美脆嫩、增进食欲、帮助消化，有一定的医疗功能。

①泡菜的工艺流程：清洗→切分→装坛→泡制→封坛。

②原料：选择组织紧密、质地脆嫩、肉质肥厚的新鲜蔬菜。

③容器：泡菜罐，抗酸、抗碱、抗盐又能密封，自动排气、隔离空气，有利于乳酸菌活动，防止外界杂菌的侵染。

④切分：不易切分过小；泡制：用 3% ~4% 的食盐与新鲜蔬菜充分拌匀置入泡菜罐内，使渗出的菜水淹没原料，或用 6% ~7% 的食盐水与原料等量地装入泡菜罐内。

⑤封坛：加盖后，泡菜坛外槽加入清水，注意观察，随时补充。

⑥原料的质量、控制用盐量、保证食盐纯度、中等硬水、加入各种香辛料、酒、糖等是提高泡菜质量的重要因素。

⑦蔬菜经过初期、中期、末期3个发酵阶段后完成了乳酸发酵的全过程。泡菜最适食用期在中期。

（2）酸白菜　酸白菜是东北、华北一带冬季大量保藏菜的一种简便方法。酸白菜呈乳白色，质地清脆而微酸，可做炒菜、馅及汤料用。

将收获的大白菜分级、去残留菜根，剥去外帮，纵切成两瓣，在沸水内热烫1~2h，立即冷却，将冷却后的白菜层层交错地排列在大瓷缸内，注入干净清水，使水面超过原料约10cm左右，以重石压实，经过20天发酵期即可食用。

2. 半干态发酵制品

（1）冬菜　白菜收获以后，去除发黄老叶，将菜横断切成宽1~2cm细条，再切成菱形片，进行晾晒，使原料水分达到50%~70%。每50kg"菜胚"加入6kg盐，充分揉搓均匀装入瓷缸，随装随压紧，最上撒一薄层盐，随即封缸口，2~3天后，取出"菜胚"，每50kg菜胚加5~10kg蒜泥拌匀，再装入瓷罐，压实，封罐，在室温下发酵。当年10月下旬至11月下旬制作。第2年春天发酵为成品。冬菜微酸带香味，并具有金黄色泽，是炒菜和汤料的鲜美原料。四川资中南充地区的冬菜以芥菜为原料，已有百年历史。成品色泽乌黑而有光泽、香气浓郁、风味鲜美。

（2）榨菜　榨菜制作发源于四川涪陵县，已有百年历史。由于最初加工过程中曾用木榨去多余水分而得名。

选择茎部组织细嫩、营养丰富芥菜。靠自然风力使芥菜脱水，表面皱缩而不干枯。下架率为34%~42%，可溶性固形物含量由5%增至10%~11%。用5%、2%、4%~6%的食盐水分3次进行腌制。拌料装罐后在阴凉干燥的地方贮存后熟。每隔

1～1.5 月进行一次敞口检查，即为清口。后熟中特别注意翻水、霉口、菜罐爆破和酸败现象。

（二）非发酵性腌制品

1. 盐渍咸菜

（1）咸芥菜头　以芥菜为原料，选用整齐肥嫩的菜头，去除粗皮与侧根，清洗，在阴处晾干。腌渍液浓度为 15%～17%，腌渍初期要"换缸"，使菜头均匀吸附食盐，并排除菜头的辛辣味。每天倒缸一次，3～4 天后可以 3 天"换缸"一次。1 个月左右腌成。成品移入空缸，注入盐水，使菜在盐水中贮藏，并加盖防尘。

（2）腌雪里蕻　选叶片肥嫩，长为 40～50cm 的雪里蕻，洗净晾干，入缸盐腌，腌渍液浓度为 9%。腌制 2～3 天进行"换缸"，20 天左右腌成。成品入空缸，层层压实，加盖在低温下贮存。制品具有浓绿鲜艳颜色，鲜咸无辛辣味。

（3）日本咸菜　日本咸菜的盐分一般控制在 4%～6%。为了长期保持咸菜质量，防止脱水，使其光泽好，选择不易被酶或酸分解，不易发生盐析现象的胶质，如愈疮树脂、角豆树胶、黄原胶、鹿角菜胶和琼脂。

2. 酱菜

把经过盐腌保存的蔬菜脱盐，然后浸入酱内酱渍制成。酱菜制作分制酱、盐腌、酱渍 3 个过程。

（1）制酱　高质量的黄酱或甜面酱是保证酱菜质量的关键。

（2）盐腌　可以常年贮存酱菜原料，还可以消除某些蔬菜的辛辣气味，增加和调剂风味并促成鲜香风味的形成。全年可分夏季腌菜、秋季腌菜两个阶段。立夏开始腌制香椿、蒿笋、糖蒜、香瓜、姜芽、菜瓜、黄瓜、苤蓝等品种，而雪里蕻、白菜、萝卜、芥菜头、藕、芹菜、甘露、银苗、胡萝卜等为秋季腌菜。

（3）酱渍　将腌贮的半成品蔬菜，按不同酱菜品种的要求，进行加工切制，比例配料，然后清水撤盐去咸，装袋（即将原料装入干净的布袋中），入缸酱渍。每天"打扒"3~4次，酱渍时间，夏季为1周，冬季需2周左右。制成的酱菜应在低温下贮存。

制酱过程中在微生物的作用下，发生了淀粉糖化、蛋白质分解、酒精发酵及酯化等一系列的复杂变化，形成了特殊的鲜香气味与特有的酱色。

3. 糖醋渍菜制品

把蔬菜经过预处理后，浸渍在糖醋液内制成。产品酸甜适口。糖醋蒜要求大蒜是红皮瓣，大六瓣，夏至前3天收获，新鲜幼嫩。先将蒜皮剥净，蒜茎留下1cm长，削去其余部分。入缸时，放一层蒜一层盐，掸白开水少许。大蒜入缸当天，8~10h往缸内续水与蒜平即可。续水后用手翻动，避免蒜头破裂掉下蒜瓣。3天后，每天换一次水，以消除大蒜辣味，连续7天。出缸后用清水再洗一遍。

把蒜茎朝下，除净蒜茎内的水，进行装缸，1kg大蒜加0.5kg左右的白糖和0.1kg左右的澄清盐水。盐水浓度为37.5%。

装缸后把罐口捆紧封严。倒放在阴凉处进行滚缸，起到倒缸和化糖的作用。每隔1天开一次缸口，放蒜辣气。立秋时糖醋蒜制成。

4. 糟菜

将蔬菜埋入黄酒酒糟内浸渍而成。50kg蔬菜需用酒糟50kg，食盐3.5~4kg。有的还需加5~12.5kg烧酒，酒精含量15%~20%。经短期糟渍后，密闭贮存1个月后，即可食用。质地松脆、色泽好、味鲜美，具有酒香味。

### 四、腌制品生产实例

泡菜制作

1. 原料与辅料

甘蓝、胡萝卜、黄瓜、菜花、豇豆等原料；红辣椒、姜、蒜、花椒、盐、白酒等辅料。

2. 工艺流程

工艺流程如图 6-3 所示。

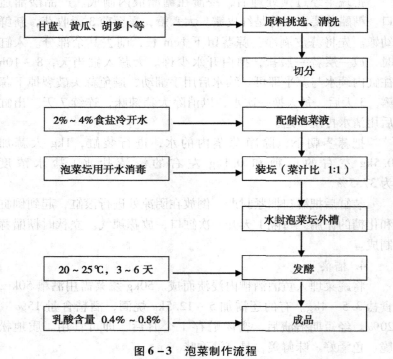

图 6-3　泡菜制作流程

3. 操作要点

（1）原料选择、处理 原料宜选择质地致密，脆嫩，泡后成品不易变软，汁液不混浊的菜种，腐烂变质的不宜用。原料经洗净后切成适当小块。

（2）配制汁液 用冷开水配成2%～4%的食盐水。

（3）装坛 将坛洗净，用开水消毒，放入切好蔬菜。各种蔬菜比例按个人爱好而定。注入配好的汁液，菜汁比约1∶1。装坛时最好要装满，且使菜浸入汁液。最后在坛口加少许醋，以抑其他杂菌生长。促进乳酸发酵。装好后在泡菜坛之外槽加入清水，并用一碗扣上。在20～25℃下发酵，3～6天即可食用（成熟时间因菜种而异）。

# 第六节 果酒酿制

葡萄酒是低浓度酒精的营养饮料。一般含酒精13%～15%，最高不超过16%～18%。含有糖、有机酸、酯类及多种维生素。饮用适量，益气调中，并有治疗贫血功效。

19世纪末，我国开始新型葡萄酒酿造。1892年南洋华侨张弼士先生在烟台栽培葡萄，创立了张裕葡萄酒酿造公司，成为我国第一个现代葡萄酒酿造厂。

## 一、分类

果酒种类繁多，如图6-4所示。

### （一）果酒的分类

1. 发酵果酒

用果汁或果浆经酒精发酵酿造而成的，如葡萄酒、苹果酒。根据发酵程度不同，又分为全发酵果酒与半发酵果酒。

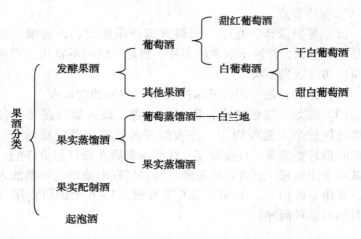

图 6 - 4　果酒分类

2. 蒸馏果酒

果品经酒精发酵后，再通过蒸馏所得到的酒，如白兰地、水果白酒等。

3. 配制果酒

将果实或果皮、鲜花等用酒精或白酒浸泡取露，或用果汁加糖、香精、色素等食品添加剂调配而成。

4. 起泡果酒

酒中含有 $CO_2$ 的果酒。小香槟、汽酒属于此类。

（二）葡萄酒的分类

果酒中以葡萄酒的产量和类型最多。

1. 按酒的颜色分类

（1）红葡萄酒　用红葡萄带皮发酵酿造而成。

（2）白葡萄酒　用白葡萄或红皮白肉的葡萄分离取汁发酵酿造而成。

（3）桃红葡萄酒　用红葡萄短时间浸提或分离发酵酿造

而成。

2. 按含糖量分（以葡萄糖计，g/L 葡萄酒）

（1）干白葡萄酒　≤4.0。

（2）半干葡萄酒　4.1～12.0。

（3）半甜葡萄酒　12.1～50.0。

（4）甜葡萄酒　≥50.1。

3. 按酿造方式分

（1）天然葡萄酒　完全用葡萄为原料发酵而成。

（2）加强葡萄酒　在发酵期间或原酒中，添加白兰地或脱臭酒精以提高酒精度。

（3）加香葡萄酒　以葡萄原酒浸泡芳香植物，再经调配而成，如味美思。

**二、果酒酿制原理**

①果酒酿造是一种生物化学过程。酵母菌将葡萄糖分解，生成二磷酸己糖，磷酸甘油醛、丙酮酸、乙醛等许多中间产物，最后生成乙醇、二氧化碳和少量甘油、高级醇和醛类。可以用简单的反应式来表示。

$$C_6H_{12}O_6 \xrightarrow{\text{酵母菌}} 2C_2H_5OH + 2CO_2$$
葡萄糖　　　　　　乙醇　二氧化碳

②酵母菌的活动是果酒酿造的基础。在果酒自然发酵过程中，最先繁殖的是尖头酵母，当酒精产量达到4%以上时，尖头酵母的活动被抑制，继之而起的是椭圆酵母，其活动能力强、产酒精量高，是完成果酒发酵的主要酵母。果酒后发酵是由巴氏酵母完成的（图6-5）。

③酵母菌生长繁殖的适宜 pH 值为 5.5 左右，需要氧气。氧气充足时，酵母繁殖快，酒精产量减少。而在缺氧条件下，酵母虽然繁殖慢，但酒精产量却很高。根据这一特性，在果酒酿造初

尖头酵母

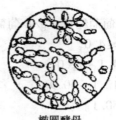
椭圆酵母

巴氏酵母

图 6 - 5　尖头酵母、椭圆酵母、巴氏酵母

期供给酵母菌充足氧气，使其大量繁殖，后期创造缺氧的环境，使其产生大量酒精，完成酒精发酵。酵母菌繁殖的适宜温度为 22 ~ 30℃，果酒发酵的理想温度为 25℃ 左右。

$$C_6H_{12}O_6 + 6O_2 \longrightarrow 6H_2O + 6CO_2$$

④酵母菌生长繁殖所需要的营养从果汁中获得。

⑤酵母菌对 $SO_2$ 的抵抗能力比较强。在果酒生产中使用 $SO_2$ 进行发酵容器和发酵液的灭菌，一般在 1L 果汁中加入 0.1 ~ 0.15ml 的 $SO_2$。

⑥目前人工筛选的葡萄酒酵母，酒精产量能达到 18% 以上。果汁中含糖量超过 25%，会抑制酵母菌活动；$CO_2$ 浓度过高时，也会阻止酒精发酵。

⑦我国分离选育的酵母已有 1203 号酵母（轻工业部食品发酵研究所）、39 号酵母（烟台葡萄酒公司）、玫瑰香酵母（昌黎果酒厂），通化 1 号、2 号、8 号酵母（通化葡萄酒厂），苹果酒酵母（河北平原酒厂）。

### 三、果酒酿制工艺

（一）果酒酿制工艺流程

葡萄酒是果酒中历史最早，产量最大的一种果酒。酿造质量高的葡萄酒需要有优良的葡萄品种和良好的工艺要求。

葡萄选择→去梗、破碎→全部入缸→主发酵（温度25℃左右）→吸出上清液→放入小口瓶中→后发酵（20～21℃）→吸出上清液→陈酿（10～25℃）→调配→罐装→成品。

（二）酿酒设备与材料

1. 容器消毒

果酒发酵容器有发酵桶、发酵池、酒罐等，使用前必须消毒，防止外界污染。容器消毒可用硫黄熏蒸，每立方米容积用8～10g硫黄，也可用生石灰水浸泡，冲洗。10L水加生石灰0.5～1kg，溶解后倒入容器中，搅拌洗涤，浸泡4～5h后，将石灰水放出，再用冷水冲洗干净。木桶杀菌可用$SO_2$，未涂料的金属罐不能用$SO_2$杀菌。

2. 加工场所

加工场所要通风、能清洗，准备足够的装酒容器。酒罐放置的地方要便于操作。清洗罐上应配有取样、控制温度、循环、分离等附加设备，罐要有冷却及加温装置，便于控制酿制不同类型酒时的发酵温度。红葡萄酒应控制30℃以下发酵，白葡萄酒在20℃以下。这两种酒都需要冷却。加工场所应保持卫生，防止微生物污染。

（三）原料选择

制取红葡萄酒，葡萄果粒必须充分成熟。制干白葡萄酒，不能过熟采收。制甜白葡萄酒应充分成熟，确保含糖量多，香味好。无论制取哪一种葡萄酒，不能用腐烂果粒。

选择含糖量高的品种，并含有一定量有机酸。有机酸在果酒酿造中有促进酵母菌繁殖，抑制腐败细菌生长的作用，还可增加酒香和风味，促进果中色素溶解，使果酒具有鲜丽色泽。

（四）发酵液制备及调整

**1. 发酵液制备**

葡萄采收后，挑出霉烂果及成熟度差的果，选充分成熟的葡萄进行清洗，用破碎机破碎，不宜太细，用压榨机或搅笼压榨，只压碎外皮，不压碎种子。使用搅笼时要调整速度。籽粒挤碎会使制成的酒带有涩味或异味。制白葡萄酒是用汁液发酵，制红葡萄酒用果肉果皮一起发酵。

**2. 发酵液调整**

（1）糖分调整　一般果实含糖量为 5% ~23%，在发酵旺盛期，加蔗糖来补充糖分，含糖量不宜超过 24%。每次加糖量不宜过多，可分 2 ~3 次加入。

（2）酸度调整　1L 果汁中含酸 8 ~12g（以酒石酸计），pH 值 5 ~5.5 为宜。酸度高的果汁可通过加入蔗糖或用酒石酸钾（中和 1g 酒石酸，用 1.5g 酒石酸钾），或用含酸量低的果汁按比例进行混合。酸度过低的果汁可加入柠檬酸或酒石酸进行调整，或用高含酸量果汁混合配比提高酸度。

（3）含氮物质调整　酵母菌繁殖需一定量氮素物质。汁液中含氮量在 0.1% 以上，就能满足需要。含氮量较低的果汁，可在发酵前加入 0.05% ~0.1% 的磷酸铵或硫酸铵。

（五）主发酵

前发酵是酿酒发酵的主要阶段，果汁经前发酵变成了果酒。

**1. 自然发酵**

果汁经糖酸调整后装入发酵池，留下 1/5 体积的空隙，以防发酵旺盛时汁液外溢，采用密闭式发酵。安装发酵栓便于 $CO_2$ 逸出和阻止空气进入。发酵池内装有沉没酒帽的隔板。

主发酵温度应控制在 20 ~30℃，每天应观测品温 3 次、还要注意空气调节、发酵过程中及时测定糖分、酒度和酸度，作为发酵情况的控制依据。发酵液气泡减少，液体比重下降到 1 度左右，品温与室温接近，此时，糖分大部分已转变成酒精、完成了主发酵。

2. 人工发酵

果汁糖酸调整后，进行消毒杀菌，再接入人工培养的酵母菌。果汁消毒杀菌温度在 60～65℃，时间为 30h。每 1 000L 果汁可加入 6% 亚硫酸 1.1L，或加 120g 偏重亚硫酸钾。用 $SO_2$ 消毒时，必须在接种酵母菌的前 1 天进行，接种酵母菌的用量为发酵液的 1%。

主发酵结束后，及时将酒液虹吸或用泵抽出，也可通过筛网流出，即为原酒。此工序很重要，可防止糖苷类物质、单宁溶于酒中，造成果酒的涩味，影响品质。

（六）后发酵

原酒贮存于消过毒的容器中，酵母菌开始活动，酒中剩的少量糖（1 度左右），在后发酵中进一步转化为酒精。如原酒中酒精浓度不够，应补充一些糖分。原酒后发酵仍在密闭容器中进行，装上发酵栓、糖分下降到 0.1%～0.2%，后发酵便完成，后发酵温度为 20～21℃。再进行第 2 次分离，除去沉淀，转入陈酿。

（七）陈酿

陈酿目的是使果酒清亮透明，醇和可口，有浓郁纯正的酒香。陈酿酒桶都应装发酵栓，防止外界空气进入。一般应放置在温度为 10～25℃，相对湿度为 85% 的地下室或酒窖中。陈酿酒桶应装满酒，随时检查，及时添满，以免好气性细菌增殖，造成果酒病害。

一般陈酿两年开始成熟。陈酿中要多次进行换桶。及时清除不溶解的矿物质、蛋白质及其他残渣在贮藏中产生的沉淀。第 1 次换桶时间在当年的 12 月底到次年元月。第 2 次换桶在第 2 年春季，第 3 次在秋季，第 4 次在冬季。如第 3 年仍需贮存，在春、冬两季再换桶一次。

（八）果酒的澄清

果酒在陈酿过程中进行澄清。采用自然澄清或加胶过滤方法除去果酒中的悬浮物。加胶澄清方法有以下几种。

1. 加明胶

100L 果酒中加明胶 10 ~ 15g，单宁 8 ~ 12g，用少量酒将单宁溶解，加入搅匀。白明胶用冷水浸泡 12 ~ 14h，除腥味，然后除去浸泡水，重新加水，用微火加热或水浴加热溶解，再加 5 ~ 6L 果酒搅匀，倒入酒桶，静置 8 ~ 10 天，过滤。此法适用于苹果酒的澄清。

2. 加鸡蛋清

100L 果酒加 2 ~ 3 个蛋清，每加蛋清 1 个，添加单宁 2g。用少量果酒溶解单宁，倒入桶内充分搅匀，经 12 ~ 24h 后，将打成沫状的蛋清，用少量果酒搅匀，加入陈酿酒中。静置 8 ~ 10 天，即可澄清。

3. 加洋菜

先将洋菜浸泡 3 ~ 5h，然后用少量水加热溶化，按 1% ~ 5% 的浓度稀释，加热至 60 ~ 70℃，倒入酒中，充分搅匀，静置 8 ~ 10 天，过滤。每 100L 果酒用洋菜 5 ~ 45g。适于杏酒、李酒的澄清。

（九）成品调配与贮藏

成品调配包括酒度调配，糖分调配，酸量调配、调色、增香、调味等。调配后再经过一段贮藏去"生味"，使成品醇和、芳香、适口。

（十）装瓶灭菌

装瓶前进行果酒成熟度的测定，即将果酒装入消毒的空瓶中，盛酒一半，塞住瓶口，在常温下对光保持 1 周。如不发生混浊或沉淀便可装瓶。酒精浓度在 16°以下的需杀菌，杀菌温度为

60～70℃，时间 10～15h。对光检验酒中是否有杂质，装量是否适宜，合格后贴签装箱。

### 四、果酒生产实例

红葡萄酒制作

1. 原料与设备

红葡萄酒酿造品种的葡萄原料。发酵罐、缸、破碎机、榨汁机。

2. 工艺流程

工艺流程如图 6-6 所示。

3. 制作方法

（1）容器准备　发酵容器可采用木桶或陶瓷缸，使用前应充分洗刷干净，用小铁盒盛硫黄少许，投入一块烧红的煤渣，使硫黄燃烧，放入容器中，盖严，借产生的二氧化硫气体进行容器消毒，其他用器也应作同样的消毒处理。

（2）原料处理　中、小规模生产，首先应进行选果，剔出腐烂及病虫果，并去除果梗后，投入破碎机中将果实破碎。破碎的果实，倾入发酵缸或发酵桶中，并注意不能盛满，要使容器上部留相当于总容量约 1/5 的空隙。葡萄破碎后，取汁液用折光仪或比重计测量其中可溶性物质浓度。

（3）发酵　主发酵：容器中已经破碎的葡萄汁液，在 20～25℃温度下，即开始自然发酵（如有条件，最好进行人工接种）达到旺盛的发酵时间，随果汁中含糖量的多少和温度的高低而异，一般为 4～10 天，在此时期应时期应进行以下工作。

①亚硫酸处理：盛完葡萄后，立即在发酵桶中加入亚硫酸溶液，以防止杂菌的繁殖，保证酵母菌的正常繁殖和发酵。加入亚硫酸的量以容量计，使其中含 $SO_2$ 的浓度达到 0.01%，亚硫酸过多也会影响酵母繁殖。

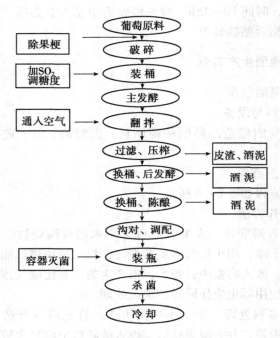

图 6-6　红葡萄酒酿造工艺流程

②翻搅：开始发酵 2~3 天中，每天将容器中葡萄浆汁上下翻搅 1~2 次，以便供给发酵所需的氧。

③含糖量的调整：葡萄中含糖往往不易达到要求，补救办法之一是加糖调整，根据破碎后测得的葡萄汁液含糖量达 20%~22%，加糖在旺盛发酵时进行。

④测量品温及可溶性物质含量：在主发酵过程中葡萄汁液的温度和可溶性物质的含量不断变化，在旺盛发酵时期品温升至最高，以后又逐渐下降，当品温降至接近室温，可溶性物质约等于 1% 时，主发酵即将结束。

（4）过滤及压榨均湿　主发酵完成后，先将容器中清澈的酒液滤出，并将酒渣中酒液压出，然后用虹吸管吸出装入细口罐或木桶中，然后封严（如果木桶就将桶塞塞紧），半个月后，用虹吸管将酒液吸至另一容器中，装满封严，再经半个月倒换一次，以除去沉渣。

（5）贮藏　经过两次倒换器的新酒，即可送温度较低的地下室中进行陈酿，在陈酿过程中，要注意经常检查容器密封情况，以减少酒液蒸发损失，每隔若干时间添入同样质量的酒液，使容器经常装满，贮藏至少6个月方可出厂。

（6）成品　经过6个月至2年贮藏的葡萄酒用虹吸管吸出测量酒精含量，根据需要加糖配制甜葡萄酒，或不加糖成干葡萄酒，装瓶封严后，加热到70℃经10～15h杀菌即成成品。

# 第七节　果蔬速冻

速冻是近代食品工业中发展迅速的一种新技术，在食品保存方法中占重要地位。速冻比其他方法更能保持食品的新鲜色泽、风味和营养成分。速冻是以迅速结晶的理论为基础，在30h或更少的时间内将果蔬及其加工品，于－35℃下速冻，使果蔬快速通过冰晶体最高形成阶段（0～5℃）而冻结，是现代食品冷冻的最新技术和方法。

## 一、速冻原理

（一）低温对微生物的影响

防止微生物繁殖的临界温度是－12℃。冷冻食品的冻藏温度一般要求低于－12℃，通常都采用－18℃或更低温度。

（二）低温对酶的影响

防止微生物繁殖的临界温度（－12℃）还不足以有效地抑制酶的活性及各种生物化学反应，要达到这些要求，还要低于

－18℃。

(三) 冷冻的过程

1. 冷冻时水的物理特性

①水的冻结包括两个过程：降温与结晶。当温度降至冰点，排除了潜热时，游离水由液态变为固态，形成冰晶，即结冰；结合水则要脱离其结合物质，经过一个脱水过程后，才冻结成冰晶。

②当 1kg 物质上升或下降温度 1℃时，吸收或放出的热量，称为该物质的比热。水的冰点是 0℃，而 0℃的水要冻结成 0℃的冰时，每千克水还要排除 80kcal 的热量；反过来，当 0℃的冰解冻融化成为 0℃的水时，每千克同样要吸收 80kcal 的热量。这称之为"潜热"。

③水结成冰后，冰的体积比水增大约 9%，冰在温度每下降 1℃时，其体积则会收缩 0.005%～0.01%，二者相比，膨胀比收缩大。冻结时，表面的水首先结冰，然后冰层逐渐向内伸展。当内部水分因冻结而膨胀时，会受到外部冻结了的冰层的阻碍，因而产生内压，这就是所谓"冻结膨胀压"；如果外层冰体受不了过大的内压时，就会破裂。

2. 冻结温度曲线

食品在冻结过程中，温度逐步下降，表示食品温度与冻结时间关系的曲线，称之为"冻结温度曲线"（如图 6-7）。

大部分食品在从 －1℃降至 －5℃时，近 80%的水分可冻结成冰，此温度范围称为"最大冰晶生成区"。

(四) 晶体的形成与产品的质量

1. 冰晶的形成过程

冰晶开始出现的温度即是冻结点（冰点），结冰包括晶核的形成和冰晶体的增长两个过程。晶核的形成是极少一部分的水分子有规则地结合在一起，即结晶的核心，晶核是在过冷条件下出

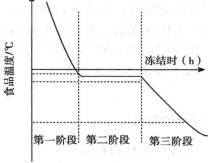

图 6-7　冻结温度曲线

现的。冰晶体的增长是其周围的水有次序地不断结合到晶核上，形成大的冰晶体。

2. 冷冻速度与产品的质量

在冷冻过程中，晶体形成的大小与晶核的数目直接相关，而晶核数目的多少又与冷冻速度有关。

如果冷冻是在缓冻的条件下进行，在细胞与细胞之间首先出现晶核，而且形成的晶核少，随着冷冻的进行，水分在少数晶核上结合，冰晶体体积不断增长扩大。冰晶体在细胞间隙中增长扩大，造成细胞的机械损伤破裂。解冻后脱汁现象严重，汁液损失，质地腐软，风味消失，影响产品质地。

在速冻条件下，水果蔬菜在几十小时内通过最大晶核生成区（-5℃～-1℃），由于冻结速度快，细胞内外同时达到形成冰晶的温度条件，此时在细胞内外同时产生晶核，晶核在细胞内外广泛形成，形成的晶核数目多，分布广，这样冰晶体就不会很大。这种细小晶体全面、广泛的分布使细胞内外压力一样，细胞膜稳定，不损伤细胞组织，解冻后容易恢复原来的状况，并可更好地保持原有的色、香、味和质地。

冷冻速度对速冻产品质量十分重要，冷冻速度可以用两种方法划分：一是以时间划分：食品中心温度从 -1℃ 降到 -5℃所需时间在 30h 内为快速冻结，超过这个时间为慢速冻结。二是以距离划分：单位时间内 -5℃ 的冰层从食品表面伸向内部的距离，每小时大于等于 5cm 为快速冻结，小于 5cm 为慢速冻结。

## 二、速冻对果蔬的影响

### （一）速冻对果蔬组织结构的影响

#### 1. 机械性损伤

在冷冻过程中，细胞间隙中的游离水一般含可溶性物质较少，其冻结点高，所以首先形成冰晶，而细胞内的原生质体仍然保持过冷状态，细胞内过冷的水分比细胞外的冰晶体具有较高的蒸汽压和自由能，因而促使细胞内的水分向细胞间隙移动，不断结合到细胞间隙的冰晶核上去，此时，细胞间隙所形成的冰晶体越来越大，产生机械性挤压，使原来相互结合的细胞引起分离，解冻后不能恢复原来的状态，不能吸收冰晶融解所产生的水分而流出汁液，组织变软。

#### 2. 细胞的溃解

植物组织的细胞内有大的液胞，水分含量高，易冻结成大的冰晶体，产生较大的"冻结膨胀压"，而植物组织的细胞具有的细胞壁比动物细胞膜厚而又缺乏弹性，因而易被大冰晶体刺破或胀破，即细胞受到破裂损伤，解冻后组织软化流水。冷冻处理增加了细胞膜或细胞壁对水分和离子的渗透性。

在慢冻的情况下，冰晶体主要在细胞间隙中形成，胞内水分不断外流，原生质体中无机盐浓度不断上升，使蛋白质变性或不可逆的凝固，造成细胞死亡，组织解体，质地软化。

### 3. 气体膨胀

组织细胞中溶解于液体中的微量气体，在液体结冰时发生游离而使体积增加数百倍，这样会损害细胞和组织，引起质地的改变。果蔬的组织结构脆弱，细胞壁较薄，含水量高，当冻结进行缓慢时，就会造成严重的组织结构的改变。

### （二）果蔬在速冻过程中的化学变化

#### 1. 盐析作用引起的蛋白质变性

产品中的结合水是与原生质、胶体、蛋白质、淀粉等结合，在冻结时，水分从其中分离出来而结冰，这也是一个脱水过程，这过程往往是不可逆的，尤其是缓慢的冻结，其脱水程度更大，原生质胶体和蛋白质等分子过多失去结合水，分子受压凝集，结构破坏；或者由于无机盐过于浓缩，产生盐析作用而使蛋白质等变性。这些情况都会使这些物质失掉对水的亲和力，以后水分即不能再与之重新结合。这样，当冻品解冻时，冰体融化成水，如果组织又受到了损伤，就会产生大量"流失液"，流失液会带走各种营养成分，因而影响了风味和营养。

#### 2. 与酶有关的化学变化

果蔬在冻结和贮藏过程中出现的化学变化，一般都与酶的活性和氧的存在相关。蔬菜在冻结前及冻结冻藏期间，由于加热、$H^+$、叶绿素酶、脂肪氧化酶等作用，使果蔬发生色变，如叶绿素变成脱镁叶绿素，由绿色变为灰绿色等。

冷冻过程对果蔬的营养成分也有影响。一般来说，冷冻对果蔬营养成分有保护作用，温度越低，保护作用越强，因为有机物化学反应速率与温度呈正相关。产品中一些营养素的损失也是由于冷冻前的预处理如切分、热烫造成的。

### 三、速冻制品加工工艺

#### （一）果蔬速冻工艺流程

原料选择→洗涤→去皮、切分→护色→烫漂→冷却→速冻→包装→冻藏。

#### （二）果蔬速冻操作要点

**1. 原料选择**

选择适宜冷冻加工的果蔬品种，含纤维少，蛋白质、淀粉多，含水量低，对冷冻抵抗力强，按食用成熟度采收。

**2. 洗涤**

冷冻前认真清洗，去除污物杂质。

**3. 去皮、切分**

根据产品要求进行去皮切分。

**4. 护色**

有些原料如马铃薯、苹果在去皮后常常会引起褐变，这类产品在去皮切分后应立即浸泡在溶液中进行护色。常使用 $0.2\%$ ~ $0.4\%$ 的 $SO_2$ 溶液，$2\%$ 的盐水溶液，$0.3\%$ ~ $0.5\%$ 的柠檬酸溶液等，既可抑制氧化，又可降低酶促反应。

**5. 烫漂**

世界上第一次将蔬菜冷冻加工，是在蔬菜新鲜状态下进行的，后发现在 $-18$℃ 条件下贮藏几周后，蔬菜的风味、色泽、结构均明显变劣。后经研究发现，蔬菜在低温状态下，甚至在 $-73$℃ 仍然保持某些酶的活性。新鲜状蔬菜冷冻后品质变劣显然和酶活性有关。20 世纪 20 年代末，美国首先提出把蔬菜在沸水和蒸汽中处理一下，以降低酶活性，这个过程称为烫漂，一直沿用到现在。烫漂能钝化酶的活性，使产品的颜色、质地、风味及营养成分稳定；杀灭微生物；软化组织，有利于包装。

6. 冷却

烫漂后应立即冷却，否则产品易变色。试验证明，烫漂后的蒜薹在25℃情况下6h变黄。此外，如不能及时冷却也会使微生物繁殖，影响产品质量。冷却方法是立即浸入到冷水中，水温越低，冷却效果越好。一般水温在5～10℃，也有用冷水喷淋装置和冷风冷却的。冷却后应将水沥干或甩干。

7. 速冻

果品的速冻，要求在1h以内迅速降温至 -15℃以下，而后在 -18℃左右的温度下长期冻结贮藏。速冻的方法和设备很多，如隧道式鼓风冷冻机（其鼓冷风温度在 -18～34℃，风速每小时30～100m）、单型螺旋速冻机、流化床制冷设备以及间歇式接触式冷冻箱、全自动平板冷冻箱等。

8. 包装

通过对速冻果蔬包装，可以有效地控制速冻果蔬在长期贮藏过程中发生的冰晶升华，即水分由固体的冰蒸发而造成产品干燥；防止产品长期贮藏接触空气而氧化变色；便于运输、销售和食用；防止污染，保持产品卫生。包装容器所用的材料种类和形式是各种各样的。一般讲能完全密封的容器比不能密封的好，真空密封比空气密封的好。在分装时，工厂上应保证在低温下进行工作。同时要求在最短时间内完成，重新入库。工序要安排紧凑。一般冻品在 -4～ -2℃时即会发生重结晶。

9. 冻藏

产品贮于 -18℃以下的冷库内，要求贮温控制在 -18℃以下，而且要求温度稳定，少波动。并且不应与其他有异味的食品混藏。

在冻藏过程中，未冻结的水分及微小冰晶会有所移动而接近大冰晶与之结合，或互相聚合而形成大冰晶。这个过程很缓慢，但若库温波动则会促进这一过程，大冰晶成长加快，这就是重结晶现象。

（三）运销

在流通上，要应用能制冷及保温的运输设施，在 – 18 ～
– 15℃条件下进行运输，销售时也应有低温货架和货柜。整个商
品供应程序也是采用冷链流通系统。零售市场的货柜应保持低
温，一般仍要求在 – 18 ～ – 15℃。

（四）解冻与使用

速冻果品在使用之前要进行解冻复原，上升冻结食品的温
度，融解食品中的冰结晶，回复冻结前的状态称为解冻。

果品冷冻过程中并没有杀死所有微生物，只起抑制作用。当
食品解冻时，组织松弛，内容物渗出，加之温度的升高，很易受
微生物活动的危害。因此冷冻食品在食用之前不宜过早解冻，也
不能在解冻后长时间搁置待用，应解冻后即食用。

从热交换看，冷冻食品在解冻与速冻的进行过程中是两个相
反的传热方向，而且速度也有差异，非流体食品的解冻比冷冻要
慢。解冻时的温度变化趋向于有利微生物的活动和理化变化的增
强，恰好与冷冻情况相反。

一般来说，解冻的过程愈短愈好，这样可以减少败坏的程
度。如冷冻桃、杏等解冻愈快，对色、香、味的影响愈小。

解冻的方法可以在冰箱中、室温下、冷水及温水中进行。随
着微波炉的普及，微波解冻效果最好。

## 四、速冻制品生产实例

（一）速冻草莓

1. 原料要求

果实成熟适宜，果面红色占 2/3，大小均匀坚实，无压伤，
无病虫害。

2. 预处理

按果实的色泽和大小分级挑选。原料分级后，去果蒂，清水清洗。将 30% ~50% 糖液倒入容器中，然后放入草莓。

3. 冻结和冻藏

将浸泡过糖液的草莓迅速冷却至 15℃ 以下，尽快送入温度为 -35℃ 的速冻机中冻结，10min 后草莓中心温度为 -18℃。冻结后的草莓尽快在低温状态下包装，以防止表面融化而影响产品质量。包装材料采用塑料袋或纸盒。在温度为 -18℃ 的冻藏库贮藏。

（二）速冻马铃薯

①原料选择：符合薯条加工品种要求，马铃薯的还原糖含量应小于 0.3%。

②清洗、去皮、切条、漂洗和热烫、干燥。

③油炸：干燥后的马铃薯条由输送带送入油炸设备内进行油炸，油温控制在 170 ~180℃，油炸时间为 1min 左右。油炸后通过振动筛振动脱油。

④速冻：油炸后的产品经脱油，冷却和预冷后，进入速冻机速冻，速冻温度控制在 -35℃ 以下，IQF 冻结，保证马铃薯产品的中心温度在 18min 内降至 -18℃ 以下。

⑤包装：速冻后的薯条半成品应按规格重量迅速装入包装袋内，然后迅速装箱。包装袋宜采用内外表面涂有可耐 249℃ 高温的塑料膜的纸袋。

⑥冻藏：包装后的成品置于 -18℃ 以下的冷藏库内贮藏。

# 第八节 副产品的综合利用

## 一、淀粉的制取

马铃薯、甘薯、木薯、魔芋等根茎中，含有丰富的淀粉。常用这些原料提取淀粉并生产酒精、饴糖、葡萄糖、淀粉糖浆及改性淀粉等，作为食品、医药及其他工业的原料或辅料。还用淀粉生产粉皮、粉丝等副食品满足社会需要。

淀粉是以淀粉粒形态存在于各种植物根、茎、种子的薄壁细胞的细胞液中。淀粉粒不溶于水，相对密度 1.4～1.5，易于沉淀，因而可利用该特性达到分离淀粉的目的。先将原料磨碎，使组织遭到破坏，用水将其中的淀粉粒洗出，经精制除杂，即得精制淀粉。

马铃薯淀粉含量为 15%～20%，制取淀粉的出粉率为 11%～13%。其制取方法主要有两种，即沉淀法和流槽法。

（一）沉淀法

这是我国传统方法，也称自然沉淀法。欲分离的淀粉乳在沉淀槽（缸或池）中静置沉淀。其工艺操作要点如下。

1. 选料

原料宜选高产抗病、薯大、淀粉含量高、皮薄、蛋白质和纤维少的品种。如东北男爵、山西黄山药、山东城阳红皮、四川红窝眠以及西北白发财等。

2. 清洗

用手动或电动的转筒式洗涤机清洗，除尽泥沙和杂质。

3. 磨砂及筛滤

磨碎机械有磨盘、磨辊或齿轮式磨碎机。为尽可能磨碎，提高出粉率，需磨 2～3 次，每磨一次用筛子筛滤一次，除去纤维、

杂质和磨碎组织。磨碎和筛滤时，需喷水淋洗，用水量为原料的
2 倍，筛滤时用水为原料的 4 倍，所得筛下物即淀粉乳。筛下物
入下一道磨碎机，筛滤的筛子有筒筛和振动平筛两种。第一道用
筒筛和平筛，筛面积为 50～60W 号钢丝布，第二、第三道为平
筛，筛面为 70～100W 号钢丝布或 43～55W 号绢布。

### 4. 沉淀与分离

过筛分离出来的淀粉乳含有淀粉粒、粗纤维、蛋白质以及糖
酸等物质。当淀粉乳入槽静置 8～12h，淀粉粒便沉淀下来，在
淀粉层之上积存的黄褐色黏稠液，可用槽侧的出料管或槽内的浮
管吸出。然后将中层的粗淀粉挖出，加水搅拌后移入沉淀槽中，
放置 30～50h，便之沉淀。将形成的湿淀粉层，切块取出。浆水
和下层的垢淀粉经多次沉淀回收，即得二级湿淀粉。

### 5. 脱水干燥

上述所得的湿淀粉含水量约 45%，将湿淀粉分割成小块进
行干燥脱水。自然干燥需 4～6 天，人工干燥的温度不宜超过
60℃。干燥后的淀粉含水量为 18%～20%。

### 6. 粉碎与包装

干燥后取出摊晾，用粉碎机粉碎，再通过孔径为 0.11mm 的
绢筛过筛。除去小粉块，再进行包装。

### （二）流槽法

近年来流槽法被广泛采用。该法是令淀粉乳以一定流速流入
倾斜槽中，由于淀粉粒大小，相对密度不同，粒子流动的速度有
异，从而达到淀粉粒与杂质分离的目的。

斜槽是木制并涂上水泥而成，其宽度 0.5～0.6m，长度 30～
60m，倾斜度为（1/200）～（1/500）。当淀粉乳流经斜槽时，
相对密度最大的泥沙、碎石及大淀粉首先沉积于斜槽菌段，其次
在中段沉积的中等大小的淀粉粒，是最优质的淀粉，最后沉积下
来是细小的淀粉粒和纤维、蛋白质等混合物即垢淀粉，相对密度

最小的纤维、糊精等微粒则随浆流出斜槽而入浆液池中。

淀粉经斜槽沉淀后，定时刮取淀粉和垢淀粉，分别送往洗涤工段，加水搅拌、沉淀、分离出湿淀粉。由斜槽流出的浆水，可用来提取其他产品。

流槽法的最大优点是缩短沉淀时间，并可连续地除去废液，提高劳动生产率，降低成本。有些国家已采用效率高的机械来生产淀粉。如用离心力代替振动筛；用离心分离机代替静置沉淀和流槽分离淀粉；而且用高效率的热风干燥机进行干燥，使生产连续化。

## 二、果胶的制取

果胶是食品工业的重要添加剂，又是制药、纺织等工业中被广泛应用的辅料。果胶是无色、无味、不溶于水的白色胶体。溶液状态时遇酒精或某些金属盐类（钙、铝盐类），则生成凝胶体沉淀，使之从溶液中分离出来，这就是果胶提取的基本原理。

### （一）原料处理

柑橘类果实的果胶含量为 1.5% ~ 3%，其中以柚皮含量最高（6% 左右），其次为柠檬（4% ~ 5%）和橙（3% ~ 4%），用压榨法提取过香精油的果皮，在罐头与果汁加工中清除出来的果皮和残渣，果园里的落果和残、次果等，都是良好的原料。有些柑橘种子的外种皮中也含有果胶，只要用温水浸渍一定时间即可析出。苹果果皮的果胶含量为 1.24% ~ 2%，果心则为 0.43%，榨汁后的苹果渣果胶含量是 1.5% ~ 2.5%，梨为 0.5% ~ 1.4%，李为 0.2% ~ 1.5%，杏为 0.5% ~ 1.2%，桃为 0.25%，山楂则高达 6% 左右，都可以做原料。

提取果胶的原料要新鲜，积存时间过长会使果胶分解而导致损失。因此，如果不能及时进入浸提工序，原料应迅速进行热处理，目的是钝化果胶酶以免果胶分解，通常是将原料加热至

95℃以上，保持 5 ~ 7min 可达到要求，还可以将原料干制后保存。在干制前也应及时进行热处理，干制保存的原料，其果胶提取率一般会低些。

在浸提果胶前，要将原料洗涤，目的是除去其中的糖类及杂质，以提高果胶的质量，通常是将原料破碎成 0.3 ~ 0.5cm 的小块，然后加入水进行热处理，接着用清水洗几次为了提高淘洗效率，可以用 50 ~ 60℃ 的温水进行，最后压干备用。上述洗涤方法会造成原料中有的可溶性果胶流失，因而也有用酒精来洗涤的。

（二）浸提

按原料的重量，加入 4 ~ 5 倍的 0.15% 盐酸溶液，以原料全被浸渍为度，并将酸碱值调至 pH 值 2 ~ 3，加热至 85 ~ 95℃，保持 1 ~ 1.5h。随时搅拌，后期温度宜降低。在保温浸提的过程中，控制好浸提的条件，即酸度、温度和时间。

幼果及未成熟的果实，其原果胶含量较多，可适当增加盐酸用量，延长浸提时间，但以增加浸提次数为宜，并应分次及时将浸提液加以处理。

（三）过滤和脱色

以上所得的浸提液约含果胶 1%，先用压滤机过滤，除去其中的杂质碎屑。再加入活性炭 1.5% ~ 2%，80℃ 保温约 20min，然后压滤，目的是脱色，改善果胶的商品外观。

（四）浓缩

将浸提液浓缩至 3% ~ 4%，浓缩的温度宜低，时间宜短，以免果胶分解。最好减压真空浓缩，以 45 ~ 50℃ 进行，将浓度提高至 6% 以上，这种果胶浓缩液可以在食品工业上直接应用。但应注意果胶浓缩液的含水量大，容易变质，不宜长期贮存，如需保存，可用氨或碳酸钠将其酸碱值调整至 pH 值 3.5，然后装瓶、密封、杀菌（70℃，保持 30min）。

浓缩或杀菌后的果胶液要注意迅速冷却，以免果胶分解。如用喷雾干燥装置，可将7%~9%浓度的果胶浓缩液喷雾干燥成粉状，果胶粉可以长期保存。没有喷雾干燥设备的可用沉淀法。沉淀法的优点是除果胶物质外，其他水溶性及醇溶性的杂质可分离出来，所得的果胶制品较纯洁，缺点是须用沉淀剂，成本较高。

（五）沉淀和洗涤

沉淀法最简易的做法，是以95%的酒精加入抽提液中，使液内的酒精含量达到60%以上，即见果胶浸提液中成团的絮状凝结析出，过滤得团块状的湿果胶，然后将其中的溶液压出。再用60%的酒精洗涤1~3次，并用清水洗涤几次，最后经压榨除去过多的水分。酒精可以重新蒸馏回收，提高浓度后再行应用。沉析的方法耗费酒精很多，应该和上述浓缩措施结合，用较浓的果胶液进行沉淀，则可节省酒精用量，降低成本。

或者应用明矾（KAl（SO$_4$）$_2$·12H$_2$O）与酒精结合的沉淀法，先用氨水将浸提液的酸碱值调整至 pH 值4~5，随即加入适量饱和明矾溶液，然后重新用氨水调整酸碱值，保持 pH 值4~5，即见果胶沉淀析出，可以加热至70℃，以促使其沉淀。此时可取少量上层清液，以少量明矾液检验果胶是否已完全沉淀。沉淀完全后即滤出果胶，用清水冲洗数次以除去其中的明矾。压干后用少量稀盐酸（约0.1%~0.3%的浓度）将果胶溶解，再按上述步骤用酒精重新将果胶沉析出来，并再加以洗涤。这样，酒精的用量可以减少很多。

（六）成品

压榨除去水分的果胶，在60℃以下的温度烘干，要求含水量在16%以下，然后用球磨机将其粉碎，过筛（40~120目）即为果胶粗制成品。果胶干粉的贮存，要注意密封防潮。

### 三、菠萝蛋白酶的提取

提取方法分为吸附法和单宁法两种。

（一）吸附法操作要点

**1. 压榨**

把加工后的菠萝皮洗净，用压榨机压出汁液，然后按汁液体积加入0.05%的苯甲酸钠（防腐剂），置4℃冰箱或冷库中保存备用。

**2. 吸附**

将汁液移入搪瓷缸中，搅拌下加入4%的白陶土，在10℃左右吸附30min，然后静置过夜。次日吸去上层清液，收集下层白陶土吸附物。

**3. 洗脱**

在上述白陶土吸附物中加入7%氢氧化钠溶液，调节pH值至7.0左右，再加入吸附物重50%的硫酸铵粉末，搅拌40min进行洗脱，然后压滤，弃去杂物，收集滤液。

**4. 盐析**

将压滤液收集到搪瓷桶中，用1∶3的盐酸（即1份浓盐酸加3份水），调节pH值至5.0左右，搅拌下加入压滤液重25%的硫酸铵粉末，待硫酸铵完全溶解后，置4℃过夜，于离心机上分出上层清液，收集下层盐析物，得粗品。

**5. 溶解**

将粗品放入另一搪瓷桶中，加入10倍量的自来水，用16%的氢氧化钠溶液调节pH值至7.0~7.5，搅拌使其溶解，然后过滤，除去杂质，收集滤液。

**6. 沉淀、干燥**

在搅拌下用1∶3的盐酸调节上述滤液的pH值至4.0，然后静置使酶析出，于离心机上分出沉淀物，弃去离心液，沉淀冷冻干燥即得菠萝蛋白酶精品。

（二）单宁法操作要点

1. 压榨

取菠萝去皮，收集菠萝茎，切成小块用压榨机压出汁液。

2. 去杂质

将汁液移入搪瓷缸中，搅拌下加入汁液重 10% 的固体氯化钠，然后于 10℃ 放置 13h 左右，过滤分出滤液。残渣加入等量水后，用柠檬酸调节 pH 值至 4.5 左右（先加 10% 固体氯化钠），搅拌均匀，浸泡 40min，过滤分离出滤液（合并两次滤液）。

3. 沉淀

将澄清液移入搪瓷桶中，在搅拌条件下，按澄清液体积加入 0.05% EDTA－2Na、0.06% 的二氧化硫、0.02% 的维生素 C（作稳定剂）及 0.6% 左右的鞣酸，放置于 4℃ 条件下静置，于离心机上分出沉淀物，弃去上清液。

4. 洗脱、干燥

将沉淀物放入搪瓷桶中，加入 2～3 倍量的 pH 值 4.5 的抗坏血酸溶液搅拌洗脱 40min，然后过滤，收集滤液，减压干燥，即得菠萝蛋白酶精品。

**四、风味物质的提取**

（一）蒸馏法

精油系由多种有机物质构成的混合物，在常压下，沸点一般在 150～300℃，它存在于果蔬的果、茎、叶等不同组织器官中，因为具有挥发性和不溶于水的特性，经适当破碎之后，一般可采用水蒸气蒸馏法提出。该法设备和操作比较简单，投资少，产品基本符合天然香料的提取要求。

1. 蒸馏原理

将原料切碎放在水中进行水蒸气蒸馏，实质上等于不相混溶的两相混合液，即水和精油的两相混合液的水蒸气蒸馏。两相液体是处于不断搅拌混合之中，在液面的任何地方．精油的分散是完全均等的，精油和水分子受热后都会不断汽化产生蒸汽，汽化产生的蒸汽和单独受热时情况一样，彼此各不妨碍。但在某一温度下，受热汽化达到液气平衡时混合液的蒸汽总压力与两者各自蒸汽压力的总和相等。这与混合液中它们彼此数量的多少并无关系。一般的蒸馏是在常压下进行的，蒸馏与大气相通。如果水和精油的混合物继续进行加热，当混合液的蒸汽压力等于外界的大气压时，整个混合液就开始沸腾，此时的温度就是该混合液的沸点。因此，混合液的沸点比精油和水原有各自的沸点均低。即在低于100℃的温度下，精油就能与水蒸气一起被蒸馏出来，这就是蒸馏法提制精油的基本原理．也是蒸馏法能在比较低的温度下提制精油的优点。

2. 蒸馏方法

可将蒸馏方法分为水中蒸馏法、水上蒸馏法、水蒸气蒸馏法、加压水蒸气蒸馏法、减压水蒸气蒸馏法、发酵蒸馏法等。

（二）萃取法

采用蒸馏法提取的精油，只含挥发性成分的香气成分，味觉成分未能提取出来。另外一些热敏性香气成分易受热分解，为了避免这些缺点，可采取低沸点溶剂萃取香料原料，萃取液经澄清、过滤、常压回收溶剂制成浓萃取液，再经减压浓缩脱除溶剂，制成油树脂产品。

1. 溶剂选择

在选择中要注意溶剂的挥发性、溶解力、毒性、气味、化学性质以及黏度、安全性、可燃性、成本等。常用的溶剂有丙酮、乙醇、氯化烃类、二氧化碳等。其中以 $CO_2$ 所获产品质量好、安全性高。

2. 影响萃取效果的因素

（1）加大浓度差　可在萃取器中进行翻动，萃取溶剂进行循环或将原料搅拌。也可更新溶剂，增大溶剂量和增加萃取次数。比较有效的是逆流萃取的办法。

（2）增大接触面　切碎原料以增大接触面、但鲜花不宜切断或粉碎。否则，由于酶系活动会导致产品颜色、香气变劣。

（3）提高萃取温度　鲜花原料只适于常温和较低温度下萃取。较高温度的萃取对热敏性成分含量较高的植物原料不适合。

（4）延长萃取时间　延长萃取时间可增加浸提效率，但鲜花萃取时不能无限延长，萃取时间长不仅会影响产品质量，而且对工厂经济指标也很不利。

叶、花中含有芳香的植物都宜用萃取法。其中以橙花最好，原料宜新鲜，收集后尽快进行萃取，用酒精萃取一般要 3 ~ 5h，获得率 0.13% ~ 0.35%。

3. 超临界 $CO_2$ 萃取

（1）原理　超临界流体萃取分离过程的原理是利用超临界流体的溶解能力与其密度的关系，即利用压力和温度对超临界流体溶解能力的影响而进行的。在超临界状态下，将超临界流体与待分离的物质接触，使其有选择性地把极性大小、沸点高低和相对分子质量大小不同的成分依次萃取出来。当然，对应各压力范围所得到的萃取物不可能是单一的，但可以控制条件得到最佳比例的混合成分，然后借助减压、升温的方法使超临界流体变成普通气体，被萃取物质则完全或基本析出，从而达到分离提纯的目的，所以在超临界流体萃取过程中由萃取和分离组合而成。

（2）萃取装置　超临界萃取装置从功能上大体可分为 8 部分：萃取剂供应系统、低温系统、高压系统、萃取系统、分离系统、改性剂供应系统、循环系统和计算机控制系统。具体包括 $CO_2$ 注入泵、萃取器、分离器、压缩机、$CO_2$ 贮罐、冷水机等设备。由于萃取过程在高压下进行，所以对设备以及整个管路系统的耐压性能要求较高，生产过程实现微机自动监控，可以大大提高系统的安全可靠性，并降低运行成本。

（3）超临界流体萃取的特点　超临界流体萃取与化学法萃取相比有以下突出的优点。

①可以在接近室温（35～40℃）及 $CO_2$ 气体笼罩下进行提取，有效地防止了热敏性风味物质的氧化和逸散。因此，在萃取物中保持着风味物质的全部成分而且能把高沸点、低挥发物、易热解的物质在其沸点温度以下萃取出来。

②使用 $CO_2$—SF 是极其卫生的提取方法，由于全过程不用有机溶剂，因此萃取物无残留溶媒，同时也防止了提取过程对人体的毒害和对环境的污染，符合安全、卫生、环保的要求。

③萃取和舒离合二为一，当饱含溶解物的 $CO_2$—SF 流经分离器时，由于压力下降使 $CO_2$ 与萃取物迅速成为两相（气液分离）而立即分开，不仅萃取效率高而且能耗较少，节约成本。

④ $CO_2$ 是一种不活泼的气体，萃取过程不发生化学反应，且属于不燃性气体，无味、无臭、无毒，故安全性好。

⑤ $CO_2$ 价格便宜，纯度高，容易取得，且在生产过程中循环使用，从而降低成本。

⑥压力和温度都可以成为调节萃取过程的参数。通过改变温度或压力达到萃取目的。压力固定，改变温度可将物质分离；反之温度固定，降低压力可使萃取物分离，因此工艺简单易掌握，而且萃取速度快。

（三）压榨法

压榨法是提取芳香油的传统方法，主要用于柑橘类精油的提取。现以柑橘为例，柑橘类精油的化学成分都为热敏性物质，如甜橙油，除含有大量易于变化的萜烯类成分外，其主香成分醛类（癸醛、柠檬醛）受热也容易氧化、变质，因此柑橘的提油适宜用冷压和冷磨法。

柑橘类果皮中精油位于外果皮的表层，油囊直径一般可达0.4~0.6mm，较大，无管腺，周围无包壁，是由退化的细胞堆积包围而成。如果不经破碎，无论减压或常压油囊都不易破坏，精油不易蒸出。但橘皮在水中浸泡一定时间后，取出用手压挤，会有一股橘油喷射而出。这是因为水能渗入油囊中，使油囊内压增加，施加外压时，油囊破裂，精油从而射出。因此，无论手工的海绵法、锉榨法，还是机械的整果冷磨法、碎散果皮的螺旋压榨法。其原理基本相同，都是利用尖刺的突起物刺伤橘皮外果皮，使油囊破裂，精油释放出来，连同喷淋水，经澄清、分离、过滤，除去部分胶体杂质，最后高速离心，利用油水相对密度的不同将油分出。

（四）吸附法

在香料的加工中，吸附法的应用远较蒸馏法、浸提法为少。在水蒸气蒸馏时，分去精油的馏出水常常溶解一部分精油，这部分精油的回收可以用活性炭吸附法。处于气体状态香气成分的回收也可采用吸附法。常用的吸附剂有硅胶和活性炭。活性吸附剂吸附的精油达饱和以后，再用溶剂浸提脱附，蒸去溶剂，即得吸附精油。

经上述4种方法所得粗油，均须进行澄清、脱水，必要时还可以适当加温、澄清、分水和放出杂质，也可以加入少量脱水剂进行脱水。一般黏度少、杂质少、易过滤的粗油常采用常压过滤的方法而得到精制。对于较难过滤的油要减压过滤。精制时，加入脱色剂以除去重金属离子和植物色素等。

精油应选择温度较低和阴暗、通风而且干燥的地方贮存，以避潮、光和热的作用，加强对酶的抑制作用，使成品保持较长时间不变或变得较少。

### 五、食用香料的制取

以下主要介绍几类以天然园艺产品为原料的食用香料制备方法。

（一）香辛调味料

香辛调味料均可以粉末状态使用。主要包括：姜、胡椒、辣椒、花椒、葱、蒜、芹菜籽、芫荽籽、芥末籽等。

（二）复合调味料

（1）咖喱粉（%）　姜粉56、白胡椒13、桂皮12、茴香7、芫荽子7、八角2、花椒2、丁香1。

（2）苏士粉（%）　洋葱20、大蒜20、干姜14、辣椒4、胡椒4、芥末4、砂糖23、焦糖6、食盐3、柠檬酸2。

（3）五香粉（%）　八角20、小茴香8、陈皮6、干姜5、桂皮43、花椒18。

（4）香辣粉（%）　辣椒60、陈皮10、干姜10、胡椒8、丁香4、八角2、花椒2、小茴香2、桂皮2。

（三）香花型糖浆

晴天上午9时以前采集鲜花，然后除梗、去蒂，每1kg花瓣加砂糖5kg，搅拌至花瓣半透明，使砂糖溶成糖浆，得香花糖浆。

（四）快餐食品调味料

制作快餐食品的调味料，如洋葱粉末香料、大蒜粉末香料等，比较简单的方法是将这些精油与乳糖、葡萄糖或者与精制食盐混合，制成干溶物粉末香料。但这种方法在制造中常被细菌污染，而且制成的粉末不能将精油包埋得完全，粒度也不一致，保存也很差。

利用果胶酶和纤维素酶的作用使之分解的方法：将去皮后的鲜洋葱3g同1.5L水一起粉碎打浆，随即加入纤维素酶5g，在

30℃下分解12h。接着加入270g阿拉伯胶溶解在600mL水的胶体溶液中充分搅拌，然后进行喷雾干燥。进料口温度为135℃，出口温度为75℃，得到约420g洋葱粉末香料。

洋葱和大蒜混合调味粉末香料：将去皮后的鲜洋葱5kg、大蒜1kg，在4L80~90℃热水中浸渍0.5h。冷却至35℃后与水一起粉碎打浆，随后加入果胶酶、纤维素酶各8g，在35℃下反应5h。经均质后再加入400g精盐和500g阿拉伯胶溶解在750mL水的溶液，如此获得喷雾干燥乳液。以进口温度为135℃、出口温度75℃进行喷雾干燥，即得1 200g左右的具有甜味的洋葱、大蒜混合调味粉。

### 六、果蔬色素提取和纯化

（一）果蔬色素提取工艺

为了保持果蔬色素固有的优点和产品的安全性、稳定性，一般提取工艺大多采用物理方法，较少使用化学方法。目前提取色素的工艺主要有浸提法、浓缩法和先进的超临界流体萃取法等。

1. 浸提法

原料→清洗→浸提→过滤→浓缩→干燥成粉或添溶媒制成浸膏→产品。

2. 浓缩法

原料→清洗→压榨果汁→浓缩→干燥→成品。

3. 超临界流体萃取法

超临界流体萃取法是现代高新技术用于果蔬色素提取的先进方法，其工艺流程为：原料→清洗→萃取器萃取→分离→干燥→成品。

（二）果蔬色素的精制纯化

用果蔬提取的色素，由于果蔬本身成分十分复杂，使得所提色素往往还含有果胶、淀粉、多糖、脂肪、有机酸、无机盐、蛋白质、重金属离子等非色素物质。经过以上的提取工艺得到的仅仅是粗制果蔬色素，这些产品色价低、杂质多，有的还含有特殊的臭味、异味，直接影响着产品的稳定性、染色性，限制了它们的使用范围。所以必须对粗制品进行精制纯化。精制纯化的方法主要有以下几种。

1. 酶法纯化

利用酶的催化作用使得色素粗制品中的杂质通过酶的反应而被除去，达到纯化的目的。如由沙蚕中提取的叶绿素粗制品，在pH 值 7 的缓冲液中加入脂肪酶，30℃下搅拌 30min，以使酶活化，然后将活化后的酶液加入到 37℃ 的叶绿素粗制品中，搅拌反应 1h，就可除去令人不愉快的刺激性气味，得到优质的叶绿素。

2. 膜分离纯化技术

膜分离技术特别是超滤膜和反渗透膜的产生，给色素粗制品的纯化提供了一个简便又快速的纯化方法。孔径在 0.5mm 以下的膜可阻留无机离子和有机低分子物质；孔径在 1～10mm 之间，可阻留各种不溶性分子，如多糖、蛋白质、果胶等。让色素粗制品通过一特定孔径的膜，就可阻止这些杂质成分的通过，从而达到纯化的目的。黄酮类色素中的可可色素就是在 50℃、pH 值为 9、入口压力 490kPa 的工艺条件下，通过管式聚矾超滤膜分离而得到的纯化产品，同时也达到浓缩的目的。

3. 离子交换树脂纯化

利用阴阳离子交换树脂的选择吸附作用，可以进行色素的纯化精制。葡萄果汁和果皮中的花色素就可以用磺酸型阳离子交换树脂进行纯化，除去其粗制品浓缩液中所含的多糖、有机酸等杂质，得到稳定性高的产品。

### 4. 吸附、解吸纯化

选择特定的吸附剂，用吸附、解吸法可以有效地对色素粗制品进行精制纯化处理。意大利对葡萄汁色素的纯化，我国萝卜红色素的纯化都应用此法，取得了满意的效果。

# 参考文献

［1］赵丽芹，张子德．园艺产品贮藏加工学［M］．北京：中国轻工业出版社，2011

［2］董全．果蔬加工工艺学［M］．重庆：西南师范大学出版社，2007

［3］赵晨霞，等．果蔬贮藏加工技术［M］．北京：中国科学出版社，2004

［4］艾启俊，张德权，等．果品深加工新技术［M］．北京：化学工业出版社，2003

［5］赵丽芹，等．果蔬加工工艺学［M］．北京：中国轻工业出版社，2002

［6］叶兴乾，等．果品蔬菜加工工艺学［M］．北京：中国农业出版社，2002

［7］赵晨霞，等．果蔬贮运与加工［M］．北京：中国农业出版社，2002

［8］罗云波，蔡同一，等．园艺产品贮藏加工学（贮藏篇）［M］．北京：中国农业大学出版社，2001

［9］罗云波，蔡同一，等．园艺产品贮藏加工学（加工篇）［M］．北京：中国农业大学出版社，2001

［10］赵丽芹．园艺产品贮藏加工学［M］．北京：中国轻工业出版社，2001

［11］吴锦铸，张昭其主编．果蔬保鲜与加工［M］．北京：化学工业出版社，2001

[12] 李基洪，陈奇．果脯蜜饯生产工艺与配方［M］．北京：中国轻工业出版社，2001

[13] 田世平，等．果蔬产品产后贮藏加工与包装技术指南［M］．北京：中国农业出版社，2000

[14] 陈学平．果蔬产品加工工艺学［M］．北京：中国农业出版社，1995

[15] 刘兴华．果品蔬菜贮运学［M］．西安：陕西科学技术出版社，1998

[16] 叶兴乾．果品蔬菜加工工艺学（第二版）［M］．北京：中国农业出版社，2002

[17] 刘兴华，等．果品蔬菜贮藏运销学［M］．北京：中国农业出版社，2002

[18] 应铁进．果蔬贮运学［M］．杭州：浙江大学出版社，2001

[19] 邓伯勋．园艺产品贮藏运销学［M］．北京：中国农业出版社，2002

[20] 曾繁坤．果蔬加工工艺学［M］．重庆：成都科技大学出版社，1996

[21] 夏文水．食品工艺学［M］．北京：中国轻工业出版社，2007

[22] 胡小松．软饮料工艺学［M］．北京：中国农业大学出版社，2002

[23] 杨邦英．罐头工业手册［M］．北京：中国轻工业出版社，2002

[24] 张憨．速冻食品［M］．北京：中国轻工业出版社，1998

[25] 史贤明．食品安全与卫生学［M］．北京：中国农业出版社，2002

［26］姚卫蓉. 食品安全指南［M］. 北京：中国轻工业出版社，2005

［27］孙长灏. 营养与食品卫生学（第6版）［M］. 北京：人民卫生出版社，2006